东源流长

江苏南水北调工程建设项目管理实践

南水北调东线江苏水源有限责任公司 ◎ 著

河海大学出版社
HOHAI UNIVERSITY PRESS
·南京·

图书在版编目(CIP)数据

东源流长 ：江苏南水北调工程建设项目管理实践 / 南水北调东线江苏水源有限责任公司著. -- 南京 ：河海大学出版社，2022.12

ISBN 978-7-5630-7856-1

Ⅰ. ①东… Ⅱ. ①南… Ⅲ. ①南水北调－水利工程管理－研究－江苏 Ⅳ. ①TV68

中国版本图书馆 CIP 数据核字(2022)第 239323 号

书　　名 东源流长——江苏南水北调工程建设项目管理实践
书　　号 ISBN 978-7-5630-7856-1
责任编辑 彭志诚
文字编辑 徐小双　张金权
特约校对 薛艳萍
装帧设计 槿容轩
出版发行 河海大学出版社
地　　址 南京市西康路 1 号(邮编:210098)
网　　址 http://www.hhup.com
电　　话 (025)83737852(总编室)　(025)83722833(营销部)
经　　销 江苏省新华发行集团有限公司
排　　版 南京布克文化发展有限公司
印　　刷 南京工大印务有限公司
开　　本 787 毫米×1092 毫米　1/16
印　　张 20
插　　页 12
字　　数 378 千字
版　　次 2022 年 12 月第 1 版
印　　次 2022 年 12 月第 1 次印刷
定　　价 98.00 元

工程风貌

1

第一梯级——江都三站

第一梯级——江都水利枢纽

第一梯级——宝应站

第二梯级——淮安四站

第二梯级——金湖站

第三梯级——淮阴三站

第三梯级——洪泽站

第三梯级——洪泽站

第四梯级——泗洪站

第四梯级——泗阳站

第四梯级——泗洪站

第五梯级——刘老涧二站

第五梯级——睢宁二站

第六梯级——皂河二站

第六梯级——邳州站

第七梯级——刘山站

第八梯级——解台站

第九梯级——蔺家坝站

输水河道——三阳河

输水河道——金宝航道

江苏南水北调南京调度中心

江苏南水北调集中控制中心

建设历程

2

2002年12月27日，南水北调工程开工典礼在北京人民大会堂和江苏省、山东省施工现场同时举行

2002年12月南水北调东线江苏段工程开工现场

2005年5月江苏省南水北调办公室
南水北调江苏水源公司揭牌仪式

2005年10月南水北调淮阴三站、淮安四站工程开工

洪泽站挡洪闸施工现场

2013年5月南水北调东线一期江苏境内工程试通水画面

2013年10月19日，南水北调东线全线通水

2012年7月29日，淮安四站设计单元工程完工验收，为南水北调东线一期工程第一个通过设计单元工程完工验收的工程

2022年3月25日，调度运行管理系统通过设计单元工程完工验收，标志着南水北调东线一期江苏境内40个设计单元工程全部通过完工验收

一 公司

截至 2022 年 11 月，江苏水源公司先后荣获“全国文明单位”“全国工人先锋号”“全国五一劳动奖状”“水利安全生产标准化一级单位”“南水北调工程建设先进单位”“南水北调工程文明建设管理单位”“南水北调工程建设质量管理先进集体”“南水北调工程建设安全生产管理优秀单位”“全省水利系统先进集体”等称号。

全国文明单位
中央精神文明建设指导委员会
2017年 11月

工人先锋号
中华全国总工会

全国五一劳动奖状

中华全国总工会
2013年4月

水利安全生产标准化
一级单位
中国水利企业协会颁发
中华人民共和国水利部监制
二〇二一年八月

南水北调工程
文明建设管理单位
国务院南水北调工程建设委员会办公室
二〇〇八年三月

南水北调工程
文明建设管理单位
国务院南水北调工程建设委员会办公室
二〇〇八年三月

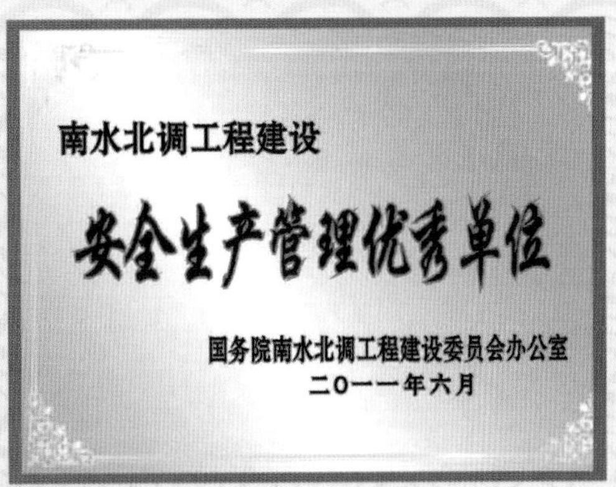

二 工程奖

截至 2022 年 11 月，南水北调东线一期江苏境内工程荣获国家水土保持生态文明工程；宝应站、淮安四站、江都站改造、解台站、淮阴三站、金湖站、刘老涧二站、邳州站、蔺家坝站、睢宁二站等 10 个设计单元工程荣获中国水利优质工程（大禹）奖；刘老涧二站荣获国家优质工程奖；调度运行管理系统荣获 2021 智慧江苏重点工程和标志性工程；调度运行管理系统通信光缆荣获国际电信联盟信息和通信基础设施大奖；管理设施专项工程南京一级管理设施装饰工程荣获中国建筑工程装饰奖；宝应站、睢宁二站、刘老涧二站、皂河二站等 5 个工程被评为江苏省水利风景区。

授予南水北调东线一期江苏境内工程
国家水土保持生态文明工程
中华人民共和国水利部
二〇一七年三月

国家优质工程奖
工 程 名 称：南水北调东线一期刘老涧二站工程
施工总承包单位：江苏淮阴水利建设有限公司
中国施工企业管理协会
二〇一九年十二月

中国建筑工程装饰奖
获奖证书
（公共建筑装饰类）
南京金鸿装饰工程有限公司
你单位承建的 南水北调东线一期江苏境内工程管理设施专项工程南京一级管理设施装饰工程施工标 工程
荣获二〇一九~二〇二〇年度中国建筑工程装饰奖。
特发此证
CBDA

WSIS PRIZES 2017
WINNER
THE INTERNATIONAL TELECOMMUNICATION UNION
AWARDS
CHINA COMMUNICATIONS TECHNOLOGY CO., LTD.
PEOPLE'S REPUBLIC OF CHINA
WINNER OF WSIS PRIZES 2017
Houlin Zhao
ITU Secretary-General

中国水利优质工程
大禹奖
工程名称：南水北调东线一期工程宝应站工程
项目法人：江苏省南水北调宝应站工程建设处
中国水利工程协会
二〇一四年十一月

江苏水利风景区
JIANGSU WATER PARK
江苏省水利厅

三 科技奖

截至 2022 年 11 月，江苏水源公司获得国家科学技术进步二等奖 1 项，省部级科技奖 17 项，其中一等奖 8 项。

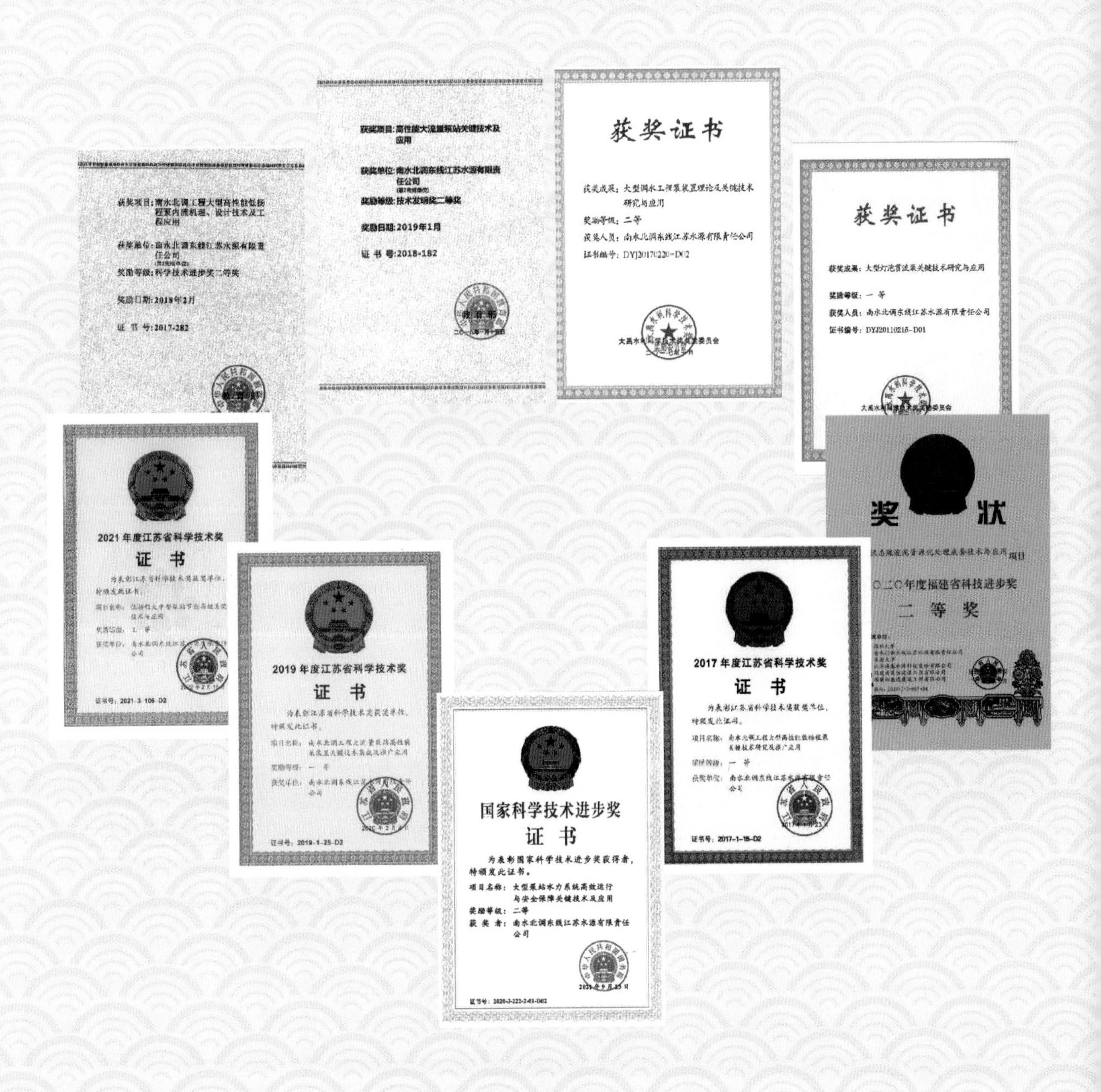

编 者 按

2002 年 12 月 27 日，举世瞩目的南水北调工程开工典礼在北京人民大会堂和江苏省、山东省施工现场同时举行，在党中央、国务院的英明决策下，历经几代水利人的不断探索、研究和论证，南水北调这一宏伟的愿望终于变成了蓝图。2013 年 11 月 15 日，通过数十万参建大军历经十一年的卓越奋战，南水北调东线一期工程如期建成通水，在江苏扬州长江与淮河入江口的交汇口三江营，滚滚东去的长江水由此奔流北上，通过世界上最大规模的泵站群接力“托举”，沿着古老的大运河，流经江苏，流向齐鲁大地。一代伟人的宏伟设想，终于铸就而成。

南水北调工程，是缓解北方地区水资源短缺、优化我国水资源配置、改善北方地区生态环境、构建我国“四横三纵”水网格局的跨流域、跨地区的重大战略性基础设施，其建设与管理涉及范围广、延续时间长、覆盖领域多，是一项极其复杂的跨流域调水的特大型系统工程。

面对复杂的建设条件与高质量的建设目标，南水北调东线一期江苏境内工程（以下简称“南水北调江苏境内工程”）作为南水北调工程最早开工的跨流域大型调水工程项目之一，其建设与管理遇到了许多新难题和前所未有的挑战。项目法人单位——南水北调东线江苏水源有限责任公司（以下简称“江苏水源公司”）严格贯彻落实国务院南水北调工程建设委员会和江苏省委省政府的部署要求，坚守初心、勇于创新、沉着应对，提前实现南水北调江苏境内工程通水目标，工程建设成效主要包括：

• 通水后连续 9 年完成调水计划，水质稳定达标，有效缓解了北方水资源短缺问题；

• 为形成全国统一大市场和畅通国内大循环提供有力的水资源支撑；

• 成为国家水网“四横三纵”主骨架的重要组成部分，为国家水网大规模建设提供经验和模板；

• 复苏河湖生态环境，为构建国家生态安全体系打下了基础，实现水利、自然、社会的可持续发展；

• 促进苏北振兴和沿海开发战略的实施。

在南水北调江苏境内工程的建设实践中，江苏水源公司充分借鉴江苏省水利工程建设管理积累的经验，依托自身以及社会可利用的建设管理力量，为项目定制了规范的项目管理体系，总计 140 余项制度流程，应用于项目管理全过程，并取得了良好的效果，形成了一些值得分享的管理经验和成果，主要包括：

• 在特大型跨流域调水工程中，率先推行企业项目法人责任制，实施国家重点工程建设与管理，工程管理推进“10S”标准化；

• 行业内首次在初步设计报告批复后增设“招标设计报告”阶段，优化工程设计，控制工程投资；

• 在南水北调系统，首次提出了一套具有规范化、标准化的工程招标文件示范文本，以及采用招标人预算价实施招标，对招标质量和工程造价实施有效控制；

• 行业内首次在建设前期系统规划大型泵站群的建筑与环境，并提出“人水和谐、资源集约利用、可持续发展、景观生态相协调”的先进理念，实现了建筑功能与水文化、水生态以及区域文化的有机统一；

• 探索实践了一套工程技术与科研相结合、产学研一体的科技创新与应用体系；

• 推行“静态控制、动态管理”的投资管理模式，通过价格调整、风险共担、激励约束实现工程成本的有效控制。

为全面总结南水北调江苏境内工程建设管理的成功经验，客观分析存在的问题和不足，为南水北调后续建设和其他水利工程的建设管理提供参考和借鉴，江苏水源公司组织编写了《东源流长——江苏南水北调工程建设项目管理实践》。

全书主要分为三个部分，其中第 1 章至第 5 章为第一部分，重点介绍南水北调江苏境内工程建设的背景意义、总体情况和成果，以及项目的内外部事业环境分析、项目前期和启动工作以及项目管理的治理体系与组织架构。南水北调东线一期江苏境内工程与南水北调中线工程在技术方案上有很大差异，本书侧重介绍南水北调江苏境内工程为实现“水往高处流”的调水目标而采取的一系列建设管理等措施，以望读者对南水北调江苏境内工程的各项工作全过程有整体的了解。

第 6 章至第 16 章构成第二部分，介绍工程建设阶段对项目的投融资、设计、采购和施工建设等管理。这个阶段各项工作的主要困难在于项目法人需要统筹协调具有四十个设计单元工程的超大型项目群的建设进度，保障工程建设质量，人员、现场建设管理机构和所有建设事项等的管理和沟通都必须严格按照规范的管理模式进行，才能达到期望的效果。因此，南水北调江苏境内工程结合实际情况和我国丰富的水利工程建设经验，形成了一套能够满足建设需求、实现建设目标的规范化项目管理框架体系，为工程建设全过程高效、合规运作奠定了基础。该框架体系具体包括了南水北调江苏境内工程建设的范围、进度、成本、安全、质量、资源、沟通、采购、风险、干系人管理等的管理工具、流程和实施，以及其中遇到的主要困难、挑战和创新克服措施等，以供读者详细比较、借鉴和批评。

第17和第18章构成第三部分，具体介绍项目的收尾工作、项目的文化建设以及履行的社会责任。

2022年是南水北调宏伟构想提出的70周年，也是南水北调工程正式开工建设的20周年。编写本书旨在回顾总结南水北调江苏境内工程的建设管理工作，凝练成熟的建设管理模式，为推进南水北调后续工程建设提供经验借鉴和参考。

在项目调研及书稿写作过程中，得到诸多领导及相关部门工作人员、参建单位的大力支持，他们根据各自业务范围，协助调研并积极提供详实书稿素材，书中的部分观点也来自他们在南水北调江苏境内工程建设过程中的亲身经历与感悟。中国南水北调集团有限公司、江苏省水利厅、江苏省南水北调办公室也为书稿的撰写提供了相关意见，在此一并表示谢意。

本书编写过程中参考了大量相关资料和文献，并得到河海大学世界水谷研究院、商学院的相助。在此，对为本书出版而付出的专家、学者和参建人员表示谢意。由于本书材料众多、繁杂，有些数据随时间在变化，因此书中难免有疏漏之处，敬请各位读者斧正。

FOREWORD
前言

中国的淡水资源多年平均总量约为2.8万亿m^3，人均占有量约为2 300 m^3，仅为世界平均水平的四分之一，是全球人均水资源最为匮乏的国家之一。中国位于太平洋西岸，地域辽阔，地形复杂，大陆性季风气候非常显著，因而造成水资源地区分布不均和时程变化差异大的两大特点。为此，我国在水资源调配与管理方面做了诸多探索与实践。目前正在不断推进建设的南水北调工程，按照规划将从长江的下、中、上游以东线、中线、西线工程向北调水，穿越淮河、黄河、海河三大流域，连接长江、淮河、黄河、海河四大水系，形成我国“四横三纵、南北调配、东西互济”的水资源配置格局。南水北调东中线一期全面通水7年多来，受益人口超过1.5亿人，累计供水量达到565亿m^3，黄淮海平原50个区县共计4 500多万亩*农作物生产效益大大提高；受水区供水保障能力明显提升，东线各受水城市供水保证率从最低不足80%提高到97%以上，中线各受水城市供水保证率从最低不足75%提高到95%以上，改变了广大北方地区的供水格局，优化了40多座大中型城市的经济发展格局，南水北调东中线一期工程建设期间，工程投资平均每年拉动中国GDP增长率约0.12个百分点。

绿色始终是南水北调工程的底色，《南水北调工程总体规划》提出南水北调的根本目标是改善和修复黄淮海平原和胶东地区的生态环境。一方面，积极探索治污工作新模式，强化水源区和工程沿线水资源保护，处理好发展和保护、利用和修复

---

* 1亩≈666.67 m^2

的关系；另一方面，加大生态补水力度。2021 年南水北调工程实施生态补水近 20 亿 m^3，是年度计划的 3 倍多，瀑河、南拒马河、大清河、永定河等一大批河湖重现生机，华北地区浅层地下水水位持续回升；2022 年 5 月 31 日，南水北调东线北延应急供水工程完成 2021—2022 年度供水任务，本年度东线北延工程累计向黄河以北调水 1.89 亿 m^3，为京杭大运河百年来首次全线水流贯通提供了有力支撑。因此，南水北调不只是一条调水线，更是一条诠释“生态文明”的发展线。

2022 年是党的二十大胜利召开之年，是国家“十四五”规划实施、向第二个百年奋斗目标进军的关键之年，也是南水北调后续工程落地实施的开局年、国家水网全面推进的启动年。中华人民共和国国家发展和改革委员会（以下简称“国家发展改革委”）、水利部相继印发的《“十四五”水安全保障规划》、《关于实施国家水网重大工程的指导意见》及《国家水网骨干工程中央预算内投资专项管理办法》等一系列实施方案、重要文件，为加快推动构建国家水网提供了重要制度和政策保障。国家水网由国家骨干水网、区域水网和地方水网构成。国家水网有“纲、目、结”三要素：“纲”，就是自然河道和重大引调水工程，也是国家水网的主骨架和大动脉；“目”，是指河湖连通工程和输配水工程；“结”，是指调蓄能力比较强的水利枢纽工程。南水北调工程就是国家水网的“纲”，推进南水北调后续工程建设就是推进南水北调东、中、西三条国家水网主骨架和大动脉建设，构筑我国“四横三纵、南北调配、东西互济”的水网格局。只有在完善主骨架、大动脉的前提下，区域水网、地方水网才能更好发挥作用，才能真正实现全国水资源“一盘棋”。2022 年 7 月 7 日，南水北调后续工程重大项目引江补汉工程开工建设，将连接南水北调与三峡工程两大“国之重器”，工程建成后南水北调中线多年平均北调水量可从原设计的 95 亿 m^3 提高到 115.1 亿 m^3。

当前，南水北调事业面临着难得的发展机遇和大好的发展环境，特别是习近平总书记的关心关怀为南水北调事业明确了发展方向、注入了无穷力量。习近平总书记半年时间内两次视察南水北调工程，亲自主持召开推进南水北调后续工程高质量发展座谈会，在新年贺词中再次提及南水北调“世纪工程”，足以体现南水北调在总书记心目中的分量。从“国之大事”到“四条生命线”，再到“三个事关”，习近平总书记不断将南水北调工程战略意义推向新的高度，对推进后续工程高质量发展作出了全面部署和系统安排，为做好南水北调各项工作指明了方向，提供了根本遵循和行动指南。

江苏是南水北调东线工程的源头。南水北调东线工程是在江苏省的江水北调工程基础上建设、扩大规模以及向北延伸的。江水北调工程是一项扎根长江、实现江淮沂沭泗统一调度、综合治理、综合利用的工程。江苏水情整体格局与中国大局相仿，苏南地区水多，苏北地区水少，过境水多，本地水少，历史上苏北地区更是洪涝旱灾情频发，制约了经济社会的发展。因此，自20世纪50年代起，江苏省就提出“扎根长江，江淮沂沭泗诸河统一调度，跨流域调水”的规划设想，并自60年代初开始建设，经过40多年的努力，建成了以江都水利枢纽为龙头，以京杭运河为输水干线的9个梯级17座大型提水泵站，将江水送入南四湖。江苏省江水北调工程覆盖苏中、苏北7市50县（市），受益面积6.3万km^2、人口近4 000万、耕地4 500万亩，供水结合航运和排涝，与防洪工程共同发挥作用，水生态与水环境得到根本性改善，使得这一地区经济社会发展水平明显高于同为淮河流域的历史上条件相当的其他地区，效益巨大。江水北调工程的成功，不仅证明了跨流域调水的可行性，更为南水北调工程建设和管理积累了宝贵经验。毫无疑问，江水北调工程就是南水北调东线工程之源，江苏是中国南水北调的先行者。

南水北调东线工程从江都附近的长江三江营处引水，以京杭大运河作为输水干线，通过逐级提水，实现解决苏北地区的农业缺水和胶东地区的城市缺水，补充鲁西南、鲁北和河北东南部以及天津市用水的目标。除了能够实现调水目标，南水北调东线一期江苏境内工程还是一个兼具防洪、排涝、灌溉、航运、生态、文化等综合功能的超大型水利工程项目群，包括调水工程和治污工程两部分，共新建11座大型泵站、改（扩）建3座、改造4座，拓浚开挖一批输水河道，实施湖泊抬高蓄水位后影响处理工程和里下河水源调整工程。南水北调江苏境内工程建成后，通过9个梯级泵站，抽江规模由原有的400 m^3/s扩大到500 m^3/s，年平均抽江水量新增38.01亿m^3，达87.66亿m^3；输水干线水质达到地表水环境质量Ⅲ类水标准。

南水北调江苏境内工程自2013年5月试通水以来，连续9年完成国家下达的调水出省任务，按照国家有关部门要求完成了18次向省外调水任务，各泵站累计抽水269.17亿m^3，调水出省53.72亿m^3。此外，按照江苏省有关部门要求参与了9次省内抗旱任务，各泵站累计抽水112.4亿m^3；完成3次省内排涝任务，各泵站累计抽水3.04亿m^3；按照国家防总统一部署，完成了2014年南四湖生态应急调水，各泵站累计抽水9.73亿m^3，调水出省0.81亿m^3；按照水利部有关要求，完成2022年北延应急加大调水，各泵站累计抽水4.86亿m^3，调水出省0.70亿m^3。工程建成后，除了调水出省缓解北方水资源短缺状况外，新增的供水量中有19亿m^3由江苏省内使用，有效增加苏北地区水资源供给，提高城乡供水保证率和居民饮用水水质；优化江河湖泊的引排水系，提升沿线防洪排涝标准；增强京杭大运河水运能力，促进水资源环境与经济社会协调发展，对江苏省实施苏北振兴战略和沿海开发战略具有重大的现实意义和深远的历史意义。此外，通过水源置换、生态补水等措施，南水北调江苏境内工程有效保障了沿线河湖生态用水，初步形成了河畅、水清、岸绿、景美的亮丽风景线，改善了人民群众的生活环境，提升了人民群众的满意度和幸福感。一项工程多种效益，南水北调江苏境内工程将调水、防洪、排涝、灌溉、航运、生态等综合功能有机结合，工程效益巨大且深远，不仅提高人民生活水平，也满足了人民群众对美好生活的向往。同时，南水北调工程综合效益的持续发挥得到了党中央国务院和社会各界的普遍称赞，也为南水北调集团的发展创造了良好的外部环境。

南水北调作为"国之重器"，是世界上建设规模最大、供水规模最长、受益人口最多的调水工程，这要求南水北调集团必须以建设世界一流工程为己任。东中线一期工程经过10多年建设和近10年的运行管理，制定了一系列长距离跨流域调水工程的标准，积累了一定的人才、技术、管理优势和宝贵经验，但运行管理的现代化水平还有待进一步提升、统一运行的管理体制还有待进一步理顺、良性运营的水价调整机制和水费收缴机制还需要建立完善，正在推进开工建设的东中线后续工程规模大、战线长、施工技术难度大，对建设一流工程的目标提出了新的更高要求。

目前，南水北调集团正在积极推动南水北调后续工程规划建设，同时充分利用自身优势，不断延展水网布局，发挥好国家水网建设国家队、主力军作用，积极参与区域水网、地方水网建设，助力形成国家水网。在南水北调后续工程全面加快推进之际，江苏水源公司组织编写了《东源流长——江苏南水北调工程建设项目管理实践》一书，以展示南水北调江苏境内工程的总体布局与建设内容，全面介绍南水北调江苏境内工程的建设、运行管理情况，以及在推进技术进步、管理创新方面所做的工作。内容系统全面，结构严谨合理，资料丰富翔实，文字朴实凝练，具有较强的普及性和实用性。相信本书的编纂出版，能够成为系统介绍南水北调东线一期江苏境内工程项目管理的科普书、工具书，为从事和关心南水北调工程的各界人士提供有益的帮助。

CONTENTS

目录

第 3 章 项目事业环境

第 4 章 项目前期工作与启动

第 5 章 项目治理体系和组织管理架构

第 6 章 项目投融资管理

第7章 项目设计管理

第8章 项目范围管理

第 9 章 项目采购管理

第 10 章 项目进度管理

第 11 章 项目质量管理

项目概况和背景

1.1　项目基本情况

南水北调东线一期江苏境内工程（以下简称“南水北调江苏境内工程”）是目前世界上规模最大的跨流域调水工程——南水北调工程的东线源头工程，是在江苏江水北调工程的基础上扩大规模、向北延伸，以长江下游扬州江都三江营为起点取水，以京杭大运河为输水干线，以向苏北、山东半岛等北方干旱缺水地区调水为主要目标，兼具防洪、排涝、灌溉、航运、生态、文化等综合功能的超大型水利工程项目群，集中了目前世界上最大最密集的泵站群，将引水、蓄水和输水连结成一个有机整体，是实现我国水资源优化配置的重大战略性基础设施工程。南水北调东线一期江苏境内工程示意图如图 1-1 所示。南水北调江苏境内工程调水干线总长 404 km，工程总投资 266.84 亿元，包括调水工程和治污工程两部分。调水工程总投资 133.64 亿元，主要内容为新建 11 座、改（扩）建 3 座、改造 4 座泵站，新辟、扩挖三阳河、潼河、金宝航道、淮安四站输水河道等四条主输水河道，同时实施里下河水源调整，洪泽湖、南四湖蓄水位抬高影响处理及四个截污导流工程，共计 8 个

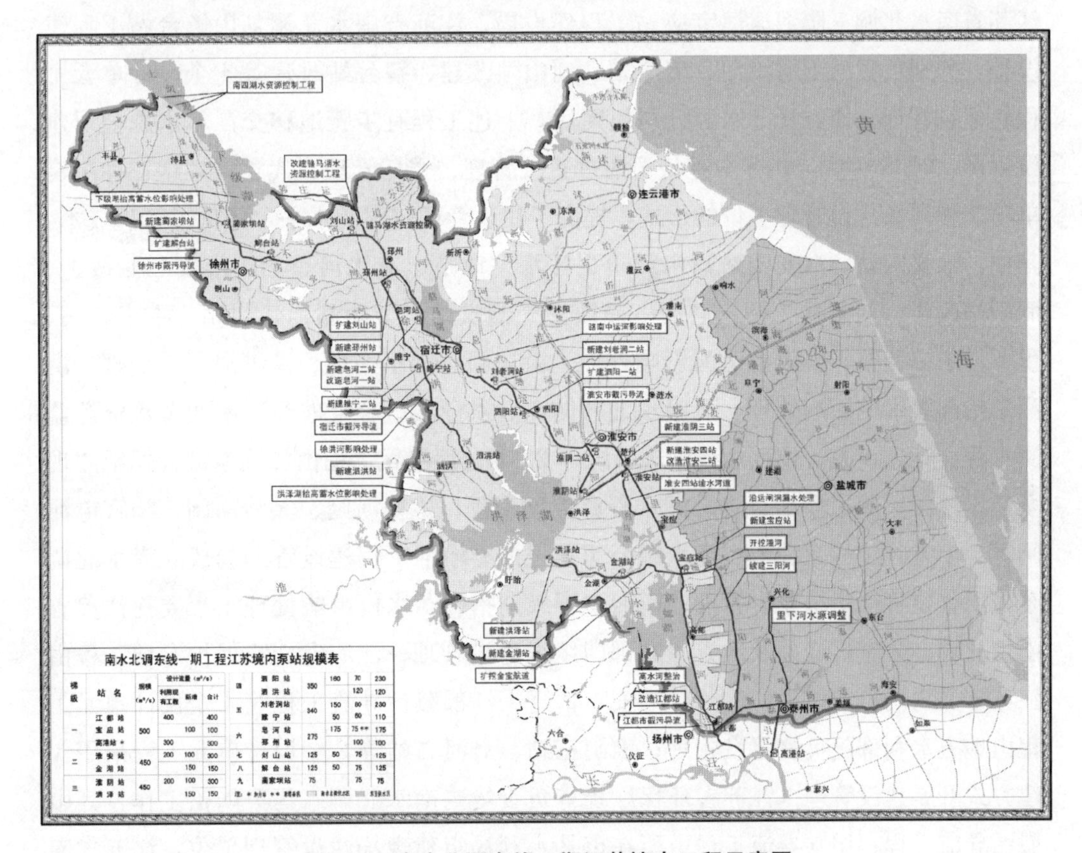

梯级	站名	规模（m³/s）	设计流量（m³/s）利用现有工程	新增	合计
一	江都站	500	400		400
	宝应站			100	100
	高港站 *		300		300
二	淮安站	450	200	100	300
	金湖站			150	150
三	淮阴站	450	200	100	300
	洪泽站			150	150
四	泗阳站	350	160	70	230
	泗洪站			120	120
五	刘老涧站	340	150	80	230
	睢宁站		50	60	110
六	皂河站	275	175	75 **	175
	邳州站			100	100
七	刘山站	125	50	75	125
八	解台站	125	50	75	125
九	蔺家坝站	75		75	75

图 1-1　南水北调东线一期江苏境内工程示意图

单项、40个设计单元工程；治污工程分两批共实施305个项目，总投资133.2亿元，由江苏省自筹资金，沿线地方政府负责实施。项目建成后，通过9个梯级泵站，设计抽江规模由原有的400 m^3/s扩大到500 m^3/s，多年平均抽江水量新增38.01亿m^3，达87.66亿m^3，输水干线水质达到地表水环境质量Ⅲ类水标准。

南水北调江苏境内工程存在点多、线长、面广的客观情况，生产关系复杂，协调难度大。为了保证工程顺利建设和长期良性运行，江苏省人民政府、国务院南水北调工程建设委员会分别于2004年5月、6月批复同意设立南水北调东线江苏水源有限责任公司，作为项目法人承担南水北调东线江苏省境内工程的建设和运行管理任务。2005年3月29日，南水北调东线江苏水源有限责任公司（以下简称“江苏水源公司”）注册成立，这是我国首次以市场化企业项目法人制的管理方式建设国家重大跨流域调水工程，江苏水源公司集筹资、建设、运行、还贷、资产保值增值等责任于一体，负责江苏省境内南水北调工程的供水经营业务，从事相关水产品的开发经营。

在江苏水源公司成立之前的2002—2005年，经水利部同意，江苏省水利厅成立江苏省南水北调三阳河潼河宝应站工程建设局、江苏省南水北调刘山解台站工程建设处，分别负责三阳河潼河、宝应站、刘山站改建、解台站改建等4个设计单元工程的建设管理工作，江苏水源公司组建后，上述工程有步骤地移交江苏水源公司建设管理。2005年后，江苏水源公司通过直接管理、委托管理、代建管理这三种组建单项工程现场建设管理单位的形式，提高了建设管理效率及水平，降低了管理成本。其中，淮安四站、淮安四站输水河道、江都站改造、高水河整治、淮安二站改造、泗阳站改建、刘老涧二站、皂河一站改造、泗洪站、金湖站、邳州站、睢宁二站、里下河水源调整、骆南中运河影响处理、沿运闸洞漏水处理、徐洪河影响处理、洪泽湖抬高蓄水位影响处理、血吸虫北移防护、洪泽站、金宝航道、南四湖水资源监测工程、管理设施、调度运行管理系统等23个设计单元工程由江苏水源公司组建现场建设单位；蔺家坝站、骆马湖水资源控制工程、姚楼河闸、大沙河闸、杨官屯河闸等5个省际边界工程由江苏水源公司委托淮委治淮工程建设管理局成立南水北调东线工程建管局组织建设管理；南四湖下级湖抬高蓄水位影响处理工程委托江苏省南水北调办公室拆迁办及地方水利部门组织建设管理；江苏省文物保护专项工程由江苏省文物局负责建设；徐州、淮安、宿迁、江都截污导流工程等4个设计单元工程由地方水利部门负责建设管理；淮阴三站、皂河二站等2个设计单元工程采用代建方式开展建设管理。江苏省环保厅统筹负责境内南水北调水污染防治工作，其中截污导流工程、尾水导流工程由所在市县水利局组建现场建设管理单位，江苏省南水北调办公室监督指导；江苏省发展改革委、农委、住建厅、交通运输厅以及沿线地方政府分别负责其他治污工程建设管理。

2002年10月10日，中共中央政治局常委会审议并通过了《南水北调工程总体规划》；2002年12月23日，国务院正式批复《南水北调工程总体规划》；2002年12月27日，南水北调工程开工典礼在北京人民大会堂和山东省、江苏省施工现场同时举行。至此，南水北调东线工程正式进入实施阶段。2008年12月，苏鲁边界蔺家坝泵站建成投入运行，标志着江苏境内工程已具备调水出省能力。2013年5月30日，南水北调江苏境内工程实现了试通水。2013年10月19日，南水北调江苏境内工程进入试运行阶段。在党中央、国务院的正确领导下，在全体建设者和沿线干部群众的共同努力下，经过半个多世纪论证、勘测、规划、设计、建设，2013年11月15日，南水北调东线一期工程从江都水利枢纽出发，以京杭大运河为干线，用世界最大规模的泵站群“托举”长江水北上流入山东，标志着南水北调东线一期工程全面建成。图1-2为南水北调江苏境内工程建设重要里程碑节点示意图。

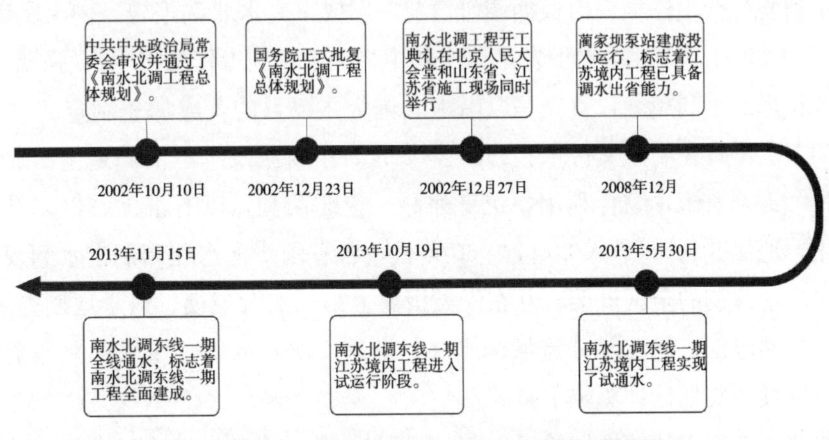

图1-2 南水北调江苏境内工程建设重要里程碑节点

1.2 项目背景

我国是水资源紧缺的国家，水资源时空分布不均是我国部分地区严重缺水的根本原因。长江流域面积占全国陆地国土面积的18.8%，占有全国36%的水资源量，而黄河流域面积占全国陆地国土面积的8.33%，仅占有全国2.64%的水资源量，黄河素有中国母亲河之称，由于水量不足，沿线需水量不断增加，面临着断流的危险。我国北方地区水资源不足的现状已经严重影响到社会经济以及生态环境的可持续发展，尤其是在黄淮海平原东部、胶东地区和京津冀地区，人口密集、城市集中、交通便利，地势较平坦，矿产资源丰富，是中国重要的能源化工生产基地和粮食等农产品主要产区，经济增长潜力巨大。由于长期受到干旱缺水的困扰，水资源供需矛盾日益突出，如不抓紧解决，在黄河水资源及其利用状况发生变化时，供水区内将产生无法解决的严重后果。特别是海河流域下游，大部分河流已经干涸，可利用的地表水日益减少，由于长期超采深层地下水，引发了水质恶化、地面沉降等多种地质灾害，仅仅依靠当地水资源难以解决缺水问题。经过专家学者的论证分析，若向北方缺水地区及黄河上游调入长江径流量的5%，便可以解决黄河及北方地区的缺水问题。

早在1952年，毛泽东主席在视察黄河时说："南方水多，北方水少，如有可能，借点来也是可以的。"此后，黄河水利委员会（简称"黄委"）、长江水利委员会（简称"长江委"）等机构相继研究了由通天河引水到黄河源、从汉江丹江口引水济淮、济黄、自三峡引水至丹江口、从长江下游沿大运河调水、巢湖引水等多个调水方案。1954年，长江发生特大洪水，毛主席下定决心："除掉长江洪水这个心腹之患。"时任长江水利委员会主任林一山根据调研情况，形成《南水北调报告》向毛主席汇报。1958年8月29日，中共中央下发了《中共中央关于水利工作的指示》，强调："全国范围的较长远的水利规划，首先是以南水北调为主要目的，应加速制定。""南水北调"一词首次出现在中央文件中。1959年2月，中科院及水电部确定南水北调的指导方针为"蓄调兼施，综合利用，统筹兼顾，南北两利，以有济无，以多补少，使水尽其用，地尽其利"。进入20世纪60年代，各省围绕南水北调制定水利规划，逐渐勾勒出南水北调的全国框架，并在人类历史上第一次大规模、科学地勘查了长江、黄河上游和澜沧江、怒江部分流域的水文、地理情况，取得了宝贵的勘测资料，为南水北调后续的规划设计奠定了基础。

南水北调东线工程的规划始于1972年华北大旱。当时为解决海河流域的水资源危机，水利电力部首先研究了引黄济卫、济津方案，但因黄河引水量太少，此方案只能作为解决缺水的过渡性措施，要根本地解决缺水问题，还得从长江调水，水利电力部遂组织开展研究东线调水方案。1977年10月，水电部、交通部、农林部和第一机械工业部向国务院联合上报了《南水北调近期工程规划报告》。该规划以农业供水为主，改善和发展灌溉面积6 400万亩，向城市供水27亿m^3，并使京杭运河成为南北水运交通大动脉。规划从扬州附近抽水1 000 m^3/s，过黄河600 m^3/s，到天津100 m^3/s。该《规划报告》基本确立了南水北调东线工程的总体布局。1981年12月，国务院召开治淮会议，要求南水北调东线工程先调水到南四湖。1983年1

月，淮河水利委员会（简称“淮委”）编制完成《南水北调东线第一期工程可行性研究报告》，对工程的供水范围、调水规模、工程布局进行了进一步的研究，建议实施抽江 500 m^3/s、进东平湖 50 m^3/s 的工程方案。时年 3 月，国务院批准了南水北调东线第一期工程方案。

随后，根据国务院领导的指示精神和水利部的部署，由水利部南水北调规划办公室（1997 年 5 月更名为水利部南水北调规划设计管理局）牵头，淮河水利委员会、海河水利委员会、水利部天津水利水电勘测设计研究院共同参加，于 1990 年 5 月编制完成《南水北调东线工程修订规划报告》，在 1977 年《南水北调近期工程规划报告》的基础上，围绕供水目标、供水范围、工程布局等方面进行了调整，增加了城市工业供水，将灌溉面积由 6 400 万亩减少到 4 245 万亩；工程规模调整为抽江 1 000 m^3/s、过黄河 400 m^3/s、到天津 180 m^3/s。1990 年 11 月提出的《南水北调东线第一期工程修订设计任务书》，在总体规划基础上制定了 2000 年送水到京津地区的第一期工程方案，建议工程规模为抽江 600 m^3/s、过黄河 200 m^3/s、到天津 100 m^3/s。1995 年 12 月，南水北调开始进入全面论证阶段。次年 1 月由淮河水利委员会会同海河水利委员会提出《南水北调工程东线论证报告》，预测了不同水平年受水区缺水程度和调水需要，对工程投资、供水成本和工程管理等问题进行了分析研究，建议在江水北调工程基础上分别按抽江 500 m^3/s、700 m^3/s、1 000 m^3/s 规模，分三步实施东线工程。1999—2001 年期间，水利部组织专家学者对东线工程进行了总体规划论证，并于 2001 年由淮河水利委员会会同海河水利委员会编制完成《南水北调东线工程规划（2001 年修订）》，突出水资源优化配置，按照朱镕基总理提出的“先节水后调水，先治污后通水，先环保后用水”的“三先三后”原则，论证东线工程的水资源开发利用和保护，修订供水范围、供水目标和工程规模；研究东线工程建设体制和运营机制，建立合理的水价体系；根据北方城市的需水要求，结合东线治污规划的实施，制定分期实施方案。

2002 年 12 月，国务院批复了《南水北调工程总体规划》。2004 年 6 月编制完成《南水北调东线第一期工程项目建议书》，2005 年 3 月由淮委牵头组织编制完成了《南水北调东线第一期工程可行性研究报告》。至此，南水北调东线工程规划全部完成。表 1-1 为南水北调东线工程论证规划时间表。

表 1-1　南水北调东线工程论证规划时间表

时间	成果	主要内容
1977 年	《南水北调近期工程规划报告》	•改善和发展灌溉面积 6 400 万亩； •向城市供水 27 亿 m^3； •使京杭运河成为南北水运交通大动脉； •从扬州附近抽水 1 000 m^3/s，过黄河 600 m^3/s，到天津 100 m^3/s。
1983 年 1 月	《南水北调东线第一期工程可行性研究报告》	•对工程的供水范围、调水规模、工程布局进行了进一步的研究； •实施抽江 500 m^3/s、进东平湖 50 m^3/s。
1990 年 5 月	《南水北调东线工程修订规划报告》	•增加城市工业供水； •将灌溉面积由 6 400 万亩减少到 4 245 万亩； •工程规模调整为抽江 1 000 m^3/s、过黄河 400 m^3/s、到天津 180 m^3/s。
1990 年 11 月	《南水北调东线第一期工程修订设计任务书》	•制定 2000 年送水到京津地区的第一期工程方案； •建议工程规模为抽江 600 m^3/s、过黄河 200 m^3/s、到天津 100 m^3/s。
1996 年 1 月	《南水北调工程东线论证报告》	•预测不同水平年受水区缺水程度和调水需要； •对工程投资、供水成本和工程管理等问题进行了分析研究； •在江水北调工程基础上分别按抽江 500 m^3/s、700 m^3/s、1 000 m^3/s 规模，分三步实施东线工程。
2001 年	《南水北调东线工程规划（2001 年修订）》	•突出水资源优化配置，按照“三先三后”的原则，论证东线工程的水资源开发利用和保护； •修订供水范围、供水目标和工程规模； •研究东线工程建设体制和运营机制，建立合理的水价体系； •根据北方城市的需水要求，结合东线治污规划的实施，制定分期实施方案。
2004 年 6 月	《南水北调东线第一期工程项目建议书》	•明确抽江和各区段的输水规模； •制定南水北调东线一期工程的主要建设内容。
2005 年 3 月	《南水北调东线第一期工程可行性研究报告》	•明确南水北调东线一期工程任务和总体布局，制定供水目标； •明确工程规模、总体布置、水力机械等内容。

1.3　项目建设基础

南水北调江苏境内工程主要是利用、改造现有的江水北调工程，充分利用京杭大运河输水路线，并同时开辟新的输水线路，形成了目前运河线、运西线两线相济输水的格局。因此，可以说南水北调江苏境内工程就是在江苏江水北调工程及京杭大运河的基础上建设起来的。

1.3.1　江水北调工程

南水北调江苏境内工程的运河线正是以江水北调的输水线路和梯级泵站设置为基础，根据规划要求及实际运行状况进行利用或改造，将江水北调的规模扩大、向北延伸，以保证向东线受水区输水。江水北调工程是一项扎根长江、实现江淮沂沭泗统一调度、综合治理、综合利用的工程。江水北调工程的成功，回答了“水能不能调出去”“水质能不能得到保障”等关键问题，不仅证明了跨流域调水的可行性，更为南水北调工程建设和管理积累了宝贵经验。江水北调工程几十年的调水实践证明了跨流域调水的可行性，可以说江水北调工程就是南水北调东线工程的一次伟大实践。毫无疑问，江水北调工程就是南水北调东线工程之源。

江苏的苏南、苏北由于历史原因，特别是水资源条件的不同，长期存在着“南富北贫”的差距。苏南水网密布，水势稳定，一直为“鱼米之乡”；而苏北却水旱灾害频繁，“盼水水不来，怨水水不去”，只能种植一些产量不稳定的旱作物。20 世纪 50 年代中期，江苏省水利厅为解决苏北灌溉问题，先后提出“淮水北调，分淮入沂”和“引江济淮，江水北调”的跨流域调水计划，为解决苏北水源问题提出了战略性建议。1959 年苏北大旱，又正值灌溉大用水期间，淮河断流，洪泽湖干涸，400 万亩农田受灾减产，说明依靠淮水发展灌溉，显然是靠不住的，只有江水川流不息。因此，江苏最终决定扎根长江，江淮水并用，采取抽引江水和自流引江多措并举，江水北调的构思至此成型。图 1-3 为江苏省江水北调工程示意图。

图 1-3　江苏省江水北调工程示意图

江水北调工程含江都、淮安、淮阴、泗阳、刘老涧、皂河、刘山、解台、沿湖等9个梯级枢纽、16座泵站，总装机容量14.9万kW，输水干线长404 km，设计抽引能力400 m^3/s，进洪泽湖200 m^3/s，泗阳北送90 m^3/s，向连云港市区送水15 m^3/s。另外，里下河自流引江能力700 m^3/s，淮沭新河向北调水能力750 m^3/s，其中淮阴闸以北的淮沭河段为440 m^3/s。工程集灌溉、泄洪、排涝、发电、航运、供水、冲淤保港、改善生态环境、改良盐碱地等综合作用于一体，实现全面规划、综合利用、一站多用、一闸多用、一河多用、一水多用的目标。江水北调工程利用过境客水，跨越流域，逐级北上，以丰补枯，为发展农业生产提供良好的水利条件，是淮河下游治理思想的一个突破，是江苏人民在水利建设上的一个重大创举，也是新中国治水史上的一个辉煌业绩。

江水北调工程覆盖江苏省苏中、苏北7个市50个县（市），面积6.3万km^2，人口3 900多万，耕地面积4 500万亩，为江苏经济社会的持续发展提供了有力保障，为淮北大面积农田改制，里下河、白马湖地区排涝降渍，发展航运，解决工农业和城市用水等创造了条件，促进了苏北的社会经济发展，使素有“锅底洼”之称的里下河地区700万亩农田从一熟沤田改成了稻麦两熟的“吨粮田”，实现了“沤改旱”，成为全国著名的商品粮生产基地；也使淮北地区1 100多万亩农田实现“旱改水”。苏北也栽种了水稻，稻麦两熟，从而结束了苏北粮食不能自给的历史，成了中国的又一个“米粮仓”。

江水北调工程为解决苏北地区缺水问题做出了巨大贡献。正是江水北调工程所取得的巨大社会效益和经济效益，让人们充分认识到南水北调工程是解决我国北方水资源短缺和生态环境恶化的重要战略举措，从而预见南水北调工程将实现全国范围内的水资源优化配置，为南水北调工程奠定了决策的基础。

在工程基础方面，江水北调已建成的泵站和输水线路可被用于南水北调东线工程。位于江苏扬州市的江都站既是江苏省江水北调工程的龙头，同样也是南水北调东线工程的源头（见图1-4）。

在技术基础方面，江水北调工程已经建成了江都一站和江都二站，在此基础上，经过自主研发与技术引进，陆续建成了江都三站和江都四站，在立式轴流泵的设计和应用方面取得了成熟的发展，为南水北调东线工程的泵站设计与建设奠定了基础，缩小了我国同世界领先国家在水泵制造和水力模型开发领域的差距。

在运行管理方面，江水北调工程在40多年的运行管理过程中，积累了大量经验，为南水北调江苏境内工程的运行管理提供了很好的借鉴。江水北调实行以省统管统调的管理体制，凡跨市（地）、跨水系的主要工程和调水干线骨干工程均由省统

图1-4 南水北调东线工程源头——江都水利枢纽

一管理，由省制定年度调水计划和水量分配方案。在全年运行过程中，特别在用水高峰期，主要调水分水闸站均由省直接调度。这样的“统管统调”模式有利于从社会经济发展的整体利益出发，对调水范围内的各种水资源实行统筹兼顾的分配和调度，较合理、充分地发挥水资源的总体效益，可以被南水北调江苏境内工程借鉴。当然，江水北调工程在运行管理中的一些问题也值得南水北调江苏境内工程总结反思。

总体来看，江水北调工程作为江苏省跨流域、跨区域骨干供水工程，为南水北调江苏境内工程在工程规划、工程实施、工程技术、运行管理等方面奠定了坚实的基础，为南水北调江苏境内工程圆满实现“工程率先建成通水、水质率先稳定达标”的目标创造了基本条件，促进了社会、经济、生态、民生等各方面效益的最大化发挥。

1.3.2 京杭大运河

南水北调江苏境内工程的线路布置采用双线输水，包括原有的京杭运河输水线和新辟的运西输水线，可概括为运河线和运西线。其中运河线在江苏境内分为三段：第一段为长江至洪泽湖段，从长江北岸的三江营和高港引水，利用了原里运河至苏北灌溉总渠输水线；第二段为洪泽湖至骆马湖段，利用了原中运河线；第三段为骆马湖至南四湖段，利用了中运河—不牢河线。除此之外，东线工程的输水线路在过黄河后，继续利用了京杭运河的卫运河和南运河，通过自流即可到达天津。

京杭大运河能够为南水北调江苏境内工程奠定输水线路的基础，得益于其纵贯南北的“黄金水道”。京杭大运河北起北京，南到杭州，经北京、天津两市及河北、山东、江苏、浙江四省，贯通海河、黄河、淮河、长江、钱塘江五大水系，全长约1 794 km。千百年来，京杭大运河一直是中国古代重要的“漕运通道”，是历史上的“南粮北运”和“盐运”通道。南水北调江苏境内工程选择京杭大运河作为输水干线，不仅运输线路短，途径城市较多，是最便捷的运输通道，且通过利用固有河道，可大量节省调水管道等设施的建设成本，缩短建设周期。

除了“黄金水道”的支撑，京杭大运河深厚的历史文化底蕴、优秀的人文精神和独特的地域文化，为南水北调江苏境内工程提供了取之不竭的文化灵感，为整体工程赋予了深刻的文化内涵，使运河线成为以河流系统为特色、水利开发与运河文化、城镇建设高度互动的综合走廊。京杭大运河历史悠久，从公元前 486 年吴王夫差始凿“邗沟”，数千年间人们逐水而居，伴随运河形成了集市、城镇，继而产生了运河文化、运河经济、运河民俗，一部水上文明史就此打开。大运河作为“活着的、流动着的人类遗产”，堪称中华文明的瑰宝、流淌在华夏大地的史诗，保存了具有内河特色的文化；沿岸几十座城市有着独特的人文景观和民俗风韵，是意境别具的高品位文化，而这也成为南水北调江苏境内工程建筑风格的灵魂，使其在担负国家重大水利工程使命的同时，彰显运河文化，重振运河风采。

项目综述

2.1　总体方案和主要建设内容

2.1.1　技术方案

根据国务院批准的《南水北调工程总体规划》，南水北调东线工程从长江下游调水，向黄淮海平原东部和山东半岛补充水源，主要供水目标是沿线城市及工业用水，兼顾一部分农业和生态环境用水。根据北方各省市对水量、水质的要求和东线治污进展情况，东线工程计划分三期来实施：

第一期工程首先调水至山东半岛和鲁北地区，有效缓解该地区最为紧迫的城市缺水问题，并为天津市应急供水创造条件。规划工程规模为抽江 500 m^3/s，入东平湖 100 m^3/s，过黄河 50 m^3/s，送山东半岛 50 m^3/s。

第二期工程增加向河北、天津供水，在第一期工程的基础上扩建输水线路至河北省东南部和天津市，扩大抽江规模至 600 m^3/s，过黄河 100 m^3/s，送天津 50 m^3/s，送山东半岛 50 m^3/s。

第三期工程继续扩大调水规模，抽江规模扩大至 800 m^3/s，过黄河 200 m^3/s，送天津 100 m^3/s，送山东半岛 90m^3/s。

南水北调东线一期江苏境内工程从长江下游的三江营向北调水出省至南四湖，南水北调东线一期江苏境内工程调水路线及系统概化图如图 2-1 所示。

由于黄河以南地形为“南低北高”，南水北调江苏境内工程从调水起点长江下游的三江营一路北上，东线全线最高处东平湖水位与长江水位地势差近 40 米，这也就意味着南水北上必须实现“水往高处流”，直至水流越过最大高程点才能顺流而下抵达天津或沿着引黄济青工程奔向山东半岛。

虽然南水北调东线江苏境内已有京杭大运河等多条南北向的河道可作为南水北上的现成通道，同时江苏境内还有江水北调工程作为东线工程的基础，但是近 40 米的高度屏障仍需要建设数量众多的大型泵站，形成多个梯度泵站群以实现调水目标。整个东线一期工程沿线建有 34 处站点、160 台水泵共计 13 级泵站，图 2-2 为南水北调江苏境内工程泵站梯级示意图。这个世界上最大的泵站群工程，从扬州江都水利枢纽开始，以最高 500 m^3/s 的抽江规模，将长江水逐级提升近 40 米一路送至黄河南岸。经由这些泵站，南水北调江苏境内工程的年调水能力可达到 87.66 亿 m^3，相当于每年为沿线的江苏、安徽、山东各省供给了 600 多个杭州西湖的水量。因此，泵站建设是发挥南水北调东线功能最重要的工程建设之一。

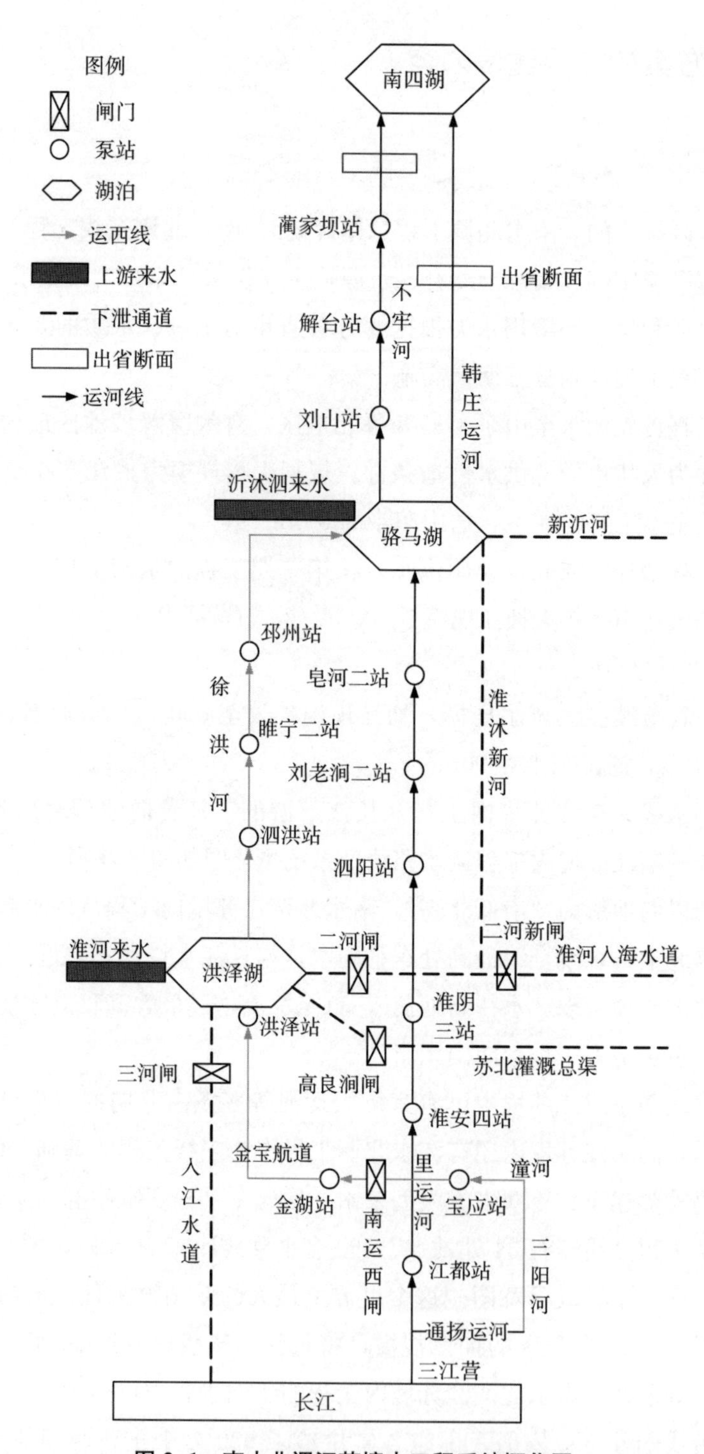

图 2-1　南水北调江苏境内工程系统概化图

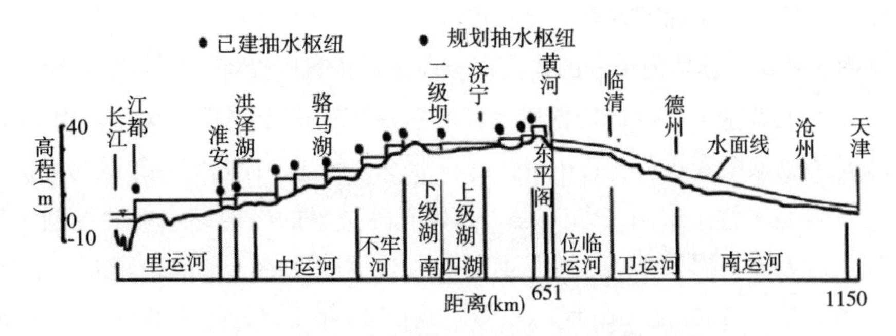

图 2-2　南水北调江苏境内工程泵站梯级示意图

按照工程规划，泵站工程需要新建及改造 18 座泵站，均为低扬程、大流量泵站，其中 5 座泵站扬程在 4 米以下，属于特低扬程，是国内首次大规模使用低扬程大流量泵站技术，推动了低扬程泵站规划、设计和建设水平的提高。

南水北调江苏境内工程建设点分散，各个泵站地质地貌条件、扬程、流量、运行时间存在差异。在工程规划阶段，主要围绕如何提高泵站效率开展研究，在工程实施阶段，江苏水源公司在设计泵站技术方案时“因站而异”，重点突出“高效、可靠、环保”的设计理念，各模块方式“因站而组”，从水泵形式、工况调节方式、传动方式、断流方式、推力轴承结构型式五个方面来综合考量，选择适合泵站建设的泵型方案。

江苏水源公司在选择泵站技术方案时，引入多个备选方案，建立模型，测算备选方案的效率、经济性、可靠性等指标，为选择最佳方案提供数据支撑。同时，鉴于国内相关技术缺乏，江苏水源公司在招标过程中引入国外知名厂商，吸收国外先进技术，和科研机构合作组织技术攻关，共同研发出多项关键性的水泵技术，实现水泵从引进到消化、吸收再到国产化。南水北调江苏境内工程 16 个泵站最终形成了 11 套方案。经过严密的泵站技术方案比选，设备投资节省 9 000 万元以上，泵站效率普遍提升至 70%以上，在控制投资规模的前提下，实现了泵站效率的最大化，同时显著延长了泵站的使用寿命、降低了后期维护成本。

2.1.2　商业方案

南水北调江苏境内工程是首次在调水等水利工程中尝试通过建立企业项目法人，采用准市场化运作方案的超大型项目群，通过收取受水区的水费来支撑工程建设还贷和运行费用等支出。

就具体的商业方案而言，其主要特点如下：

（1）南水北调江苏境内工程的建设资金由中央预算内投资、国家重大水利工程建设基金、南水北调基金、银行贷款以及江苏省级配套五个渠道筹集。其中，江苏省级财政及地方财政配套投资主要用于江都、淮安、宿迁、徐州等 4 市截污导流工程，里下河水源调整工程，淮阴三站工程，苏鲁省际边界的南四湖水资源控制工程等。南水北调工程基金根据 2004 年 12 月国务院办公厅印发的《南水北调工程基金筹集和使用管理办法》（国办发〔2004〕86 号）和 2006 年 2 月江苏省政府办公厅印发的《关于印发江苏省南水北调工程基金筹集和使用管理实施办法的通知》（苏政办发〔2006〕6 号），从 2006 年 1 月 1 日起通过提高水资源费征收标准筹集，2014 年起停止征收。重大水利工程建设基金根据 2009 年财政部、国家发展改革委、水利部联合印发的《国家重大水利工程建设基金征收使用管理暂行办法》（财综〔2009〕90 号），从 2010 年 1 月起将原三峡工程建设基金转为重大水利工程建设基金征收，共征收 10 年，至 2019 年 12 月 31 日止，用于南水北调工程建设部分，暂属中央资本金。项目法人贷款是项目法人江苏水源公司组建成立后，根据规划可研的筹融资安排，以南水北调东线一期工程江苏段的水费收益权为质押标的物，采用银团贷款方式，向以国家开发银行牵头，农业银行、建设银行、中国银行、工商银行和中信银行参加的银团贷款，贷款期限从 2005 年起 25 年。

（2）江苏水源公司作为国家和省政府出资设立的公司，也是省政府授权的国有资产投资主体，公司依法自主经营，自负盈亏。在南水北调江苏境内工程建设完成后，由其负责江苏境内南水北调工程供水经营业务以及相关水产品的开发经营。通过收取相关水费偿还建设期贷款、支付工程运行维护费用，建立起“投资—回收—再投资”的良性循环机制，实现南水北调国有资产保值增值。

（3）南水北调江苏境内工程水价的制定既要以现有法规和政策为基础，又要根据市场经济客观规律、国家改革的总体方向和要求，更需要探索出一套符合市场经济要求和南水北调供水实际的水价形成机制。根据《南水北调工程供用水管理条例》（2014 年国务院令第 647 号）和《国家发展改革委关于南水北调东线一期主体工程运行初期供水价格政策的通知》（发改价格〔2014〕30 号）规定，南水北调工程受水区省、直辖市人民政府授权的部门或单位应当与南水北调工程管理单位签订供水合同并缴纳南水北调水费。具体内容包括：第一，南水北调东线一期主体工程运行初期供水价格按照保障工程正常运行和满足还贷需要的原则确定，不计利润，并按规定计征营业税及其附加。第二，各口门采取分区段定价的方式，将主体工程划分为 7 个区段，同一区段内各口门执行同一价格。第三，南水北调东线一期主体工程实行两部制水价，基本水价按照合理偿还贷款本息、适当补偿工程基本运行维护费用的原则制定，计量水价按补偿基本水价以外的其他成本费用以及计入规定税金的原则制定。

(4) 南水北调江苏境内工程除了具有调水、防洪排涝、生态补水和抗旱等效益，其沿线经工程建设后，还可新增近万亩渠道水面、边坡、林地等大量可开发资产；同时工程沿线还分布众多文物古迹和文化遗产，文旅资源也极其丰富。江苏水源公司计划充分开发南水北调江苏境内工程沿线丰富的水土资源、文旅资源等，发挥工程综合效益，为公司创造更多盈利机遇以及未来发展的纵深空间。

上述方案是我国采用准市场化运作方式来支撑水利基础设施工程建设和运营的首次探索，创新完善了水利工程供水价格形成机制，有利于保证落实地方经济责任，保证工程正常运营和还本付息，有效降低了供水企业的运营风险。

2.1.3 东线一期工程概况及主要建设内容

南水北调东线工程即国家战略东线工程，简称东线工程，是指从江苏扬州江都水利枢纽提水，途经江苏、山东、河北三省，向华北地区输送生产生活用水的国家级跨省界区域工程。《南水北调东线工程规划》于2001年修订完成，东线工程规划从江苏省扬州附近的长江干流引水，利用京杭大运河以及与其平行的河道输水，连通洪泽湖、骆马湖、南四湖、东平湖，并作为调蓄水库，经泵站逐级提水进入东平湖后，分水两路。一路向北穿黄河后自流到天津，从长江到天津北大港水库输水主干线长约1 156 km；另一路向东经新辟的胶东地区输水干线接引黄济青渠道，向胶东地区供水。

东线工程主要利用京杭运河及淮河、海河流域现有河道、湖泊和建筑物，并密切结合防洪、除涝和航运等综合利用的要求进行布局。在现有工程基础上，拓浚河湖、增建泵站，分期实施，逐步扩大调水规模。南水北调江苏境内工程主要是利用并改造现有江水北调工程，并按规划要求开辟新的输水线路。总体工程可以划分为四部分：调水工程、治污工程、专项工程和其他。调水工程与治污工程为主要建设内容，如图2-3、图2-4所示。

其中，治污工程主要内容为污染源治理工程、水源地保护整治工程、北澄子河和复兴河水质达标工程、水质水量监测与预警预报体系建设工程等，总批复投资约133.2亿元，由江苏省及地方政府自筹资金实施。通过实施治污工程，南水北调江苏境内工程调水出省水质可以达到地表水Ⅲ类标准。

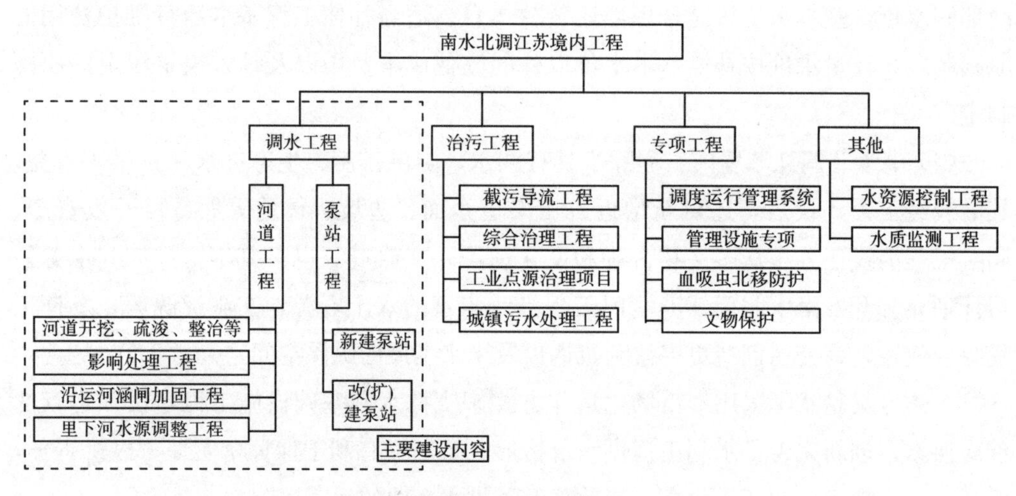

图 2-3　南水北调江苏境内工程分类

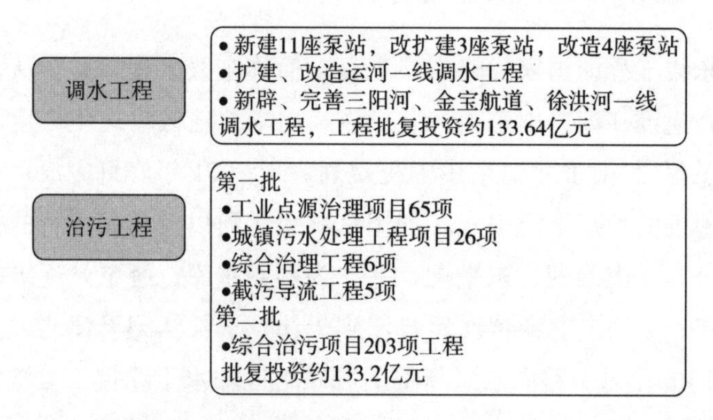

图 2-4　南水北调江苏境内调水和治污工程主要建设内容与投资金额

江苏水源公司主要负责调水工程、专项工程与其他工程，共计批复 8 个单项、40 个设计单元工程，批复总投资约 133.64 亿元，主要内容为新建 14 座泵站、改造 4 座泵站，新辟、扩挖三阳河、金宝航道、徐洪河一线调水工程，形成以运河线为主，运西线为辅的双线输水格局，同时实施里下河水源调整，洪泽湖、南四湖蓄水位抬高影响处理工程等项目。具体工程组成及投资批复如表 2-1 所示。

表 2-1　南水北调江苏境内工程组成及批复投资（江苏水源公司负责部分）

序号	单项工程名称	设计单元工程	批复总投资（万元）
一	三阳河潼河宝应站工程	三阳河潼河	81 462
		宝应站	16 460

续表

序号	单项工程名称	设计单元工程	批复总投资（万元）
二	长江至骆马湖段（2003）年度工程	江都站改造工程	30 302
		淮阴三站工程	29 145
		淮安四站工程	18 476
		淮安四站输水河道工程	31 898
三	骆马湖段至南四湖段江苏境内工程	刘山站工程	29 576
		解台站工程	23 242
		蔺家坝站工程	25 700
四	长江至骆马湖段其他工程	高水河整治工程	16 256
		淮安二站改造工程	5 832
		泗阳站改建工程	34 759
		刘老涧二站工程	24 078
		皂河二站工程	30 567
		皂河一站改造工程	13 854
		泗洪站工程	61 928
		金湖站工程	41 421
		洪泽站工程	53 325
		邳州站工程	34 450
		睢宁二站工程	26 908
		金宝航道工程	103 632
		里下河水源调整工程	239 631
		骆马湖以南中运河影响处理工程	12 924
		沿运闸洞漏水处理工程	12 252
		徐洪河影响处理工程	28 133
		洪泽湖抬高蓄水位影响处理工程	26 003
五	截污导流工程	截污导流工程	125 022
六	东线江苏段专项工程	江苏省文物保护	3 362
		血吸虫北移防护工程	4 959
		调度运行管理系统工程	58 221
		管理设施专项工程	44 505
七	南四湖水资源控制、水质监测工程和骆马湖水资源控制工程	姚楼河闸工程	1 206
		杨官屯河闸工程	4 346
		大沙河闸工程	6 849
		南四湖水资源监测工程	1 996
		骆马湖水资源控制工程	3 081

续表

序号	单项工程名称	设计单元工程	批复总投资（万元）
八	南四湖下级湖抬高蓄水位影响处理工程	南四湖下级湖抬高蓄水位影响处理工程	22 765
九	其他	江苏段试通水费用	4 010
		江苏段试运行费用	3 872
合计			1 336 408

备注：1. 本表所列投资包含 2019 年后新增批复的独立费价差等费用。
2. 本表所列淮阴三站投资不包含江苏省配套建设的挡洪闸工程 2 775 万元。
3. 本表所列截污导流投资不包含淮安市自筹征迁配套资金 25 680 万元。

2.2 总体过程和各阶段主要工作

东线工程从规划到开工建设，跨度五十年，一路坎坷，凝聚了无数水利人的心血。南水北调江苏境内工程建设战线长，大量设计单元工程同时施工，涉及建筑物枢纽、河道、影响配套和众多专项工程，工程施工强度大、要求高、工期紧，施工环境复杂。在国务院南水北调工程建设委员会和江苏省政府的正确领导下，在国务院南水北调办公室和省南水北调领导小组的科学部署下，在江苏省水利厅、江苏省南水北调办公室的大力支持下，以及在省有关部门和沿线地方政府的密切协作下，南水北调江苏境内工程于 2002 年 12 月 27 日开工，至 2013 年 5 月 30 日试通水，历经近 11 年，主体工程圆满建设完成，其总体建设过程可以大致分为三个阶段，如图 2-5 所示。

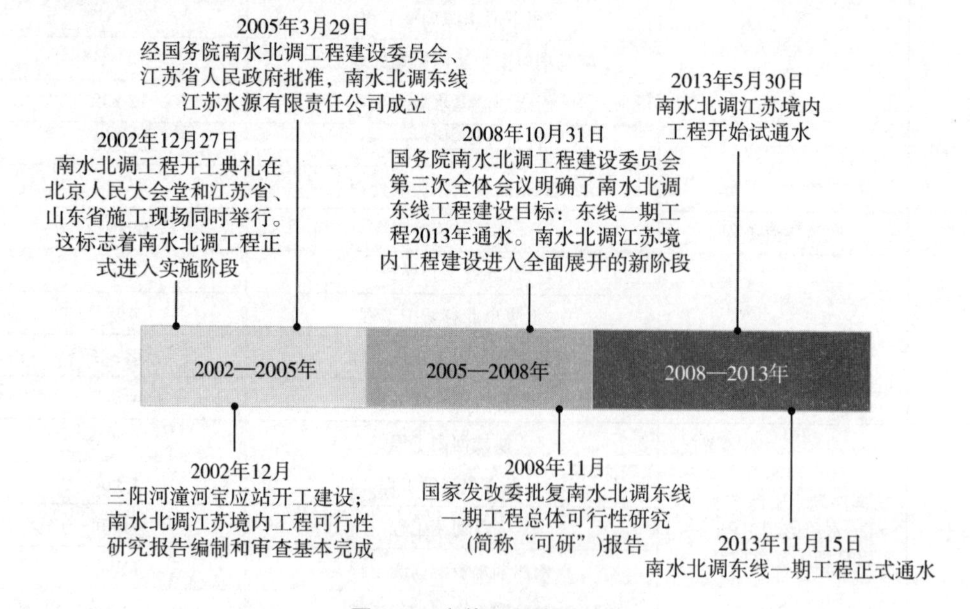

图 2-5 主体工程建设过程

第一阶段，是2002年正式开工建设到2005年江苏水源公司成立前，在此阶段南水北调江苏境内工程主要由江苏省水利厅牵头实施。2002—2004年，为加快南水北调工程建设步伐，经国务院南水北调办公室同意，江苏省水利厅成立江苏省南水北调三阳河潼河宝应站工程建设局，具体负责南水北调三阳河潼河、宝应站工程的建设管理工作；成立江苏省南水北调刘山解台站工程建设处，具体负责刘山站和解台站工程的建设管理工作。

第二阶段，是2005年江苏水源公司成立到2008年总体可研获得批复，在这一阶段南水北调江苏境内工程通过有序加快实施运河线和不牢河线剩余新建及改扩建泵站的工程建设，初步实现了通过蔺家坝泵站调水出省75 m^3/s规模的阶段性目标。2005年3月29日，根据《南水北调工程项目法人组建方案》，南水北调东线江苏水源有限公司设立，正式开始承担南水北调江苏境内工程的项目法人职责。为确保在建工程顺利实施，江苏水源公司成立后，有步骤地接管处于建设中的三阳河潼河、宝应站工程和刘山、解台站工程并进行有效管理。2005年下半年，根据南水北调工程建设委员会第二次会议精神，研究制定了南水北调江苏境内剩余工程初步设计工作方案，计划2009年底基本完成初步设计，并安排相应的投资计划和设计单元工程开工计划。2005年11月，水利部水利水电规划设计总院（简称“水规总院”）完成对《南水北调东线一期工程总体可行性研究报告》的审查。2008年11月，国家发展和改革委对该总体可行性研究报告进行了批复。

第三阶段，是2008年国务院南水北调工程建设委员会第三次全体会议召开后到2013年南水北调东线一期工程正式通水。2008年10月31日，国务院南水北调工程建设委员会第三次全体会议在北京召开，明确了南水北调东线一期工程2013年通水的建设目标。自此，南水北调江苏境内工程建设进入全面展开、全力提速的新阶段，通过各方共同努力，江苏境内工程于2013年5月全线贯通，实现调水出省200 m^3/s的建设目标。

2.3 建设模式

南水北调工程作为我国优化水资源配置的重大战略性基础设施，工程规模巨大，技术复杂，涉及面广，影响深远，是首个在社会主义市场经济条件下，采取“政府宏观调控，准市场机制运作，现代企业管理，用水户参与”的运作方式，兼有公益性和经营性的超大型项目群。

一般类似水利工程建设基本由政府行政管理部门采用组建“工程指挥部”“工程建设局”直接负责实施，并承担项目法人职责。遵循高度指令性、行政化的管理体制，工程建成后，政府行政管理部门组建行政性质的机构承担工程管理职责。建管分离，建设及运行费用均由政府承担，一定程度上存在政企不分、重建轻管、建管脱节、政府负担过重、项目投资效益不能充分发挥等问题。

为了保障南水北调工程建设科学有序进行，国务院南水北调办公室结合南水北调工程战线长、单项工程多、工期要求紧的特点，充分吸收国家发展改革委“考虑市场机制与政府宏观调控相结合和调动中央和地方两个积极性，以地方为主组建项目法人”的意见，正式提出《南水北调工程项目法人的组建建议方案》。水利部在“充分强调南水北调工程的公益性和工程形成资产的特殊性以及建设管理与运行调度结合”意见的基础上，也提出了南水北调工程项目法人的总体布局的建议。

国务院南水北调办公室为此专门制定了项目法人实施原则，主要包括：一是坚持总体规划批复意见的原则，实行政企分开、政事分开，按照现代企业制度组建南水北调工程项目法人。二是坚持实事求是原则，东、中线分设项目法人，条件具备的抓紧组建有限责任公司，条件不完备的作为过渡先组建建设管理局。三是坚持建设与运行管理相结合的原则，落实项目法人筹资、建设、运行、还贷、资产保值增值等责任于一体。四是坚持资产清晰原则，明晰产权，处理好增量资产与存量资产、中央资产与地方资产以及地方资产之间的关系。五是坚持有利于工程资金和进度控制的原则，充分发挥中央和地方两个积极性。六是坚持市场配置资源原则，发挥市场配置资源的基础性作用，选择专业性项目管理单位承担单项工程建设管理。

根据国务院南水北调办公室和水利部的政策精神及江苏省地方的实际情况，南水北调江苏境内工程建设选择直接采用市场化程度最高的“企业项目法人”建设模式，设立“南水北调东线江苏水源有限责任公司”，履行南水北调江苏境内工程项目法人职责，负责工程建设管理，保质保量地完成工程建设任务；工程建成后，负责江苏境内南水北调工程运行管理、供水业务及相关水产品的开发经营，负有国有资产保值增值职责。江苏水源公司作为项目法人，将集落实筹资、建设运行、还贷、资产保值增值等责任于一体。

在工程建设初期就组建项目法人，并由其全面承担起工程的建设管理责任，有利于统筹考虑工程建设与运行管理两个阶段，有利于落实权责统一。随着南水北调工程第一个企业项目法人江苏水源公司的成立，以项目法人为核心的工程建设管理架构初步形成，建管一体、产权明晰、有利管理、市场配置的项目法人制，是促进南水北调江苏境内工程建设有序推进的重要制度保障。图 2-6 为南水北调江苏境内工程项目法人及其主要任务示意图。

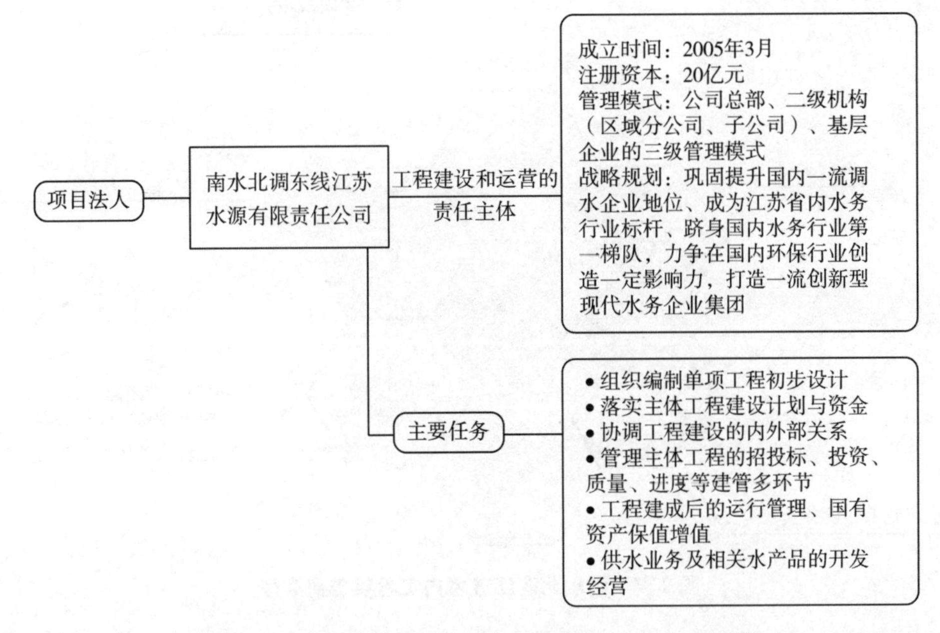

图 2-6　南水北调江苏境内工程项目法人及其主要任务

2.4　主要供应商

南水北调江苏境内工程的供应商类型根据所提供的服务、物料和技术等主要可分为如图 2-7 所示的五种，即勘测设计、施工、监理、设备供应（制造）、原材料。凡从事南水北调江苏境内工程勘测设计、招标代理、监理、施工、设备以及材料供应等活动的单位，必须具备建设市场准入条件，并根据核定的经营范围和资质（资格）参加南水北调江苏境内工程建设活动。

承担南水北调江苏境内主体工程勘测设计的单位，必须具有所承担工程的工程勘察资质证书、测绘资质证书、水利行业工程设计资质证书以及相应的水利水电工程勘测设计经历（业绩）。勘测设计单位是设计工作技术责任单位，受江苏水源公司的委托承担南水北调江苏境内工程的勘察设计工作，需要编制初步设计、招标设计、施工图设计报告并报项目法人审查。根据南水北调江苏境内工程情况复杂、协调量大的特点，对于河道工程、影响处理工程和加固改造工程、省界工程，大多采取直接委托方式选择工程设计单位；对新建泵站工程尝试采用公开招标方式；对部分工期较紧的泵站工程，考虑到招标周期问题，亦采用直接委托方式。

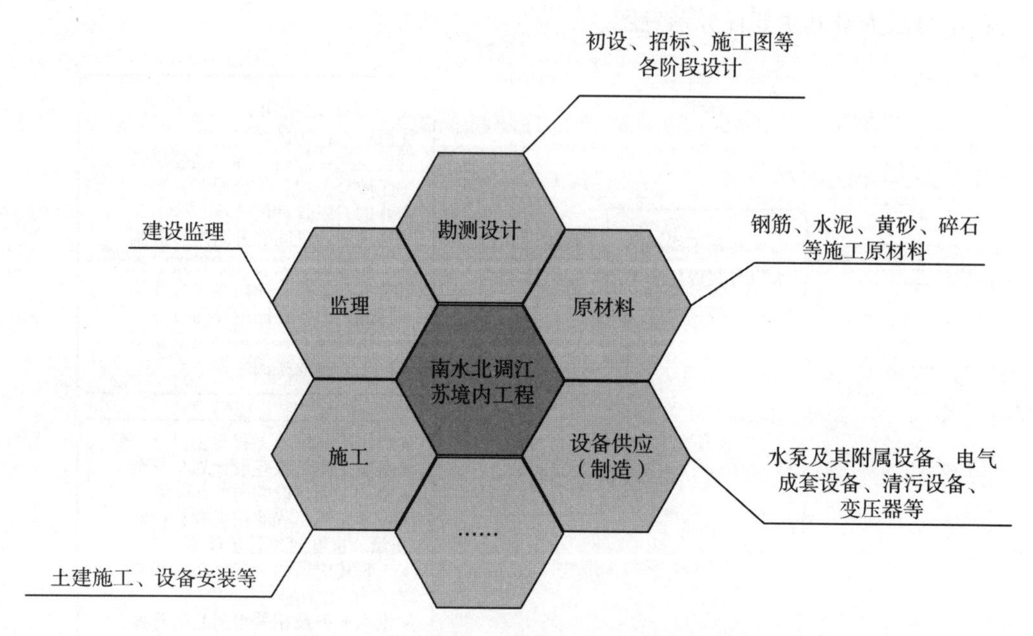

图 2-7　南水北调江苏境内工程供应商类型

施工单位的选择方式主要由现场建设管理处配合项目法人江苏水源公司组织实施公开招标，择优选取。承担南水北调江苏境内主体工程一级建筑物施工的单位，必须具有水利水电工程施工总承包一级以上资质证书和相应的水利水电工程施工经历；承担渠道及二级以下（含二级）建筑物施工的单位，必须具有水利水电工程施工总承包二级以上或水利水电工程施工专业一级资质证书及相应的水利水电工程施工经历（业绩）。承担南水北调江苏境内工程施工的单位，应具备安全生产许可证。其承建工程按照项目特性可以分为土建施工及设备安装、供电线路、电气设备自动化、建筑装饰、园林绿化等。

承担南水北调江苏境内主体工程建设监理的单位，必须具有建设工程监理甲级资质证书和相应的水利水电工程建设监理经历（业绩）。监理单位需要在工程建设期间根据国家有关法律法规、技术标准和合同条款，对工程质量、进度、安全和投资进行全方位、全过程控制，对重要隐蔽工程和关键部位实行跟班旁站监理，并做到“监帮结合”，配合现场管理机构协调各方关系，履行监理合同职责。

设备供应（制造）主要采取公开招标采购的方式。承担南水北调江苏境内工程设备供应的单位，必须具备相应的资格和水利水电工程设备供应的经历（业绩）。供应商需要负责所供设备的设计、制造、采购、供应及指导安装，部分供应商还需根据合同要求负责设备安装。具体设备可以分为水泵制造与改造、电气及自动化设备、清污设备这几类。原材料供应主要包括钢筋、水泥、黄砂、碎石等。泵站工程地材主要由土建施工单位经建设处、监理处共同调研确定后自行采购，并经监理处检测验收合格后进场使用。

南水北调江苏境内工程均采取了委托招标代理招标的方式。承担南水北调江苏境内主体工程招标代理的单位，必须依法取得甲级工程招标代理资格证书和相应的水利水电工程招标代理经历（业绩）。项目法人认真贯彻、严格执行《中华人民共和国招标投标法》，坚持公平、公正、公开和诚信的原则，及时上报建设项目招投标申请，经国务院南水北调办公室同意后，分别在中国采购与招标网、中国南水北调、中国政府采购网、江苏南水北调网等媒介发布招标公告。整个招投标过程均在江苏省纪委、监察厅派驻南水北调工程纪检监察工作组的监督下进行，评标结果报备国务院南水北调办公室后，发中标通知书，与中标单位签订合同。

2.5 核心挑战和管理创新

2.5.1 项目建设和管理核心挑战

与其他水利工程相比，南水北调江苏境内工程具有一次性建设的泵站多、规模大、线路长、空间上分散、社会性强、利益相关方多、工程结构差异性大等特点，项目的建设和管理面临巨大挑战，主要包括以下几个方面：

（1）江苏水源公司作为项目法人承担国家战略性、公益性工程建设会面临征迁、边界工程协调等需要依靠行政手段解决的问题

江苏水源公司作为南水北调江苏境内工程建设的项目法人，需要承担起征地、移民安置、省界工程等以往需要利用政府公信力、行政手段等方式解决的工程建设与管理任务。但由于江苏水源公司的性质为企业，其在国家战略性、公益性工程中，与政府作为责任主体的工程建设管理相比，企业项目法人对工程的直接管理容易出现缺乏有效约束和监管、缺乏规则制定的公信力等问题和对江苏水源公司的管理工作可能存在“不认可、不支持、不配合、征地工作迟缓”等问题。

（2）工程建设面临工期紧、质量要求严、干系人复杂等多方面的挑战

南水北调江苏境内工程需建设数量众多的大型泵站工程，河道疏浚整治工程量大，工程建设战线长，影响及配套工程分散，施工条件复杂。在新的建管体制和运营机制下，江苏水源公司在工程进度把控、质量保证以及干系人沟通机制上面临诸多难题。特别是2008年后南水北调工程建设全面铺开、快马加鞭，质量管理更加严

格，2013 年全线通水的目标已经敲定，如何保质保量、按期完成既定目标是对江苏水源公司的考验。由于各设计单元批复时间不同，各设计单元的进度也存在较大差异，同时由于采取“代建制”等创新建管模式，现场的各项管理工作能否得到有效控制也是项目法人需要面对的问题；此外由于项目参建单位多、征迁矛盾突出、内外部干系人多而复杂且诉求不一，如何保证步调一致，沟通协调的难度大。

(3) 项目需实现调水、防洪、排涝、航运以及全线生态改善和水质达标等多个复杂建设目标

以往国内外调水工程绝大多数是单一目标，有的以农业灌溉为目标，有的以生活用水为目标，而南水北调工程建设是多目标的。它不仅是水资源配置工程，更是一个造福人民的综合性生态工程。其基本目标是从长江下游调水，向黄淮海平原东部和山东半岛补充水源，但南水北调江苏境内工程是利用江苏境内的京杭大运河等骨干河道，在满足基本目标的前提下工程建设必须兼顾境内的防洪排涝以及航运。同时，由于江苏境内工程水质问题较为突出，需要调水工程与治污工程建设并行，进而实现调水与保障水质等多重目标。

(4) 同步管理特大调水工程的多个建设现场，对于建设初期建管力量有限的江苏水源公司来说是一项艰巨的任务和挑战

南水北调江苏境内工程共涉及 8 个单项 40 个设计单元，因各设计单元前期工作进度不同，国家批复时间跨度长达 8 年，因此，各工程开工和投入运行时间也不一，工程建设与工程管理同步展开管理难度大。先期开工的项目已具备投运条件，为尽快发挥工程效益，需工程建设与工程管理并举，人力资源、技术资源均面临很大挑战。根据江苏省政府对江苏水源公司的定位、发展战略目标，公司在工程建设期确定编制约 35 人，随着工程建设的提速、工程运行管理的开始以及其他相关业务的拓展，人力资源问题成为企业管理与发展的瓶颈。

(5) 调度系统设计难度大，亟需一套先进的、科学的信息化与项目功能相融合的调度运行系统建设方案

南水北调东线工程是一项跨流域的特大型调水工程，工程需要满足多水源联合调度、多目标供水、多决策变量求解的目标，同时供水范围大、供水对象多、用水矛盾突出等特点都对调度系统设计的可靠性、运行的灵活性和经济性提出极高要求。为保证南水北调东线工程安全、可靠、长期、稳定、经济的运行，需合理调配区域内水资源，形成水利与信息化结合、符合东线实际、科学严谨的调度优化运行方案。此外，由于信息系统硬件设施的更新速度与实际工程管理需求变化速度不一致，这就对调度系统提出一些硬性的节点要求，既要保证硬件设施符合实际需求，也要保

证硬件设施不会在短期内落后淘汰，以保障调度系统硬件设施建设与实际需求相匹配。

2.5.2 项目管理创新点

为应对上述项目建设和管理中存在的核心挑战和适应特大型水利基础设施建设的特点和需求，南水北调江苏境内工程在项目管理实践中成体系地开发应用了一系列创新的项目管理工具和方法，取得了良好的效果，主要包括：

(1) 在特大型跨流域调水工程中，首次推行企业项目法人责任制，实施国家重点工程建设与管理，工程管理推行“10S”标准化

江苏作为南水北调东线工程的源头，集中了目前世界最大、最密集的泵站群，自 2002 年 12 月南水北调江苏境内工程开工建设以来，其建设管理的复杂性、挑战性都是以往工程建设中未曾遇到的。特别是其在工程设计、建设管理和调度运行方面与传统水利工程相比具有鲜明的特征，需要将引水、蓄水和输水连结成一个有机整体，统筹工程建设和运行管理两个阶段。综合考虑南水北调工程的历史和现状，结合南水北调工程建设实际需要，南水北调江苏境内工程采用企业项目法人制作为工程的建管体制，以江苏水源公司作为项目法人。

在建设期间，江苏水源公司充分发挥项目法人在超大型项目群管理中的组织协调作用，结合工程具体情况编制工程总体实施方案，合理安排工期和各道工序衔接，把握工程建设主动权，充分发挥项目法人现场管理机构的主导作用，采取多种有效措施对工程的质量、进度、投资及安全进行严格控制，保证了工程顺利实施。在建设后期，南水北调江苏境内工程的主要任务从水利工程建设逐渐转变为工程运行管理。对此，江苏水源公司深入开展江苏南水北调十大标准化体系（10S[①]）建设，并在南水北调全系统内部率先推进“工程补短板”重大行动，真正做到“组织系统化、权责明晰化、业务流程化、措施具体化、行为标准化、控制过程化、考核定量化、奖惩有据化”，实现工程管理能力水平全面升级，确保了工程安全稳定运行。

无论是工程建设还是运行管理，企业项目法人建管体制在南水北调江苏境内工程中发挥了巨大效益，不仅实现了工程建设的调水、治污等目标，还夯实了工程运行管理基础，提升了管理水平，彰显了管理形象，水利部领导对此充分肯定，并在

---

① 10S：即江苏水源公司提出要逐步构建南水北调东线江苏境内工程运行管理的“十大标准化体系”，分别是管理组织标准化体系、管理制度标准化体系、管理资料标准化体系、管理流程标准化体系、管理条件标准化体系、管理标识标准化体系、管理行为标准化体系、管理要求标准化体系、管理信息标准化体系、管理安全标准化体系。这恰好是 10 个 system，故简称为“10S”。

南水北调工程管理工作会议上大力推广“江苏经验”。

(2) 国内、行业内首次在主工程初步设计报告批复后，增设“招标设计报告”阶段，优化工程设计，控制工程投资

水利工程建设通常在初步设计批复后，项目业主即对施工招投标，往往由于初步设计深度达不到施工图设计深度，施工过程中出现大量变更，因变更产生费用增加和施工单位的索赔，严重影响工程的质量、进度和投资的有效控制。江苏水源公司在初步设计审批后，创新性地增加了开展招标设计工作环节，实行招标设计审批制度。在满足项目功能、质量、安全的前提下，进一步优化工程设计。

通过对初步设计的完善、深化和优化，可以解决初步设计遗留的问题，从而进一步提高设计质量，减少工程实施阶段的不确定因素，为工程招标和施工提供可靠依据，进而更有效地控制工程投资，提高工程建设质量和水平。

招标设计环节的增加，有效控制了实施阶段的工程变更，降低实施风险，为工程投资控制奠定良好的基础，实现了“安全可靠、技术先进、投资节省、资源节约”的工程建设目标。

(3) 在南水北调系统内，首次提出了一套具有规范化、标准化的招标文件指导文本，把控了标准，统一了尺度

在招标环节，江苏水源公司根据项目特点，组织相关专业人员编制了一套规范的、标准的招标文件指导文本（见图 2-8），节省了大量重复性招标文本编制工作，提高了工作效率，更重要的是统一了尺度、把控了标准和技术要求，保障了材料、设备和工程品质的稳定。

图 2-8 招标文件指导文本

(4) 行业内首次在建设前期系统规划大型泵站群的建筑与环境，并提出“人水和谐、资源集约利用、可持续发展、景观生态相协调”的先进理念，实现了建筑功能与水文化、水生态以及区域文化的有机统一

南水北调东线工程主要是利用京杭大运河作为输水干线，新建 11 座、改（扩）建 3 座、改造 4 座，并连通洪泽湖、骆马湖、南四湖等调蓄湖泊，在山东通过隧洞穿越黄河以后自流到天津。这一国家级大型基础设施的建设，不仅对沿线社会经济发展产生深远影响，而且由于工程的建设将形成一大批新的水利建筑、构筑物以及独具特色的水利环境，这必将对沿线已有的建筑历史与环境、人文景观、生态

系统产生巨大影响。

对此，南水北调江苏境内工程应用景观生态学和文化生态学理论，通过跨学科研究，形成了国家级大型水利工程建筑与环境规划设计的综合集成方法，采用通则性控制与特色性引导相结合的方式，构建“运河文化线路、水利遗产廊道、景观游憩廊道、城镇经济廊道”四位一体的建设环境规划体系，进一步加强了南水北调江苏境内工程功能与生态环境、社会经济、历史人文的综合协调，实现水利与自然、社会的和谐和可持续发展。无论是江淮明珠江都水利枢纽，大气磅礴的淮安四站，还是项王故里、楚汉文化的代表泗洪站、刘老涧二站、睢宁二站等，每一处泵站都融入了当地的历史文化底蕴。其中，京杭大运河湖西段还荣获2019年江苏最美运河地标称号，宝应站等多个泵站被列为省级水利风景区。

建筑环境规划与设计作为南水北调江苏境内工程进行建设管理的重要依据，其研究并提出的控制导则已经成为水利工程建筑与环境设计的重要原则，对提升大型水利工程综合功能与总体形象发挥了重要的指导作用。特别是现阶段大运河文化带建设上升为国家战略，南水北调沿线的工程正在逐渐成为展示中华文明的亮丽名片、彰显文化自信的地标性工程和赓续中华文脉的重要标志。

(5) 探索实践了一套工程技术与科研相结合、产学研一体的科技创新与应用体系

工程建设过程中江苏水源公司十分注重科技创新及“四新技术”应用，本着“课题从工程中来，成果应用到工程建设中去”的原则，建立与相关高校、科研院所统一协调的工作机制，对工程建设中的重大技术问题及难题进行联合研究攻关。与河海大学、扬州大学、江苏大学、东南大学、南京水利科学研究院等高校和科研单位合作并开展了一系列课题研究，获取了众多关键技术，在贯流泵关键技术、泵及泵装置水力性能优化技术、排泥场泥水分离及淤泥固化技术、膨胀土改良技术与工艺、高地震烈度区泵站抗震技术、混凝土温控防裂技术以及提高耐久性技术等方面取得了一批技术先进、实用性强的科研成果，荣获多项国家级、省级科技奖项。在坚持自主创新的同时，紧盯国外同行业的先进技术和设备，通过引进、吸收、消化大大提高国产设备的工艺技术水平。这些科技成果的创新和应用，保证了工程质量、降低了工程成本、提高了工程效益、引领了行业发展，使工程建设水平处于行业领先，取得显著的经济社会效益。

(6) 推行“静态控制、动态管理”的投资管理模式，通过价格调整、风险共担、激励约束实现工程成本的严控

南水北调境内工程的资金来源多样，绵延400多公里的工程分设的40个设计单元工程投资进度不一，为了减少工程建设资金的筹措成本、减少资金的积压，做到

在满足建设资金的需求下提高资金的利用效率，江苏水源公司首次采用了“静态控制、动态管理”的投资管理模式。“静态控制”即以静态投资为依据，通过采取设计优化、完善概算结构、组织编报项目管理预算、科学组织施工、加强建设管理、严格设计变更管理等措施，将投资控制在其管理的各设计单元工程静态投资总和的范围内。“动态管理”即以批准的项目预算为基础，对由物价变动、国家政策调整、税费变动、建设期贷款利率及汇率变化等引起的初步设计概算总投资以外的投资变动进行优化管理，尽量使其增加值最小化。具体来说，江苏水源公司通过编报年度价差报告、优化资金使用结构等措施，灵活运用结余投资调剂解决部分单元工程资金不足的问题。通过严格贯彻投资管理原则和综合使用各类投资管理措施，南水北调江苏境内工程建设投资控制在了国家批准的可行性研究总投资（包括价差预备费和建设期贷款利息）范围内，整体投资管理效果卓越，实现了工程良性运行和国有资产的保值增值。水利部原主要领导来江苏考察时曾对南水北调江苏境内工程建设给予了“投资最省”的高度评价。

2.6 战略价值和经济、技术、社会效益

2.6.1 战略价值

南水北调东线工程是一项具有长远战略意义的特大型水利工程。它是实现流域整体水资源空间均衡配置、促进南北区域协调发展等国家战略性目标的重要手段，极大地缓解了黄淮海流域资源性缺水的严峻形势，为实现中华民族伟大复兴和永续发展提供了水资源安全保障。南水北调东线江苏境内工程作为南水北调总工程建设中的成功典范，是近年来我国水资源高效配置的标志性成果，为我国水利事业的发展提供了创新的项目管理方法和丰富的工程项目管理经验。

南水北调江苏境内工程的成功建设，是保障国家重大战略有力有序推进实施的重要支撑，助力京津冀协同发展、黄河流域生态保护和高质量发展、“强富美高”新江苏现代化建设、大运河文化带建设、乡村振兴等国家重大战略的实现，具有重大战略价值。工程建设成效主要包括：

(1) 通水后连续 9 年完成调水计划，水质稳定达标，有效缓解了北方水资源短缺问题

自古以来，我国基本水情一直是夏汛冬枯、北缺南丰，水资源时空分布极不均衡。南水北调，是跨流域跨区域配置水资源的骨干工程，是世界上最大的调水工程，是旨在破解我国水资源分布“北缺南丰”问题的超级工程。南水北调江苏境内工程

于 2013 年 5 月试通水，截至 2022 年 5 月底，累计调水出江苏省 54.53 亿 m^3，连续 9 个年度按时保质保量完成水利部下达的年度水量调度计划，并完成 2014 年南四湖生态应急调水、2022 年北延应急供水等任务。南水北调江苏境内工程的建成通水和稳定运行，从根本上改变了北方地区长期缺水的局面，并且通过实施一系列综合水质保护措施，工程水质长期持续稳定达标，有效保障了受水区供水安全，更好地满足了人民群众的饮水安全需求。东线一期工程输水干线水质稳定在地表水水质Ⅲ类以上，干线供水水质稳定在地表水水质Ⅱ类以上。一渠清水源源不断奔流北上，沿线群众饮用水质量显著改善，南水北调工程为保障数亿人民饮水安全做出了巨大贡献。

(2) 为形成全国统一大市场和畅通的国内大循环提供有力的水资源支撑

东线输水利用的线路涉及若干条重要航道，承担着地区基础物资和大宗货物运输的功能。南水北调江苏境内工程的全线通水使得昔日因黄河改道造成部分河段淤积废弃的京杭大运河再度成为交通运输的“黄金水道”，航运保证率得到大大提高，促进了商品要素资源在更大范围内畅通流动。南水北调江苏境内工程形成的“水链”将有力地支撑、保障全国统一大市场和畅通国内大循环的形成，持续推动国内市场高效畅通和规模拓展，促进南北方协调发展。

(3) 是国家水网“四横三纵”主骨架的重要组成部分，为国家水网大规模建设提供经验和模板

国家“十四五”规划纲要明确提出要建设更加系统、更加安全、更加可靠、更高质量的国家水网重大工程。习近平总书记在南水北调后续工程高质量发展座谈会上强调，要加快构建国家水网，“十四五”时期以全面提升水安全保障能力为目标，以优化水资源配置体系、完善流域防洪减灾体系为重点，统筹存量和增量，加强互联互通，加快构建国家水网主骨架和大动脉，为全面建设社会主义现代化国家提供有力的水安全保障。南水北调江苏境内工程是国家水网中“四横三纵”主骨架的重要组成部分，在建设过程中形成了一系列特大水利工程的建设模式、运行管理手段、质量保证措施以及相关重大科学创新与技术突破等，可以为南水北调后续工程高质量发展提供成熟、可借鉴的建设管理经验与技术，为国家水网大规模建设提供丰富经验和成功模板。

(4) 复苏河湖生态环境，为构建国家生态安全体系打好基础，实现水利、自然、社会的可持续发展

南水北调江苏境内工程主要供水区为黄淮海流域，流域内分布着 4 个国家重点生态功能区、7 个生物多样性保护优先区域以及多个国家级自然保护区和国家公园等

自然保护地，流域生态系统服务功能显著，是我国水源涵养、生物多样性保护、生态环境修复等生态安全屏障的重要空间载体。但是，由于长期水资源过度开发的累积影响，该区域整体性、深程度的缺水状况已经形成并引发一系列水生态环境问题。南水北调江苏境内工程通水以来，累计向沿线多条河流湖泊生态补水，为地下水压采提供了重要替代水源，使得北方地区水资源短缺局面得到有效缓解，受水区地下水超采缓解效果明显，地下水水位下降趋势得到有效遏制，部分地区水位总体止跌回升。通过水源置换、生态补水等措施，南水北调江苏境内工程有效保障了沿线河湖生态用水，初步形成了河畅、水清、岸绿、景美的亮丽风景线，有效改善了人民群众的生活环境，提升了人民群众的满意度和幸福感。

(5) 促进苏北振兴和沿海开发战略的实施

南水北调江苏境内工程的实施为苏北地区的工业发展提供了可靠的水源保证，缓解了水资源供需紧张的局面，改善了苏北地区的投资环境、工农业发展条件及生态环境。为了深入践行“争当表率、争做示范、走在前列”新使命新要求，奋力谱写“强富美高”新篇章，江苏省委省政府出台了一系列加快经济发展的举措，全面推进“沿海经济带”、“海洋经济产业带”以及“沿江产业带”等建设，提高沿海滩涂资源开发利用程度，走深走实“一带一路”交汇点建设，加快形成向东向西双向开放大通道，推进工业化、城市化和经济国际化进程。根据中共江苏省委、省政府的战略部署，以及《江苏省国民经济和社会发展第十四个五年规划和二〇三五年远景目标纲要》成果，到 2025 年，江苏南水北调受水区五市地区生产总值年均增长 5.5% 左右，到 2025 年人均地区生产总值超过 15 万元，常住人口城镇化率达到 75%以上，对水资源的需求进一步增加。同时，南水北调工程的实施为沿线城市提供大量优质水源，以保障苏北地区农业灌溉用水，提高城市水资源的承载力，促进工业发展和城乡环境的改善。城市化水平加速，必然带来城市就业规模的扩大，有利于提高城镇居民的收入水平。

2.6.2 技术、经济与社会效益

南水北调江苏境内工程坚持“分期实施、先通后畅”“先两头后中间”的建设原则，分部、分段进行工程建设，稳扎稳打，顺利实现调水目标。自南水北调江苏境内工程通水以来，初步发挥了东线工程规划中明确的多种效益。在调水方面，南水北调江苏境内工程连续多年完成国家下达的调水任务，一江清水北上送至山东、天津，有效缓解了受水区水资源短缺问题。在生态补水方面，南水北调江苏境内工程先后向南四湖、东平湖以及南水北调工程调蓄水库进行生态补水，有效改善了湖区

水生态环境。在江苏省内抗旱方面，南水北调江苏境内工程充分体现责任担当，在江苏省水利厅统一部署下，积极投入省内抗旱运行，圆满完成了抗旱任务。在江苏省内防洪排涝方面，南水北调江苏境内工程及时研判风险，消除安全隐患，保障了里下河、宝应湖、白马湖等多地区人民的生命财产安全。此外，南水北调江苏境内工程建筑景观设计与沿线文化充分结合，沿线形成了一批水利风景区，充分挖掘出了沿线的文化景观价值。南水北调江苏境内工程的成功建设还形成了以下一系列重要的技术、经济与社会效益：

（1）以“市场换技术”方式引进水泵技术，推动了我国低扬程、大流量水泵技术的飞速发展

江苏水源公司围绕南水北调江苏境内工程建设需要，系统分析了重大技术和关键设备的现状及建设需求，针对建设初期国内水泵研发与制造的“短板”问题，通过市场采购国外先进水泵，先后组织开展重大技术攻关和专题研究 40 余项，充分学习国外先进水泵制造技术，引进、消化、吸收再内化整合形成了一整套符合江苏实情、切实可用、创新型强、行业领先的调水工程建设工艺技术体系。特别是在低扬程、大流量水泵的研发方面积累了较为丰硕的科研创新成果。

其中，“大型泵站水力系统高效运行与安全保障关键技术及应用”获 2020 年度国家科技进步奖二等奖（见图 2-11），为南水北调系统首次获得该级别奖项；“大型水泵液压调节关键技术研究与应用”成果获 2010 年度江苏省科学技术一等奖，“大型灯泡贯流泵关键技术研究与应用”成果获 2011 年度大禹水利科学技术一等奖，“南水北调工程大型高效泵装置优化水力设计理论与应用”获 2012 年度江苏省科学技术一等奖，“南水北调工程用低扬程泵关键技术研究与产业化”获 2017 年度中国产学研合作创新成果一等奖，“南水北调工程大流量泵站高性能泵装置关键技术集成及推广应用”获 2019 年度江苏省科学技术一等奖，使我省南水北调泵站工程综合性能指标达到国际领先水平，有效地提高了水利工程建设质量、效益和技术水平，全面提升了我国调水工程建设的技术水平。研究形成的具有自主知识产权的大型灯泡

国家科学技术进步奖
证　书
为表彰国家科学技术进步奖获得者，特颁发此证书。
项目名称：大型泵站水力系统高效运行与安全保障关键技术及应用
奖励等级：二等
获 奖 者：南水北调东线江苏水源有限责任公司
2021 年 9 月 23 日
证书号：2020-J-222-2-01-D02

图 2-11　自主研发的先进水泵关键技术荣获国家科学技术进步奖二等奖

贯流泵设计技术以及自主研发的3套大型贯流泵装置、4副水泵叶轮模型，改变了国内贯流泵站设计被国外厂商左右的被动局面，研究成果已授权国内多家水泵企业生产使用，并广泛应用于国内重大水利工程，取得了显著经济效益。

(2) 坚持科技创新驱动发展理念，成立南水北调江苏数字孪生技术创新联盟，加速推动我国南水北调科技发展

公司先后构建了“一中心、两站、三基地”——“江苏省泵站工程技术研究中心”“博士后科研工作站、江苏省研究生工作站”“江苏省博士后创新实践基地、河海大学研究生培养基地、中国政府奖学金留学生社会实践与文化体验基地”，每年吸收培养多名高质量人才，逐步壮大南水北调青年科技人才蓄水池。特别是2018年获建国家级博士后科研工作站，成为全国南水北调系统首家获得博士后培养资格的单位，形成了具有江苏水源特色的科技创新之路，多次得到水利部和省政府的高度肯定。2022年初，由公司牵头联合13家单位共同组建成立南水北调江苏数字孪生技术创新联盟，旨在推动数字孪生技术在南水北调等大型跨流域调水工程中应用，联合布局智慧南水北调数字新基建。南水北调江苏智能调度系统，被认定为2021年智慧江苏重点工程和十大标志性工程。根据发展战略规划和工程建设管理、资产规模不断壮大的要求，公司始终坚持在重大工程项目、重大课题研究中锻炼人才和培养人才，通过重大科研项目和创新平台建设，推动产学研用合作，促进科技成果转化，加强人才培养，加大工程管理型、专业技术型、技能工匠型人才队伍建设，成立泵站技能学院，提档升级基层泵站技师工作室，培育卓越水利工程师人才，推进人力资源结构的合理调整和优化配置，实现人才精准培养、精准管理，发挥人才最大效能。截至2022年6月底，公司共有员工499名，其中，大学本科及以上291人，占58.32%，研究生108人，专业博士7人；中级及以上专业技术职称262人，占52.50%，副高79人，正高14人；40周岁以下368人，占73.75%，职工平均年龄35.43岁；省333人才7人，双创博士1人，产业教授1人，获省级以上劳动模范和先进工作者4人次；持有国家各类职业资格证书130人，占职工总数26%。江苏水源公司的技术创新体系使得其在同行业内始终保持领先水平，巩固了国内一流调水企业地位，打造了“水源标准、水源模式、水源品牌”，行业影响力逐步提升。

(3) 实现京杭大运河百年来首次全线通水，畅通南北经济循环的生命线，助力建设大运河特色文旅产业

在2022年4月到5月期间，南水北调东线一期北延工程优化调度，会同引黄水、本地水、再生水及雨洪水等水源，向京杭大运河黄河以北707 km河段补水

8.4亿m^3，实现了京杭大运河黄河以北段从断流到全线有水、有流动的水的转变，也实现了京杭大运河百年来首次全线通水。这也得益于南水北调东线一期工程，千年大运河犹如安装了年轻人的心脏，疏通了全身的脉络，逐渐迎来世纪复苏。

作为万众瞩目的调水工程，在立足建设世界一流工程的基础上，南水北调东线一期江苏境内工程应用景观生态学和文化生态学理论，通过跨学科的研究，形成了国家级大型水利工程建筑与环境规划设计的综合集成方法，提出全新的规划设计核心理念、总体定位与实施控制管理策略，采用通则性控制与特色性引导相结合的方式，构建"运河文化线路、水利遗产廊道、景观游憩廊道、城镇经济廊道"四位一体的建设环境规划体系，进一步加强了工程功能与生态环境、社会经济、历史人文的综合协调，提升国家大型水利工程的综合作用，实现水利与自然、社会的和谐和可持续发展，彰显"水韵江苏"的生态魅力。南水北调江苏境内工程的建设和京杭大运河水资源的开发与综合利用，以及复线船闸的改造，改善了京杭大运河的通航条件，提高了航运能力和通航的保证率，使得古运河的运输、旅游等昔日繁荣盛景重新得到重现，推动大运河沿线旅游、服务产业的蓬勃发展。

(4) 调水、防洪、排涝、灌溉、航运、生态等综合功能有机结合，促进沿线高质量发展，满足人民群众对美好生活的向往

水资源的优化配置是南水北调工程的主要使命，"南方水多，北方水少，如有可能，借点水来也是可以的"的宏伟设想在60多年后成为现实。2013年11月15日，南水北调东线一期工程全面通水，以扬州江都站为起点，利用京杭大运河及与其平行的河道输水，以洪泽湖、骆马湖、南四湖等为调蓄水库，经由南水北调江苏境内工程建设的9个梯级的泵站群，如同传递接力棒般将滔滔江水向北输运，解决了苏北、鲁北、胶东地区的用水之急。

但是南水北调江苏境内工程效益并不仅仅体现在调水功能上，在地方航运、灌溉排涝、抗旱调度、生态补偿、文化传承等众多方面均发挥了重要作用。在"四横三纵"的水系谱图中，水资源的南北调配、东西互济不仅疏通了大小河道、湖渠的流贯脉络，也让周边地区在经济、社会发展中面临的自然瓶颈得以打通。当苏北地区降雨偏少、淮河来水偏枯、湖库蓄水不足时，南水北调江苏境内工程以洪泽站为主的泵站就成了补水救湖的主力军，履行"旱时补水、涝时排水"的重要职责，让沿线的农田灌溉用水得到充分保障。基于"先治污后调水"的原则，南水北调江苏境内工程对沿线所涉水系进行了一次大治理，这次治理要求"全线氨氮入河量须削减2.8万吨"，削减率为84%，在世界治污史上也没有先例。通过治污工程以及大小水系流通所发挥出的水自净能力，将输水干线打造为"清水廊道"，有效改善了沿线

城乡水环境和水生态。

一项工程多种效益，南水北调江苏境内工程将调水、防洪、排涝、灌溉、航运、生态等综合功能有机结合，工程效益巨大且深远，不仅提高了人民生活水平，也满足了人民群众对美好生活的向往。

(5) 泵站水闸等主要建筑物外观设计和附属景观建设注重与区域文化背景契合，极大提升沿线水文化建设

南水北调江苏境内工程在建设与运行过程中，注重水利文化遗产发掘与保护，注重水利文化传承与发展，构筑了“运河文化线路、水利遗产廊道、景观游憩廊道、城镇经济廊道”四位一体的廊道体系，全面展现水利科技发展的历史和成就，彰显水利工程特色与输水干线运河文化，挖掘沿线自然、文化景观价值，提升水利资源价值。这一系统的廊道体系在水利基础设施建设研究领域属于首创。

南水北调江苏境内工程多处于鱼米之乡的苏北平原与丘陵地带，自然条件良好、历史文化深厚、景观资源丰富，工程的外观设计充分考虑到了这些特点。南水北调江苏境内工程建设出了自然与人文环境特色相得益彰的水利站区，科学、合理地利用水利站区及其相关景观资源，使站区成为景观游憩的场所，使南水北调东线江苏段成为一个完整的景观游憩网络，积极倡导现代的水利设施景观化，塑造“景观水利”，以人们的观光休闲活动提升水利设施区的活力，以对水利文化景观的切身感受提高水利设施的价值。

南水北调江苏境内工程在更大层面发挥了国家大型水利工程的综合应用，自然景观、历史文化、地域文化底蕴与水利工程紧密结合，促进沿线水文化的发展与传播。

项目事业环境

任何项目的管理首先需要全面分析项目的内外部事业环境特点，明确外部环境因素对项目建设可能造成的各种影响，以及内部环境中可供项目建设使用的各种资源能力条件情况，作为项目管理策划过程的主要输入，以帮助提炼确定合理的项目目标和进行有效的项目管理策划。

南水北调江苏境内工程本身的工程体量巨大，涉及的干系人类别和数量较多，项目事业环境的复杂性较高，项目管理需要协调的内容繁多。对项目管理影响较大的外部环境主要是南水北调江苏境内工程建设管理体制和监管机制；内部事业环境因素主要包括国务院南水北调工程建设委员会、江苏省南水北调工程建设领导小组、江苏水源公司等项目建设相关单位在大型水利工程建设方面所具备的管理、技术、资金、经验、人才等资源能力条件。

3.1　外部事业环境概况

3.1.1　南水北调工程建设管理体制概况

2002 年 12 月，《国务院关于南水北调工程总体规划的批复》指出，南水北调工程是跨流域、跨省市的特大型水利基础设施，具有公益性和经营性双重功能，根据这一定位和我国积极推行市场经济的建设环境，确定了南水北调工程建设由政府主导、按市场化规则运作的建设管理体制，如图 3-1 所示。

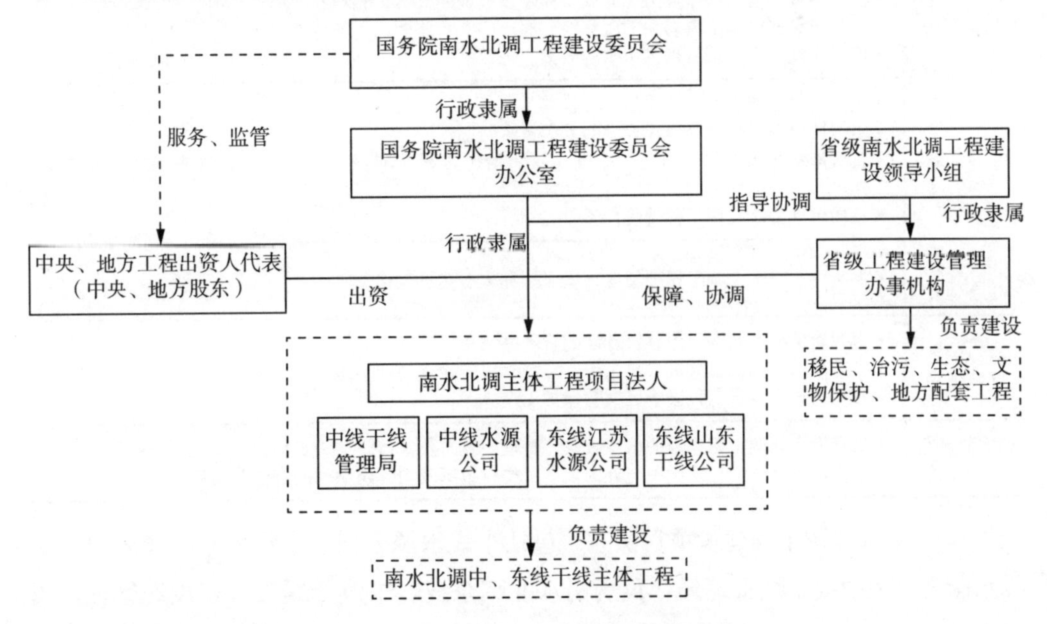

图 3-1　南水北调工程建设管理组织结构

各管理部门主要职能如下：

（1）国务院南水北调工程建设委员会。国务院南水北调工程建设委员会承担南水北调工程建设期的工程建设行政管理职能。其主任一般由国务院副总理兼任，主要对南水北调工程建设中的重大问题进行决策；下设办事机构：国务院南水北调工程建设委员会办公室。

（2）国务院南水北调办公室。国务院南水北调办公室，即国务院南水北调工程建设委员会办公室（正部级），是国务院南水北调工程建设委员会的办事机构，承担南水北调工程建设期的工程建设行政管理职能。具体职能见表 3-1。

表 3-1　国务院南水北调办公室具体职能

制度制定与协调	• 研究提出南水北调工程建设的有关政策和管理办法，起草有关法规草案； • 负责国务院南水北调工程建设委员会全体会议以及办公会议的准备工作，督促、检查会议决定事项的落实； • 就南水北调工程建设中的重大问题与有关省、自治区、直辖市人民政府和中央有关部门进行协调； • 协调落实南水北调工程建设的有关重大措施。
财务监督	• 负责监督控制南水北调工程投资总量，监督工程建设项目投资执行情况； • 参与南水北调工程规划、立项和可行性研究以及初步设计等前期工作； • 汇总南水北调工程年度开工项目及投资规模并提出建议； • 负责组织并指导南水北调工程项目建设年度投资计划的实施和监督管理； • 负责计划、资金和工程建设进度的相互协调、综合平衡； • 审查并提出工程预备费项目和中央投资结余使用计划的建议； • 提出因政策调整及不可预见因素增加的工程投资建议；审查年度投资价格指数和价差。
基金管理	• 负责协调、落实和监督南水北调工程建设资金的筹措、管理和使用； • 参与研究并协调中央有关部门和地方提出的南水北调工程基金方案； • 参与研究南水北调工程供水水价方案。
质量监督	• 负责南水北调工程建设质量监督管理； • 组织协调南水北调工程建设中的重大技术问题； • 负责南水北调工程（枢纽和干线工程、治污工程及移民工程）的监督检查和经常性稽查工作； • 具体承办南水北调工程阶段性验收工作。
环保与生态建设	• 参与协调南水北调工程项目区环境保护和生态建设工作。
征迁与文物保护	• 组织制定南水北调工程移民迁建的管理办法； • 指导南水北调工程移民安置工作，监督移民安置规划的实施； • 参与指导、监督工程影响区文物保护工作。
档案管理与国际交流	• 负责南水北调工程建设的信息收集、整理、发布及宣传、信访工作； • 负责南水北调工程建设中与外国政府机构、组织及国际组织间的合作与交流。

（3）南水北调工程建设项目法人。包括东线水源公司、东线山东干线公司、中线水源公司和中线干线管理局，负责南水北调东线、中线干线工程建设和管理，履行工程项目法人职责，按照国家批准的工程初步设计和投资计划，在国务院南水北

调工程建设委员会办公室的领导和监管下，依法经营，照章纳税，维护国家利益，进行工程建设及运行管理和各项经营活动，努力实现筹资、建设、运营、还贷、资产保值增值等目标。

(4) 省级南水北调领导小组。省级南水北调领导小组，包括南水北调东、中线沿线，以及供水、受水区各省（市）人民政府南水北调工程建设领导小组，一般由省（市）长或副省（市）长担任组长，主要承担所辖区内南水北调工程建设的行政管理职能，对南水北调重大问题进行决策，一般下设办事机构：办公室（或管理局）。

3.1.2　南水北调江苏境内工程建设管理体制概况及发展历程

为加快南水北调江苏境内工程建设步伐，江苏省水利厅于2002年成立江苏省南水北调工程前期工作办公室，协调负责江苏境内南水北调工程相关前期工作；经国务院南水北调办公室同意，于2002年11月成立江苏省南水北调三阳河潼河宝应站工程建设局，具体负责南水北调三阳河潼河、宝应站工程的建设管理工作；于2004年9月成立江苏省南水北调刘山解台站工程建设处，具体负责刘山站和解台站工程的建设管理工作。2003年11月11日，江苏省人民政府第17次常务会议决定，成立江苏省南水北调工程建设领导小组，由时任省长担任组长。领导小组主要任务是负责江苏省南水北调工程建设管理中的重大问题的协调决策。

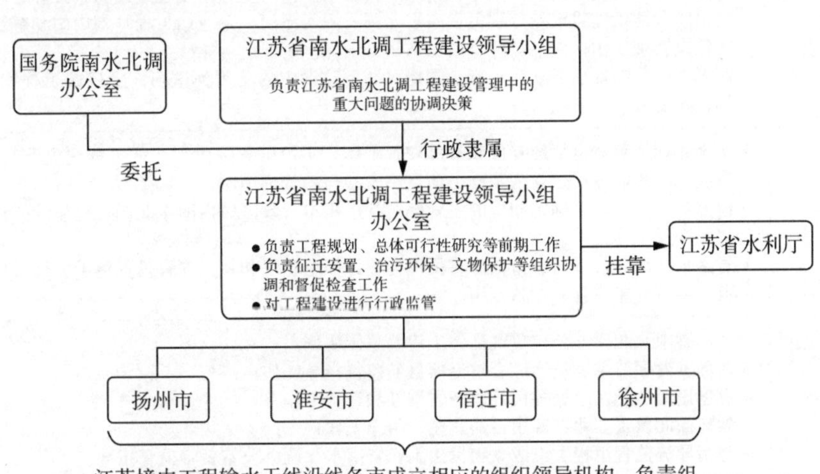

图3-2　南水北调江苏境内工程建设管理组织结构

江苏省南水北调工程建设领导小组下设办公室挂靠省水利厅，主要工作职责是贯彻落实国家和省关于南水北调的工作部署和决策，负责工程规划、总体可行性研究等前期工作，负责征迁安置、治污环保、文物保护等组织协调和督促检查工作，并受国务院南水北调办公室委托，对工程建设进行行政监管。江苏境内工程输水干线沿线扬州、淮安、宿迁、徐州市亦成立相应的组织领导机构，负责组织和协调区域内的工程建设，及时解决工程实施中的矛盾和问题。图 3-2 为南水北调江苏境内工程建设管理组织结构示意图。

2004 年 5 月 7 日，江苏省人民政府以《省政府关于设立南水北调东线江苏水源有限公司的批复》（苏政复〔2004〕38 号）批准成立南水北调东线江苏水源有限责任公司，建设期负责江苏境内南水北调工程建设管理；工程建成后，负责江苏境内南水北调工程的供水经营业务。

2004 年 6 月 10 日，国务院南水北调工程建设委员会《关于南水北调东线江苏境内工程项目法人组建有关问题的批复》（国调委发〔2004〕3 号），同意江苏水源公司作为项目法人承担南水北调东线江苏省境内工程的建设和运行管理任务，负责江苏省内南水北调工程的建设管理，具体负责南水北调工程的资金筹措、招标设计、资金使用管理、现场建设管理单位的组建、工程招标、工程质量安全进度管理及已建成泵站的管理等工作。南水北调东线江苏境内工程建设管理体制详见表 3-2。

表 3-2　南水北调东线江苏境内工程建设管理体制

工程建设	• 江苏水源公司成立前，由江苏省南水北调三阳河潼河宝应站工程建设局、江苏省南水北调刘山解台站工程建设处分别负责南水北调三阳河潼河、宝应站工程，刘山站和解台站工程的建设管理工作； • 江苏水源公司批准成立后，有步骤地对处于建设中的三阳河潼河、宝应站工程和刘山站、解台站工程进行有效管理。
征地移民	• 南水北调工程建设征地补偿和移民安置工作，实行国务院南水北调工程建设委员会领导、省级人民政府负责、县为基础、项目法人参与的管理体制； • 地方各级人民政府确定相应的主管部门，承担本行政区域内南水北调工程建设征地补偿和移民安置工作； • 省南水北调办公室与各市征迁移民机构签订征地补偿和移民安置投资包干协议书，对征迁资金实行专账核算，专款专用。
治污工程	• 江苏省南水北调办公室负责治污工程的总体协调； • 江苏省发展改革委负责综合整治项目的监督指导工作； • 省建设厅负责污水处理厂的监督、指导和管理工作； • 省环保厅负责工业点源项目的建设、指导工作； • 截污导流工程由相关市成立项目法人，省南水北调办公室负责监督指导。
质量监督	• 2002 年 12 月—2005 年 5 月，南水北调江苏境内工程由江苏省水利工程质量监督中心站行使政府监督职能； • 2005 年 6 月，国务院南水北调办公室成立南水北调工程江苏质量监督站，行使政府质量监督职责。
纪检监察	• 由江苏省纪委、监察厅成立驻南水北调工程纪检工作组负责纪检监察工作。
文物保护	• 由江苏省文物局牵头负责。

3.1.3　我国大型水利工程建设监管体系概况

(1) 我国大型水利工程建设的主要监管机构

我国对水利工程项目实行统一管理、分级管理和目标管理相结合的管理方式，建立了以水利部、流域机构、地方水行政主管部门为主体的分级、分层次的监管体系。南水北调东线一期江苏境内工程是跨流域的特大型水利基础设施，属于重大水利工程范畴。根据相关规定，中央投资和中央、地方合资的国家重点工程建设项目，由国家发展改革委负责立项决策审批；对总投资超过 2 亿元的重大工程建设项目，须由国务院审批。总体上，我国重大水利工程项目的主要监管机构可以分为中央监管机构和地方监管机构，如图 3-3 所示。

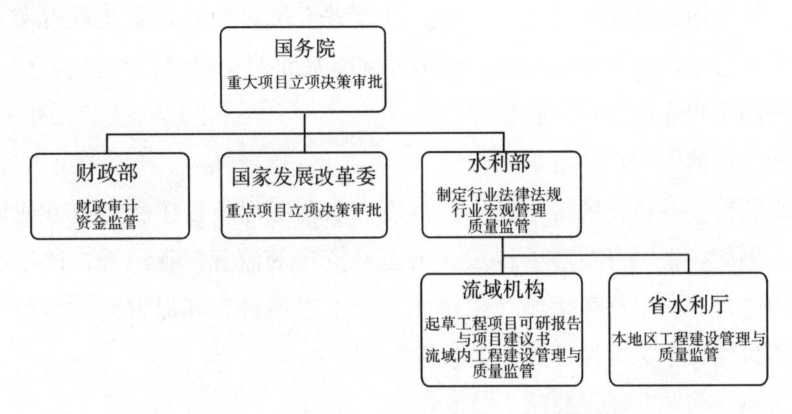

图 3-3　我国重大水利工程项目监管体系

①中央监管机构

中央监管机构主要包括国务院及下属相关部委，如国家发展改革委、水利部和财政部等。其中，国务院是重大水利工程项目的最高决策机构，主要任务是决定工程建设的重大方针、政策、措施和其他重大问题。针对南水北调工程，国务院成立了国务院南水北调工程建设委员会，专项负责南水北调工程的相关决策。国家发展改革委负责工程规划与初步设计的审批；财政部负责重大水利工程的财政审计与资金监管。水利部是国务院水行政主管部门，对全国水利工程建设实行宏观管理，主要管理职责包括贯彻执行国家的方针政策，研究制订水利工程建设的政策法规，并组织实施；对全国水利工程建设项目进行行业管理；组织和协调部属重点水利工程的建设；推行水利建设管理体制的改革，培育完善水利建设市场；指导或参与省属重点大中型工程、中央参与投资的地方大中型工程建设的项目管理。

②地方监管机构

地方监管机构主要包括流域机构与各省市水行政主管部门。流域机构是水利部的派出机构，对其所在流域行使水行政主管部门的职责，负责起草重大水利工程项目的可研报告与项目建议书，及本流域水利工程建设的行业管理。以水利部投资为主的水利工程建设项目，除少数特别重大项目由水利部直接管理外，其余项目均由所在流域机构负责组织建设和管理，实现按流域综合规划、组织建设、生产经营、滚动开发。流域机构按照国家投资政策，通过多渠道筹集资金，逐步建立流域水利建设投资主体，从而实现国家对流域水利建设项目的管理。省水利厅是本地区的水行政主管部门，负责本地区以地方投资为主的大中型水利工程建设项目的组织建设和行业管理，支持本地区的国家和部属重点水利工程建设，积极为工程创造良好的建设环境。针对南水北调江苏境内工程，江苏省人民政府成立了江苏省南水北调建设领导小组办公室，挂靠省水利厅，受国务院南水北调工程建设委员会办公室委托，对江苏境内的工程建设进行行政监管。

③其他专业监管和纪检监察机构

除了水利行业的监管机构，在各省新建的水利工程项目还受到地方政府其他部门的监管。例如，省国资委对项目法人的国有资产的监管；省纪委、监察厅对工程项目的纪检监督；省生态环境厅、住建厅等对工程项目在环保方面的监督；省文物局对工程项目建设中文物保护方面的监督等。

• 各级住房和城乡建设部门

住房和城乡建设部门负责研究拟订城市建设的政策、规划并指导实施，指导城市市政公用设施建设、安全和应急管理；组织制定工程建设实施阶段的国家标准，拟订建设项目可行性研究评价方法、经济参数、建设标准和工程造价的管理制度，拟订公共服务设施（不含通信设施）建设标准并监督执行等。

• 各级环保部门

环保部门负责建立健全环境保护基本制度，拟订并组织实施国家环境保护政策、规划；承担落实国家减排目标的责任，组织制定主要污染物排放总量控制和排污许可证制度并监督实施，提出实施总量控制的污染物名称和控制指标，督查、督办、核查各地污染物减排任务完成情况等。

• 各级纪委监委

纪委监委主要负责检查国家行政机关遵纪守法和执行人民政府命令、决定过程中存在的问题、受理国家行政机关及其公务员和行政机关其他人员的违纪行为的控告和检举、调查受理该违纪人员的违纪行为。

(2) 我国大型水利工程建设全过程监管机制概况

我国重大水利工程建设程序一般分为：项目建议书、可行性研究报告、初步设计、施工准备（包括招标设计）、建设实施、生产准备、竣工验收和后评价等八个阶段（如图 3-4 所示），参与各阶段工作的主要监管机构和各机构的主要职责任务如下：

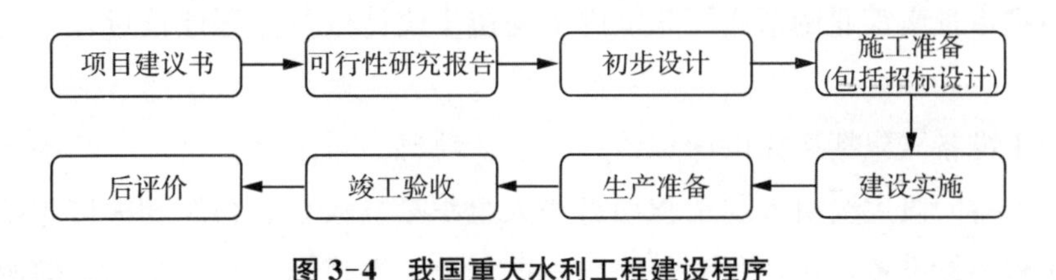

图 3-4　我国重大水利工程建设程序

①项目建议书

我国水利规划体系以《中华人民共和国水法》规定的国家、流域和区域三级，以及综合规划和专业规划两类为基本框架，形成各类规划定位清晰、功能互补、协调衔接的水利规划体系。其中，重大水利工程专项规划根据国家、流域和区域三级划分，分别由水利部、流域机构和省水利厅负责编制规划，规划编制工作周期一般为 1—2 年。

规划编制完成后，由各级水行政主管部门组织专家组或委托有相应资质的技术咨询机构进行审查，审查通过后可提交相应主管部门审批。其中，国家层面重大水利专项规划由国务院审批；涉及国家战略布局、需政策协调、中央投资较多的重大水利工程专项规划由国家发展改革委审批；流域重要水利工程专项规划由水利部审批；本行政区域内的重大水利工程专项规划由县级以上地方人民政府审批。

重大水利工程专项规划获批后，由各级水行政主管部门负责组织编写项目建议书，水利部负责审查，国家发展改革委负责审批。例如，《南水北调东线第一期工程项目建议书》由水利部淮河水利委员会牵头组织编制，提交水利部审查，审查通过后由国家发展改革委审批。

②可行性研究报告

按照基本建设项目分类及分级负责的原则，凡中央安排投资的水利工程项目，可行性研究报告由水利部委托水利水电规划设计总院组织审查，水利部负责审核批复。对水利水电规划设计总院负责编制的可行性研究报告，由水利部组织审批，重大项目的可行性研究报告上报国家发展改革委批复。例如，《南水北调东线第一期工程可行性研究报告》由水利部淮河水利委员会牵头组织编制，上报水利部，由水利部水利水电规划设计总院审查，审查通过后由国家发展改革委审批。

③初步设计

初步设计由项目法人组织编制，报省发展改革委审批，重大项目报水利部或国家发展改革委审批。例如，国务院南水北调办公室是南水北调工程初步设计工作的国家行政主管部门，对江苏水源公司报送的初步设计报告委托水利部水规总院进行审查，负责审批南水北调东线江苏境内工程初步设计以及工程建设过程中发生的重大设计变更。

④施工准备（包括招标设计）

施工准备阶段主要由水利工程项目法人组织招标设计、组织相关监理招标、组织主体工程招标准备，包括研究并确定标段划分、选择招标代理机构、编制招标文件以及招标公告等。其中，分标方案等文件由项目法人组织编制，由省水利厅或流域机构审批，重大项目由国家发展改革委审批。例如，南水北调江苏境内工程的分标方案由江苏水源公司组织编写，由江苏省南水北调办公室初审后，报国务院南水北调办公室审批。

⑤建设实施

初步设计获批后，项目法人即可开展施工准备。水利工程具备开工条件后，项目法人须将开工情况的书面报告报项目主管单位和上一级主管单位备案。项目法人应当按照水利工程建设项目招标投标管理的规定，确定具有相应资质的监理单位，并报项目主管部门备案。水利部对全国水利工程建设监理实施统一监督管理。水利部所属流域机构和县级以上水行政主管部门对其所管辖的水利工程建设监理实施监督管理。针对重大水利项目，应由项目主管部门组织成立质量监督站或派驻组，行使质量监督职能。例如，南水北调江苏境内工程由国务院南水北调办公室、省南水北调办公室、质量监督部门作为质量监督体系主体，对工程的质量检查体系、质量控制体系和质量保证体系的建立及工程实施情况进行监督检查，同时由江苏省水利工程质量监督中心站和南水北调工程江苏质量监督站行使政府对项目建设的质量监督职能。

⑥生产准备

生产准备是项目投产前需要进行的一项重要工作，是建设阶段转入生产经营的必要条件，一般包括生产组织准备、招收和培训人员、生产技术准备和生产物资准备等。在南水北调江苏境内工程的生产准备过程中，水利部、江苏省政府和江苏省水利厅建立了省市协作联动、部门协同配合的工作机制。江苏水源公司作为项目法人，其生产准备工作主要包括运维管理原则制定、运维组织架构组建、工程运行管理技术规程编制和人才培养等。

⑦竣工验收

根据水利部2006年颁发的《水利工程建设项目验收管理规定》，国家重点水利工程建设项目，竣工验收主持单位依照国家有关规定确定，除此之外，国家确定的重要江河、湖泊建设的流域控制性工程、流域重大骨干工程建设项目，由水利部主持竣工验收。其它水利工程项目由项目法人或政府主持竣工验收。例如，南水北调江苏境内工程的调水工程验收，由江苏水源公司、省南水北调办公室联合组建工程验收工作领导小组。

⑧后评价

水利部负责组织开展中央政府投资水利建设项目的后评价工作，并指导全国水利建设项目的后评价工作。水利部每年研究确定需要开展后评价工作的项目名单，制定项目后评价年度计划，印送有关项目主管部门或项目法人。项目法人根据水利部制定的后评价年度计划，开展自我总结评价工作，并将自我总结评价报告上报上级主管部门，报送水利部。水利部委托具有相应能力的甲级工程咨询机构承担项目后评价工作，如发现项目存在重大问题，须上报水利部。水利部负责全国项目后评价成果的管理工作，并将后评价成果提供给水利工程项目的主管部门做参考。

综上所述，我国针对重大水利工程项目制定了完善的管理制度与流程，使项目建设有章可循。作为特大型水利基础设施，南水北调江苏境内工程由政府主导，从国务院到地方各级政府均成立了相应的组织领导机构，划分了明确的职能，为项目的顺利实施开创了优越的外部环境条件。

3.2 内部事业环境概况

南水北调江苏境内工程是一项规模宏大、投资数额庞大、涉及范围广、影响十分深远的战略性基础设施，同时，又是一个在社会主义市场经济条件下兼有公益性和经营性的超大型水利工程，其建设相关单位，自上而下涵盖了国务院南水北调工程建设委员会、国务院南水北调工程建设委员会办公室、江苏省南水北调工程建设领导小组、江苏省南水北调工程建设领导小组办公室、江苏水源公司等众多单位，这些单位在大型水利工程建设方面的管理、技术、资金、经验、人才等资源能力条件共同构成了本项目的内部环境基础，是项目成功必不可少的前提条件。

(1) 项目建设领导单位具备强大的领导和协调能力，为项目建设创建了优越的环境

南水北调江苏境内工程作为战略性基础设施，需要政府从国家全局出发，充分发挥宏观调控作用，优化重大生产力布局。政府决策、协调和支持在项目中起到决

定性且不可替代的作用。

在南水北调江苏境内工程建设与管理中，国务院南水北调工程建设委员会办公室和江苏省南水北调工程建设领导小组办公室充分发挥了强有力的领导和社会协调作用，有力地保障了项目建设的高效推进。主要体现在制订水资源合理配置方案、协调调水区和受水区的利益关系、协调各省（直辖市）间的关系、协调调水与防汛抗旱的关系、协调移民搬迁安置、监督公司运行、制订合理的水价政策、建立节水型城市和社会、水污染防治和生态环境保护等方面。

以征迁工作为例，江苏省南水北调工程建设领导小组办公室结合江苏省实际情况，先后研究制定了《江苏省南水北调工程征地补偿和移民安置资金财务管理办法》《江苏省境内南水北调工程建设征地补偿和移民安置实施方案编制大纲》《南水北调工程建设征地补偿和移民安置验收暂行办法》《南水北调东线一期江苏境内工程建设征地移民工作年度考核办法》等征地移民管理办法，并在征地移民档案管理、群体性事件处理、信访等方面建立相关制度和工作机制，做到有章可循、管理严格、运作规范、工作高效。

（2）我国拥有丰富的大型水利工程项目建设管理经验，项目建设单位团队也具备足够的技术和创新能力，能够确保项目的高质量建成

中华人民共和国成立以来，我国高度重视水利事业发展。在南水北调江苏境内工程开工前，我国水利设施建设不断加快，全国各类水库从中华人民共和国成立前的 1 200 多座增加到近 10 万座；5 级以上江河堤防达 30 多万 km，总长度是中华人民共和国成立初的 7 倍多。大江大河干流基本具备了防御中华人民共和国成立以来发生的最大洪水的能力，新中国水利建设取得历史性成就，南水北调江苏境内工程开工时，我国已建成了当时世界上最大的低水头大流量、径流式水电站——葛洲坝水利枢纽，当时最大型的水利工程项目——三峡水利枢纽也已破土动工。

江苏水源公司成立之初，主要人员都来源于江苏省水利厅及所属单位等水利相关单位，参与过治淮、治太、江水北调等多个大型水利工程建设管理实践，具有丰富的大型水利工程项目建设管理经验。此外，从国家发展改革委、水利部到地方流域机构、省水利厅，我国各级水行政主管部门都在大量水利工程建设过程中积累了丰富的经验，具有大量项目相关的知识和能力储备，形成了成熟有效的管理机制和手段。

在工程技术方面，南水北调江苏境内工程大规模使用低扬程大流量泵站技术，在当时为国内首次，因此有较多亟待研究攻关的技术难点。为此，项目建设单位在团队组建中注重中青年水利科技学科带头人的培养，通过在重大工程项目、重大课

题研究中锻炼人才和培养人才。江苏省南水北调办公室、江苏水源公司建设管理人员中三分之一以上具有高级技术职称，有4名同志被确定为江苏省“333高层次人才培养工程”中青年学科技术带头人。

在内部科研团队的基础上，项目建设单位协调专业机构负责项目科技创新工作，并组织相关高校、科研机构、勘测设计院和建设管理单位，建立统一协调的工作机制，对前期工作和工程建设中的重大技术问题进行联合研究攻关。项目建设单位与河海大学、扬州大学、江苏大学、东南大学、南京水利科学研究院等高校和科研单位建立了稳定合作关系，在贯流泵关键技术、泵及泵装置水力性能优化、排泥场泥水分离及淤泥固化技术、混凝土温控防裂技术等方面取得了一批技术先进、实用性强的科研成果，保障了南水北调江苏境内工程的顺利实施。

(3) 项目建设具备充足的资金保障

南水北调江苏境内工程的资金来源主要包括中央预算内资金、国家重大水利建设基金、南水北调工程基金、省级配套资金和银行贷款。除银行贷款外，其余均为政府投资。其中国家重大水利建设基金是国家为弥补南水北调工程因物价上涨以及计入价差预备费、建设期贷款利息等原因出现的资金缺口而专门增设的投资渠道；南水北调工程基金是为保障南水北调工程顺利实施，由受水区各地方政府负责筹集的专项基金。

政府作为投资主体，充分保障了项目资金的及时到位，同时起到投资导向的作用，吸引社会资金的投入。在国家发展改革委、财政部等部门的大力支持下，由国家开发银行牵头，中国建设银行、中国农业银行、中国银行、中国工商银行、上海浦东发展银行、中信实业银行等7家金融机构共同组建了南水北调主体工程贷款银团，为南水北调江苏境内工程提供了十分重要的资金来源。

因此，项目建设领导单位和江苏水源公司等项目建设相关单位具备能确保项目顺利实施的领导协调、资源与技术能力，同时能够根据项目需要，在技术、管理等方面进行创新，以确保高质高效建成南水北调江苏境内工程并投入运营。

3.3 项目主要干系人和期望

通过全面分析南水北调江苏境内工程项目的内外部事业环境，项目管理团队深入辨识对项目成功影响较大的主要干系人种类，并准确把握各类干系人对项目的期望，为下一步项目管理各项策划工作奠定了基础。

南水北调东线江苏境内工程项目涉及的项目干系人十分繁多，其各自的期望如表3-3所示。

表 3-3 南水北调江苏境内工程项目主要干系人和期望

干系人类型		代表机构和群体	主要期望
1	立项决策审批机构	国家发展改革委 水利部	• 确保南水北调江苏境内工程规划合理，符合国家发展战略； • 确保南水北调东线水价机制可行，能够解决我国北方缺水问题，发挥社会、经济、生态等多方面综合效益； • 确保南水北调江苏境内工程治污节水目标的实现，确保水质达标。
2	项目上级主管机构	国务院南水北调办公室江苏省南水北调办公室	• 高质量、按时、安全地建成南水北调江苏境内工程并投入运营； • 确保设施的可用性和运行质量，未来能够根据国家需求进行调水。
3	水利监管部门	江苏省水利厅 水利部淮河水利委员会	• 确保南水北调江苏境内工程各项流程符合水利部颁发的各项管理规定； • 确保南水北调江苏境内工程质量完全符合所有技术要求； • 确保南水北调江苏境内工程施工安全，无等级安全事故发生。
4	环保监管部门	江苏省生态环境厅	• 确保项目建设和运行完全遵守和符合地区的各项环保法规； • 最大限度地减少对环境的各种影响。
5	国家财政部门	财政部	• 支持南水北调江苏境内工程建设； • 确保专款专用，资金使用符合国家规定。
6	地方纪检监察部门	江苏省纪委	• 确保工程安全、资金安全和干部安全； • 维护被征地拆迁群众合法权益。
7	征迁对象	需要征迁的居民、企业等	• 获得期望的征迁补偿； • 最大程度减少对生产生活的影响。
8	受建设工作影响的机构和个人	项目沿线居民受影响的水、电、交通、通信等相关主管单位	• 项目不影响居民原来的生活方式，且能够带来福利、改善生活； • 项目对原有的水、电、交通、通信等线路及设施不产生重大影响，不影响当地总体规划安排。
9	地方政府	沿线省市政府和有关部门	• 获得地方税收； • 确保地方居民合法权益； • 项目建设和运行期间遵守当地的各项法规。
10	受水对象	农业、工业、交通、生活、生态五大类受水户	• 调水水质达到相关标准； • 能够解决先前缺水的状况； • 水价在能接受的范围。
11	参建单位	监理、设计、施工单位，设备材料供应商，环保、征地、法律、咨询等专业公司	• 在成本范围内安全、按时、按质地完成合同任务； • 获得期望利润； • 承包商、设备供应商提高自身能力和知名度等战略期望。
12	水利系统内支持单位	各规划设计院	• 按时、按质完成分配任务，确保南水北调江苏境内工程建成投运。
13	金融机构	银团	• 确保投资安全，获得期望收益。
14	项目团队员工	江苏水源公司及现场建设管理机构的员工	• 确保安全、稳定的工作，获得期望收入； • 能够获得尊重感、荣誉感和归属感； • 有较大的个人成长空间和切实的职业发展路径； • 所服务的公司具有良好的社会声誉； • 能够从事一项有意义的事业。

通过深入辨识上述各类干系人的期望，江苏水源公司和项目建设领导单位在项目实施前制定了有针对性的各类干系人管理策略，尽最大可能满足各类干系人的期望，兼顾东线受水区的客观情况和实际要求，通过建立有效的工程管理体制和良好的工程运营机制，实现对南水北调工程的有效管理，实现工程国有资产的保值增值，满足国家和受水区内水资源配置要求，最终实现水资源可持续利用支撑社会经济可持续发展的目标。

项目前期工作与启动

南水北调工程前后历经50多年的科学论证、规划和立项批复工作，共有5部委（局）、9省（直辖市）、24个不同领域的规划设计及科研单位、6 000人次的知名专家、110多人次的院士参与献计献策，召开100多次研讨会，对50多种规划方案进行比选，可以说南水北调工程总体规划是跨学科、跨部门、跨地区综合研究的成果。相关部门、单位先后多次组织勘探队伍对南水北调开展勘探工作，为线路选择采集了大量数据，在综合考量区域发展、生态保护、工程效益等重大因素的基础上，经过大量前期工作，形成了“四横三纵”的总体布局，东线调水线路也随之确定，南水北调实现了从构想提出到工程建设实施的巨大飞跃。

4.1　探索与规划阶段

南水北调工程从1952年开始研究，到1995年正式成立南水北调论证委员会之前，都属于探索与规划阶段，并可细分为1952年至1961年的探索阶段、1972年至1979年的初步规划阶段以及1980年至1994年的系统规划阶段。

（1）探索阶段

1952年10月毛泽东主席视察黄河时，在听取了黄委主任关于从长江引水接济黄河的设想汇报后说：“南方水多，北方水少，如有可能，借点水来也是可以的”，这是南水北调战略构想的首次提出。1953年2月毛主席在视察长江时又谈到了南水北调问题，与当时的长江流域规划办公室（1989年6月改为长江水利委员会）主任探讨了可能的调水线路。

黄河水利委员会在1954年10月编制《黄河综合利用规划技术经济报告》，提出从通天河、汉江引水到黄河的可能性和设想。1957—1958年，长江流域规划办公室完成了《汉江流域规划要点报告》和《长江流域综合利用规划要点报告》，提出从长江上、中、下游多点引水，接济黄、淮、海的总体布局。1958年8月，北戴河中央政治局扩大会议明确指出：全国范围内较长远的水利规划，首先是以南水（主要是长江水）北调为主要目的。随后，中共中央发布《关于水利工作的指示》，“南水北调”一词正式见诸中央文件。1962年以后，由于黄淮海平原大面积引黄灌溉和平原蓄水，造成严重的土壤次生盐碱化，南水北调的规划与研究工作被搁置。

（2）初步规划阶段

1972年华北大旱后，解决北方缺水问题成为当务之急，南水北调工程进入初步规划阶段。

1973年7月国务院召开北方17省、直辖市抗旱会议后，水电部组成南水北调规划组，研究从长江向华北平原调水的近期调水方案，于1974年7月、1976年3月，分别提出了《南水北调近期规划任务书》和《南水北调近期工程规划报告》。选择了以东线工程作为南水北调近期工程，并以京杭运河为输水干线送水到天津作为东线近期工程的实施方案。1977 年 10 月，水电部、交通部、农林部和一机部向国务院联合上报《南水北调近期工程规划报告》。该规划以农业供水为主，改善和发展灌溉面积 6 400 万亩，向城市供水 27 亿 m^3，并使京杭运河成为南北水运交通大动脉。该报告基本确立了南水北调东线工程的总体布局。

1978 年，第五届全国人大一次会议通过的《政府工作报告》正式提出，兴建南水北调工程。

(3) 系统规划阶段

20 世纪 80 年代初，北方地区接连发生严重干旱，京津地区和胶东地区严重缺水，社会各界对北方地区水资源短缺的严峻形势达成共识，迫切希望尽早实施南水北调工程，南水北调工程进入系统规划阶段。

1981 年 12 月，国务院召开治淮会议，要求编制抽引长江水 50～100 m^3/s 入南四湖的可行性研究报告。淮河水利委员会于 1982 年初安排编制可行性报告，并取得了初步成果。淮河水利委员会在《南水北调近期工程规划报告》和原有工作成果的基础上，于 1983 年 1 月提出了《南水北调东线第一期工程可行性研究报告》，对工程的供水范围、调水规模、工程布局进行了进一步研究。

1983 年 1 月水电部组织审查了《南水北调东线第一期工程可行性研究报告》，1983 年 2 月，水电部将《关于南水北调东线第一期工程可行性研究报告审查意见的报告》报中华人民共和国国家计划委员会（简称“国家计委”）并国务院。建议东线工程先通后畅、分步实施，第一期工程暂不过黄河，先把江水相机送入东平湖。同月，国务院第 11 次会议决定，批准南水北调东线第一期工程方案，并于 1983 年 3 月下发了《关于抓紧进行南水北调东线第一期工程有关工作的通知》。

1985 年 1 月淮河水利委员会编制完成《南水北调东线第一期工程设计任务书》。同年 4 月，水电部向国家计委上报了《南水北调东线第一期工程设计任务书》。1988 年 5 月，国家计委将《关于南水北调东线第一期工程设计任务书审查情况的报告》报国务院，认为工程方案没有总体规划，建议水电部抓紧编制东线工程的全面规划和分期实施方案，补充送水到天津的修改方案，再行审批。按此意见，水利部南水北调规划办公室于 1990 年 5 月和 11 月分别提出了《南水北调东线工程修订规划报告》和《南水北调东线第一期工程修订设计任务书》，并在 1992 年 12 月编制完成《南水北调东线第一期工程可行性研究修订报告》。1992 年，党的十四大把“南水北调”列入中国跨世纪的骨干工程之一。

在1990年规划期间，粮食短缺问题已有显著改善，而受水区城市用水增加较多，缺水严重，北京市和胶东地区用水紧张。规划重点是补充城市用水，规划供水范围在1976年规划基础上扩大到北京市和胶东地区主要城市，分别安排了5亿 m^3 供水量。规划灌溉面积由6 400万亩减到4 245万亩（其中黄河以北地区由3 000万亩减少到1 400万亩），并结合京杭运河天津—长江段航运。在这个阶段，江苏省结合京杭运河续建工程，初步建成江水北调工程体系，为东线工程的主要目标定下了基调。

4.2　论证与设计阶段

1995年国务院第71次总理办公会议专门研究南水北调后，南水北调工程正式进入论证与设计阶段。

（1）论证阶段

1995年6月，国务院第71次总理办公会议专门研究了南水北调问题，指出：南水北调是一项跨世纪的重大工程，关系到子孙后代的利益，一定要慎重研究，充分论证，科学决策。遵照会议纪要精神，1995年11月，国务院决定成立南水北调工程论证委员会，由水利部牵头，以长江委、淮委、黄委为主，各部门有关专家参加。第一次论证会于当年11月召开，对工作纲要和东、中、西三条线路工程方案进行讨论，讨论范围包括南水北调的宏观布局和各个调水方案的供水范围、线路走向、工程内容、投资估算、经济分析等方面，大会认为东、中、西三线有各自的供水范围，不淘汰哪一条线路，资金的筹措由中央和地方共同分担。会议结束后，论证委员会组织专家对东、中两线工程开展实地考察。1996年1月三条线路的工作组全部完成论证报告，并于当月召开第二次论证会，会议再次明确三条线路相互补充，不能相互替代。1996年3月底，论证委员会提交了《南水北调工程论证报告》（以下简称《论证报告》），建议"实施南水北调工程的顺序为：中线、东线、西线"。

1996年3月，经国务院批准，成立南水北调工程审查委员会，分综合、规划、工程、经济、环境五个专题审查组，听取论证报告，并对中、东两线进行考察。在各工作组形成的专题审查报告基础上汇编成《南水北调工程专题审查报告》，并于1998年初进一步提出《南水北调工程审查报告》（以下简称《审查报告》），上报国务院。《审查报告》同意《论证报告》提出的主要结论意见，按照中、东、西线的顺序实施南水北调工程。

1999—2001年北方地区再次发生连续的严重干旱，京、津地区和胶东地区严重缺水，天津市被迫实施第六次引黄应急。社会各界对北方地区水资源短缺的严峻形势达成共识，迫切希望尽早实施南水北调工程。水利部于2000年7月组织编制了

《南水北调工程实施意见》。

2000年10月，党的十五届五中全会通过的《关于制定国民经济和社会发展第十个五年计划的建议》中指出，为缓解北方地区缺水矛盾，要“加紧南水北调工程的前期工作，尽早开工建设”。

按照中央的要求和朱镕基总理“三先三后”的指示精神，国家计委、水利部于2000年12月21日在北京召开了南水北调工程前期工作座谈会，布置南水北调工程总体规划工作。按照新的要求，水利部经过一年半的研究论证和规划优化，完成了新一轮的南水北调总体规划，包括1个总体报告、4项分报告、12个附件、45项专题。这个规划凝聚了新中国成立后半个世纪时间里无数人的心血和智慧，是一项庞大而复杂的系统工程，跨部门、跨地区、跨学科，参与的工程技术人员达2 000多人。

2002年8月23日，朱镕基总理召开国务院第137次总理办公会议，会议听取了水利部作的《南水北调工程总体规划》情况的汇报。会议审议并原则通过了《南水北调工程总体规划》，原则同意成立国务院南水北调工程建设领导小组（后改为国务院南水北调工程建设委员会），年内开工建设南水北调东线江苏境内三阳河潼河、宝应站工程和山东境内济平干渠工程。会议要求水利部根据会议提出的意见，抓紧修改后向中央汇报。

2002年10月，江泽民总书记主持召开中共中央政治局常务委员会会议，审议并通过经国务院同意的《南水北调工程总体规划》。2002年12月23日，国务院做出了《关于南水北调工程总体规划的批复》，提出“先期实施东线和中线一期工程，西线工程先继续做好前期工作。规划中涉及的建设项目，要按照基本建设程序审批”。

（2）设计阶段

2005年10月，国家发展改革委下发《国家发展改革委关于南水北调东线一期工程项目建议书的批复》，批复南水北调东线一期工程项目建议书。在项目建议书编制过程中，根据国务院南水北调工程建设委员会第一次全体工作会议精神和2003年需先期开工建设东线骆马湖—南四湖段江苏境内工程的实际情况，2003年《南水北调东线一期工程总体设计方案报告》编制完成，于2004年1月通过审查。

2004年7月，根据水利部通知要求，东、中线一期工程可行性研究总报告编制工作全面启动，淮委会同海委共同负责组织南水北调东线一期工程可行性研究报告的编制工作，中水淮河公司和中水北方公司作为技术总顾问，保障可行性研究总报告编制工作按时完成。

2006年2月，水利部向国家发展改革委报送《南水北调东线一期工程可行性研究总报告》及审查意见。2008年11月，国家发展改革委以《印发国家发展改革委关于审批南水北调东线一期工程可行性研究总报告的请示的通知》（发改农经〔2008〕2974号），批复了南水北调东线一期工程可行性研究报告。

由于南水北调江苏境内工程是一项复杂的水利工程，涉及调水、河道、治污等工程，同时需要多部门联合审查和多次论证，因此解决北方缺水问题刻不容缓。为解决南水北调工程开工建设的紧迫性和整体项目建议书编制周期之间的矛盾，在南水北调工程总体规划审批期间，选择了一部分年度开工项目，这些项目在整体工程项目书审批之前提前安排前期工作，单独履行报审程序，促进早日开工。因此南水北调江苏境内工程的部分设计单元初步设计批复早于南水北调东线一期工程项目建议书和可行性研究总报告批复。图4-1为南水北调东线一期工程项目总体规划、项目建设书和可行性研究报告批复时间线。

南水北调江苏境内工程整体可研批复后，设计单元的初步设计批复是分批进行的（具体批复时间线如图4-2、图4-3所示），规划、设计、施工齐头并进，由于前期工作进度不同，国家批复时间跨度时间长达8年。南水北调江苏境内工程共涉及8个单项40个设计单元。在江苏水源公司成立以前，南水北调江苏境内工程已完成三阳河潼河和宝应站工程、骆马湖至南四湖段江苏境内工程、长江至骆马湖段2003年度工程，以及南四湖水资源控制、水质监测工程和骆马湖水资源控制工程单项工程的初步设计；江苏水源公司成立后，集中分五个批次向国务院南水北调办公室提请长江至骆马湖段其他工程、东线江苏段专项工程、南四湖下级湖抬高蓄水位影响处理工程三个单项工程、21个设计单元的初步设计审批，国务院南水北调办公室逐年批复了剩余工程初步设计。

第一批，泗阳站、刘老涧二站、皂河一站、皂河二站及泗洪站5个设计单元，于2009年7月全部完成初步设计批复。

第二批，骆南中运河影响处理、淮安二站2个设计单元于2010年2月完成初步设计批复，高水河整治于2010年5月完成初步设计批复。

第三批，金湖站、金宝航道、里下河水源调整、血吸虫北移防护、管理设施专项5个设计单元工程分别于2010年3月、6月、10月以及2011年4月、8月完成初步设计批复。

第四批，睢宁二站、徐洪河影响处理工程和邳州站、洪泽站4个设计单元工程分别于2010年9月、10月完成初步设计批复。

第五批，洪泽湖抬高蓄水位影响处理工程、沿运闸洞漏水处理、南四湖下级湖抬高蓄水位影响处理工程、调度运行管理系统4个设计单元工程分别于2010年10月及2011年5月、9月、9月完成初步设计批复。至此，初步设计批复工作全部完成。

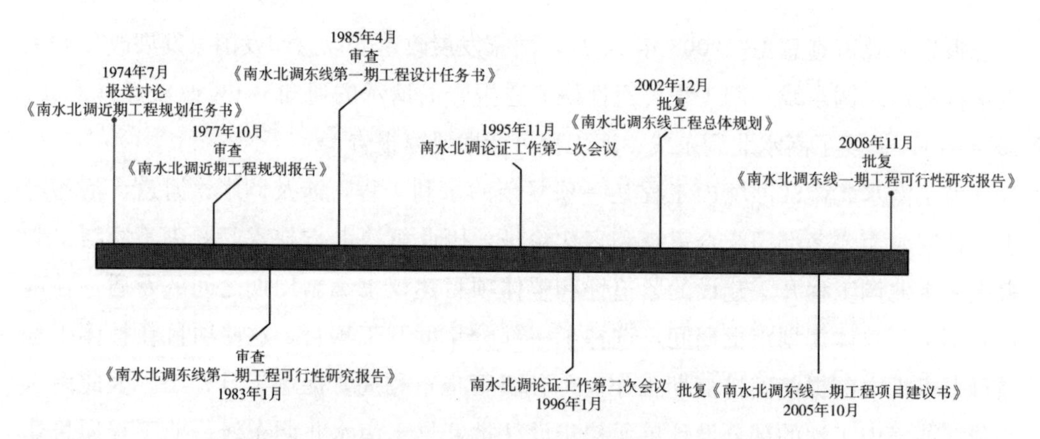

图 4-1　总体规划、项目建议书及可行性研究报告批复

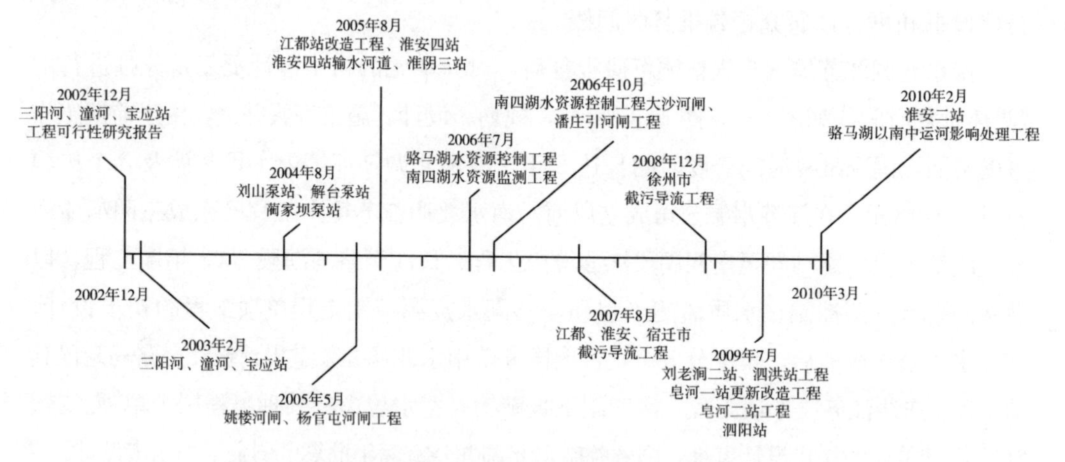

图 4-2　南水北调江苏境内工程初步设计批复时间线（一）

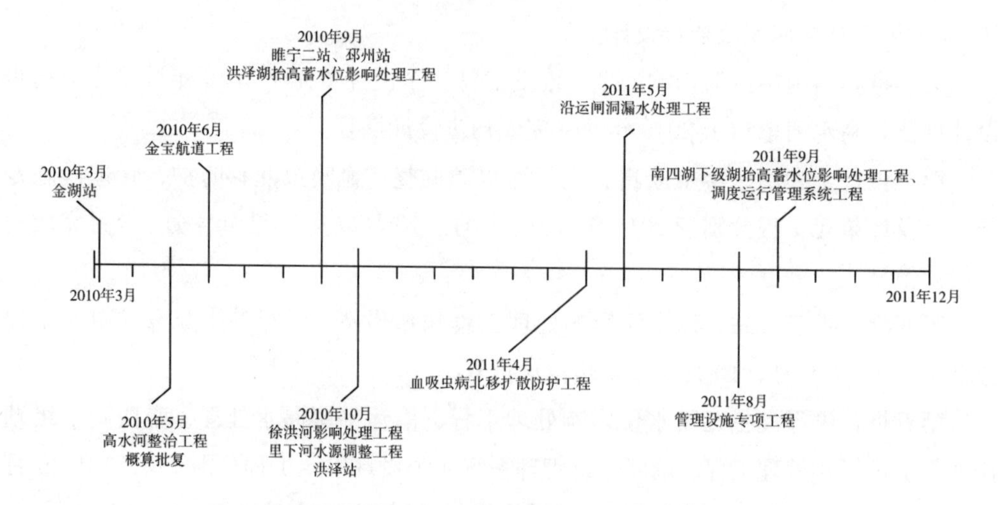

图 4-3　南水北调江苏境内工程初步设计批复时间线（二）

4.3 项目启动

2002年12月23日，国务院正式批复《南水北调工程总体规划》，决定开工兴建南水北调工程。2002年12月27日，举世瞩目的南水北调工程开工典礼在北京人民大会堂和江苏省、山东省施工现场同时举行。中共中央政治局委员、国家计委主任曾培炎首先宣读了国家主席江泽民的贺信。江泽民主席在贺信中说，南水北调工程是优化我国水资源配置的重大战略性基础设施，事关中华民族兴旺发达的长远利益。他向南水北调工程开工建设表示热烈的祝贺，向广大工程建设者表示诚挚的问候。

江苏省、山东省主要负责人分别在南水北调三阳河潼河、宝应站工程和济平干渠工程开工典礼分会场报告开工准备完毕。随即，朱镕基总理宣布："南水北调工程开工!"人民大会堂主会场掌声雷动。江苏、山东施工现场马达轰鸣。

南水北调工程开工典礼的圆满举办，标志着南水北调江苏境内工程正式进入工程实施期。为保证江苏境内工程建设按计划规范有序实施，国务院南水北调工程建设委员会、国务院南水北调办公室和江苏省人民政府，批复成立南水北调东线江苏水源有限责任公司，主要承担工程建设项目法人职责。江苏水源公司为规范后期各项工作，为工作的开展架构起了全面的制度框架，在遵循法律准则、行业标准、南水北调整体规章制度基础上，江苏水源公司陆续出台各项政策，确保南水北调江苏境内工程的初步设计、建设实施等各阶段工作有规可依，为各项工作的开展奠定了坚实的制度基础。

项目治理体系和组织管理架构

5.1　项目总体治理结构

按照国务院批复的《南水北调工程总体规划》，南水北调江苏境内工程主体工程建设与管理体制要遵循“五个有利于”的原则，即：有利于加强政府的宏观调控，实现水资源的优化配置；有利于建立“还本、保本、微利”的水价形成机制，促进建立节水防污型社会；有利于建立产权明晰的现代企业制度，依法协调各方的利益关系；有利于建立民主协商和用水户广泛参与的制度，逐步完善“准市场”的水资源配置机制；有利于贯彻执行国家基本建设的法规和政策的原则。

根据“五个有利于”原则以及我国积极推行市场经济的建设环境，最终确定南水北调江苏境内工程建设实行政府宏观调控和准市场机制相结合的体制，既要积极推进、逐步建立水的“准市场”配置机制，又要贯彻水资源统一管理的原则，构建了如图 5-1 所示的管理组织结构。

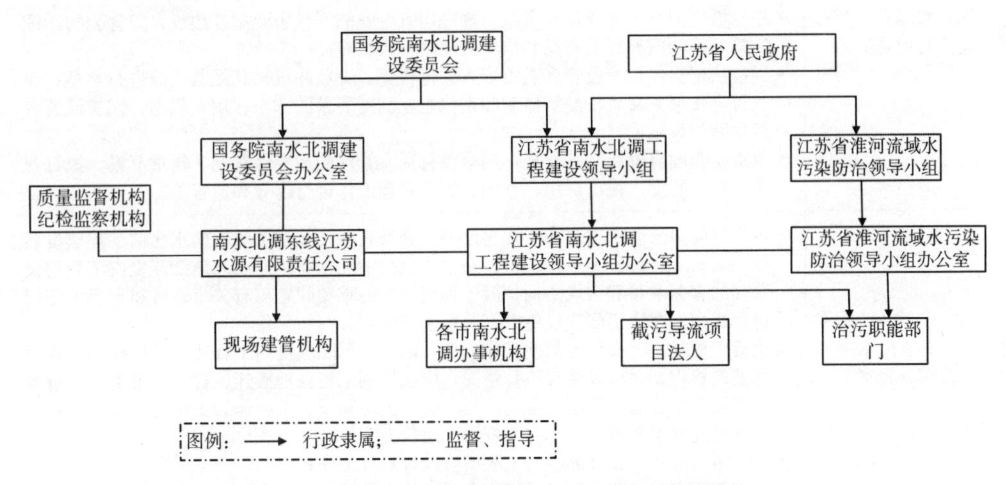

图 5-1　南水北调江苏境内工程治理结构图

其中，国务院南水北调工程建设委员会办公室，作为办事机构，负责国务院南水北调工程建设委员会的日常工作，对南水北调主体工程建设实施政府行政管理。

江苏省南水北调工程建设领导小组，承担南水北调江苏境内工程建设期的工程建设行政管理职能，其组长由省长兼任，主要对南水北调江苏境内工程建设中的重大问题进行决策。其下设办事机构：江苏省南水北调工程建设领导小组办公室。

江苏省南水北调办公室，即江苏省南水北调工程建设领导小组办公室，管理各市南水北调办事机构、截污导流项目法人和治污职能部门。

江苏水源公司，作为项目法人承担南水北调江苏境内工程的建设和运行管理任务。

质量监督机构和纪检监察机构，分别承担工程建设过程中工程质量的监督和建设及其管理行为的监察。

南水北调江苏境内工程治理机构的权限划分具体如表 5-1。

表 5-1 南水北调江苏境内工程治理机构的权限划分

机构	权限
江苏省南水北调工程建设领导小组	• 制订水资源合理配置方案； • 协调调水区和受水区的利益关系； • 协调各省（直辖市）间的关系、协调调水与防汛抗旱的关系； • 协调移民搬迁安置； • 监督公司运行； • 制订合理的水价政策； • 建立节水型城市和社会、水污染防治和生态环境保护等。
江苏省国有资产监督管理委员会	• 监管省属企业的国有资产，加强国有资产的管理工作； • 承担监督所监管企业国有资产保值增值的责任。建立和完善国有资产保值增值指标体系，制订考核标准，通过统计、稽核对所监管企业国有资产的保值增值情况进行监管，负责所监管企业工资分配管理工作，制定所监管企业负责人收入分配政策并组织实施； • 指导推进国有企业改革和重组，推进国有企业的现代企业制度建设，完善公司治理结构，推动国有经济布局和结构的战略性调整； • 通过法定程序对所监管企业负责人进行任免、考核并根据其经营业绩进行奖惩，建立符合社会主义市场经济体制和现代企业制度要求的选人、用人机制，完善经营者激励和约束制度； • 负责企业国有资产基础管理，起草国有资产管理的地方性法规、规章草案，拟订有关规章、制度，依法对市、县国有资产管理工作进行指导和监督等。
江苏省南水北调办公室	• 负责贯彻国务院南水北调工程建设委员会及其办公室和省政府南水北调工程建设领导小组的工作部署和工作决策，并检查执行情况；起草南水北调江苏境内工程建设管理的有关政策和法规条例；就工程建设中的重要问题与有关市政府和省有关部门进行协调；落实工程建设中的有关重大措施； • 负责工程规划、设计等前期工作；参与南水北调江苏境内工程建设投资控制和建设计划的管理，并监督检查执行情况；组织协调工程征地搬迁、移民安置工作，负责地方配套工程建设管理；参与治污工程、生态建设、文物保护工作的督促检查； • 参与研究南水北调江苏境内工程供水水价方案； • 参与组织南水北调江苏境内工程的阶段性验收工作； • 承办江苏省南水北调领导小组交办的其他事项等。
江苏水源公司	• 对主体工程建设的质量、安全、进度、筹资和资金使用负总责； • 负责组织编制单项工程初步设计； • 协调工程建设的外部关系； • 择优选用承担南水北调工程项目管理、勘测（包括勘察和测绘）设计、监理、施工等业务的单位； • 负责江苏境内南水北调工程的供水经营业务等。

5.2 项目法人治理体系

5.2.1 治理结构

江苏水源公司是由国家和江苏省人民政府批准并出资设立的国有独资公司，省人民政府授权江苏省人民政府国有资产监督管理委员会（以下简称省国资委）履行出资人职责，公司接受国家、省人民政府及省国资委的监督管理，在项目建设期公司建立了完整的“出资人—董事会—经理层”三层治理结构，如图 5-2 所示，公司章程明确了各层级的职权，如表 5-2 所示。

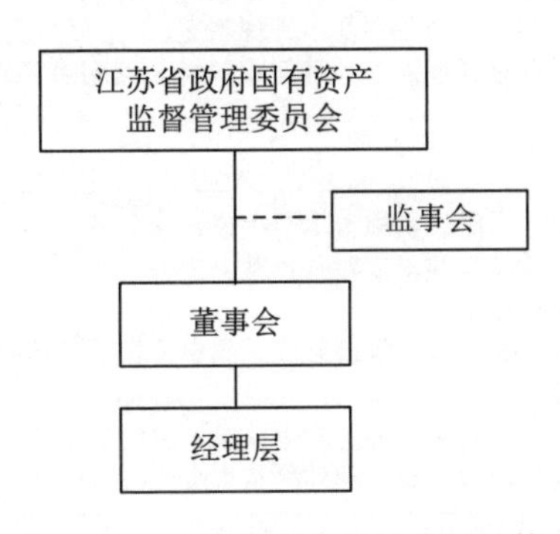

图 5-2 江苏水源公司的治理结构

其中，江苏水源公司不设股东会，由省国资委行使股东会部分职权，对江苏水源公司进行监督管理。

江苏水源公司设立监事会。监事会成员 3 人，董事、总经理及财务负责人不得兼任监事。

江苏水源公司设董事会、董事长。省人民政府授权公司董事会行使股东会的部分职权，决定公司的重大事项，董事会对省人民政府负责。

江苏水源公司设总经理、副总经理。总经理由董事会聘任或解聘，负责公司的日常经营管理工作；副总经理协助总经理工作。

表 5-2 江苏水源公司各级治理层主要职权

省国资委	• 审核公司的发展战略规划，决定公司的经营方针和按照规定报省国资委备案的有关事项； • 按规定的权限和程序委派和更换非由职工代表担任的董事、监事； • 按规定对管理者进行年度和任期考核，并依据考核结果决定对其奖惩，确定其薪酬标准； • 审议批准董事会的报告； • 审议批准监事会或监事的报告； • 审核公司的年度财务预算、决算方案，审议批准公司利润分配方案和弥补亏损方案等。
监事会	• 检查公司贯彻执行有关法律、法规和规章制度的情况； • 检查公司财务，查阅财务会计资料及与公司经营管理活动有关的其他资料，验证公司财务会计报表的真实性、合法性； • 检查公司的经营效益、利润分配、国有资产保值增值、资产运营等情况； • 检查公司负责人的经营行为，并对其经营管理业绩进行评价，提出奖惩、任免建议。

续表

董事会	•拟定和修改公司章程，并报省人民政府批准； •决定公司的经营计划和投资方案； •制订公司的年度财务预算方案、决算方案、利润分配方案、弥补亏损方案、债券发行方案； •拟定公司增加或者减少注册资本的方案； •拟定公司合并、分立、变更形式、解散和清算等方案； •决定公司内部机构的设置，制定公司各项基本管理制度； •聘任或解聘公司总经理。根据总经理提名，聘任或解聘公司副总经理、财务负责人等高级管理人员，并决定其报酬事项； •省人民政府授予的其他职权。
经理层	•主持公司的生产经营管理工作，组织实施董事会决议； •拟定公司发展规划、年度经营计划和年度财务预算方案； •组织实施公司年度经营计划和投资方案； •拟定公司内部管理机构设置方案、基本管理制度，制定公司的具体规章； •提请聘任或解聘公司副总经理、财务负责人； •聘任或者解聘除由董事会聘任或解聘以外的管理人员，决定其工资待遇及奖惩事项； •公司章程和董事会授予的其他职权，总经理列席董事会会议。

5.2.2 治理机制

构建完善、有效的项目法人治理机制是提升项目运行效率、推进工程建设有序开展的重要环节。对此，江苏水源公司结合自身实际，严格设定并有序实施以下各项治理机制：

(1) 董事会决策程序

投资决策程序：董事会对公司年度经营计划及投资方案召开董事会会议表决通过后，对授权范围外的年度经营计划及投资方案报省国资委决定。

重大事项工作程序：董事会决定重大事项前，应对有关事项进行研究，判断其可行性，必要时可召开有关专业会议进行审议，经董事会通过并形成决议后，对授权范围外的事项报省国资委决定。

(2) 董事会会议规则

①有下列情形之一的，董事长应在七个工作日内召集董事会会议：第一，董事长认为必要时；第二，三分之一以上董事联名提议时；第三，监事会提议时；第四，总经理提议时。

②董事会会议由董事长召集和主持；董事长不能履行职务或不履行职务的，由半数以上的董事共同推举一名董事召集和主持。

③董事因故不能出席董事会会议时，可以书面委托其他董事代为出席，委托书中应载明授权范围。董事收到会议通知未出席董事会会议，亦未委托代表出席的，视为弃权。

④董事会会议至少有过半数董事出席方可举行，决策“三重一大”事项，须有三分之二以上董事出席方可召开。董事会决议，必须经公司全体董事的过半数通过。其中“三重一大”事项必须经全体董事三分之二以上通过。董事会在表决与某董事有利害关系事项时，该董事应主动回避。

⑤董事会决议实行一人一票制，董事表决应当明确“赞成”或“反对”，每位董事应按自己的判断独立投票，并在表决票上签名。签名的表决票须归档保存。

⑥董事会会议应当有记录，载明出席会议的董事，列席会议的总经理、监事及其他人员所发表意见情况，出席会议的董事和记录人，应当在会议记录上签名。出席会议的董事有权要求在记录上对其在会议上的发言做出说明性记载。董事会会议记录作为公司档案保存。

⑦董事应对董事会决议承担责任。董事会决议违反法律、法规或者章程，致使公司遭受损失的，参与决议的董事对其后果承担责任，但经证明在表决时曾表明异议并有记载的，该董事可免除责任。

5.2.3　治理模式

南水北调江苏境内工程点多、线长、面广，建设项目繁多，为保证工程的顺利实施，根据公司建设管理能力、社会可利用的建设管理力量，以及江苏省水利工程建设管理积累的经验，江苏水源公司构造了3种工程现场建设管理机构（即建管处/局）组建方式。各类新建调水工程建设管理组织方式见表5-3。

(1) 以公司为主导的工程现场建设机构，称为“直接管理型”。这种组建方式包括了两类，一类是以江苏水源公司相关人员为主体组成工程现场建设管理机构，具体承担该项工程建设管理任务，这种“直接管理型”的现场建设管理机构特点是建设管理单位的主人翁意识强，专业化程度较高，但建设管理条件协调能力较弱，主要适合于泵站工程等建设条件协调任务简单，但工程技术相对复杂的工程的建设管理。另一类是以地方水行政主管部门的相关人员组成工程现场建设管理机构，但仍由江苏水源公司直接管理，主要适合于河道工程等建设条件复杂、建设技术相对简单的工程的建设管理。

(2) 江苏水源公司将工程建设管理任务委托给淮河水利委员会、江苏省南水北调办公室等专业机构，受委托方作为某单项工程的建设管理单位，成为单项工程项目建设的责任主体，称为“委托管理型”。受委托方在建设期内须负责项目建设的工程质量、工程进度、资金管理、工程招标、合同签订等工程实施全过程管理工作，这种组建方式下现场建设管理机构的特点是熟悉建设条件，沟通、协调能力强，主要适合于省界工程、征地拆迁方面的工程。

(3) 从建设市场选择咨询类公司为主体的工程现场建设管理机构，称为“代建管理型”。具体而言该组建方式为江苏水源公司负责组建某设计单元工程的现场建设管理机构，具体负责该项工程主体工程的实施；再从市场上选择建设管理专业化程度较高的公司团队，委托其协助江苏水源公司进行招投标相关工作，此外还要负责现场建设的管理、组织泵站运行和各项验收等工作。与“直接管理型”相比，延长的委托代理链会使“道德风险”明显增加；协调建设管理条件能力差的弱点也同样存在。因此，这种组建方式仅作为组建工程现场建设管理机构方式的补充，是一次大胆地尝试与创新，仅在极少部分单项工程中采用该种管理方式。

实践表明，根据建设工程特点选择建设管理方式对降低工程建设交易成本、实现工程建设目标均产生重要影响。上述三种现场建设单位的组织方式，充分利用行业、社会资源，缓解了江苏水源公司团队人手不足的资源紧张难题。江苏水源公司与现场管理机构的权限划分见表 5-4。

表 5-3　南水北调江苏境内新建调水工程建设管理组织方式

序号	工程名称	建设管理组织形式	现场管理机构	备注
1	三阳河潼河	直管	江苏省南水北调三阳河潼河宝应站工程建设局、江苏省南水北调三阳河潼河宝应站扬州市建设处（下辖高邮市建设处、宝应县建设处）	该工程先于江苏水源公司成立前开工，由江苏省水利厅组建建管机构。
2	宝应站	直管	江苏省南水北调三阳河潼河宝应站工程建设局、江苏省南水北调宝应站工程建设处	该工程先于江苏水源公司成立前开工，由江苏省水利厅组建建管机构。
3	淮阴三站	代建	江苏省南水北调淮阴三站淮安四站工程建设局、江苏省南水北调淮阴三站工程建设处	采用代建制，由江苏省水利工程勘测设计研究院有限公司组建建管机构。
4	淮安四站	直管	江苏省南水北调淮阴三站淮安四站工程建设局、江苏省南水北调淮安四站工程建设处	
5	淮安四站输水河道	直管	江苏省南水北调淮安市淮安四站河道工程建设处、江苏省南水北调扬州市淮安四站河道工程建设处、江苏省南水北调淮安四站工程建设处、江苏省南水北调淮安四站工程建设处北运西闸工程部	
6	刘山站	直管	江苏省南水北调刘山解台站工程建设处、江苏省南水北调刘山解台站工程建设处刘山工程部	该工程先于江苏水源公司成立前开工，由江苏省水利厅组建建管机构。

续表

序号	工程名称	建设管理组织形式	现场管理机构	备注
7	解台站	直管	江苏省南水北调刘山解台站工程建设处	该工程先于江苏水源公司成立前开工，由江苏省水利厅组建建管机构。
8	江都站改造	直管	江苏省南水北调江都站改造工程建设处	
9	高水河整治	直管	江苏省南水北调扬州工程建设处	
10	淮安二站改造	直管	江苏省南水北调淮安二站改造建设处	
11	泗阳站改建	直管	江苏省南水北调泗阳站工程建设处	
12	刘老涧二站	直管	江苏省南水北调刘老涧二站工程建设处	
13	皂河二站	代建	江苏省南水北调皂河站工程建设处	采用代建制，由江苏省水利工程科技咨询有限公司组建建管机构。
14	皂河一站改造	直管	江苏省南水北调皂河站工程建设处、江苏省南水北调皂河站工程建设处皂河一站工程部	
15	泗洪站	直管	江苏省南水北调泗洪站工程建设处	
16	金湖站	直管	江苏省南水北调金湖站工程建设处	
17	邳州站	直管	江苏省南水北调邳州站工程建设处	
18	睢宁二站	直管	江苏省南水北调睢宁二站工程建设处	
19	里下河水源调整工程	直管	江苏省南水北调里下河水源调整工程建设局、泰州市南水北调卤汀河拓浚工程建设处、扬州市南水北调里下河水源调整工程建设处、淮安市南水北调里下河水源调整工程建设处、盐城市南水北调里下河水源调整工程建设处	
20	骆南中运河影响处理	直管	宿迁市骆南中运河影响工程建设处	
21	沿运闸洞漏水处理	直管	江苏省南水北调扬州工程建设处、淮安市南水北调沿运闸洞漏水处理工程建设处、宿迁市南水北调沿运闸洞漏水处理工程建设处、徐州市沿运闸洞漏水处理工程建设处、阜宁县南水北调沿运闸洞漏水处理工程建设处、南水北调江都水利枢纽沿运闸洞漏水处理工程建设处、南水北调总渠沿运闸洞漏水处理工程建设处、南水北调骆运沿运闸洞漏水处理工程建设处	
22	徐洪河影响处理	直管	宿迁市南水北调徐洪河影响工程建设处、徐州市南水北调徐洪河影响工程建设处	

续表

序号	工程名称	建设管理组织形式	现场管理机构	备注
23	洪泽湖抬高蓄水位影响处理	直管	宿迁市南水北调洪泽湖周边影响工程建设处、淮安市南水北调洪泽湖抬高蓄水位影响处理工程建设处	
24	血吸虫北移防护	直管	南水北调东线一期工程血防工程高邮市建设处、江苏省南水北调淮安工程建设处	
25	洪泽站	直管	江苏省南水北调洪泽站工程建设处、洪泽县南水北调洪泽站影响工程建设处	
26	金宝航道	直管	江苏省南水北调淮安工程建设处、江苏省南水北调金宝航道大汕子工程部、金湖县南水北调配套及影响项目部	
27	南四湖水资源监测	直管	江苏省南水北调南四湖水资源监测工程建设处	
28	管理设施专项	直管	江苏省南水北调管理设施工程建设处	
29	调度运行管理系统	直管	江苏省南水北调调度运行管理系统工程建设处	
30	蔺家坝泵站	委建	淮河水利委员会治淮工程建设管理局	委托淮委建管局承担建设管理工作。
31	骆马湖水资源控制	委建	淮河水利委员会治淮工程建设管理局	委托淮委建管局承担建设管理工作。
32	姚楼河闸	委建	淮河水利委员会治淮工程建设管理局	委托淮委建管局承担建设管理工作。
33	杨官屯河闸	委建	淮河水利委员会治淮工程建设管理局	委托淮委建管局承担建设管理工作。
34	大沙河闸	委建	淮河水利委员会治淮工程建设管理局	委托淮委建管局承担建设管理工作。
35	南四湖下级湖抬高蓄水位影响处理	委建	徐州市国家南水北调南四湖下级湖抬高蓄水位影响处理工程建设处	分别委托省南水北调办拆迁办、徐州市水利局承担建设管理工作。
36	文物保护	委建	江苏省文物局	专项工程
37	徐州市截污导流	地方自建	徐州市南水北调截污导流工程建设管理处	调水与治污双跨工程由工程所在地方水利局作为项目法人，直接负责建设管理。
38	宿迁市截污导流	地方自建	宿迁市南水北调截污导流工程建设管理处	调水与治污双跨工程由工程所在地方水利局作为项目法人，直接负责建设管理。

续表

序号	工程名称	建设管理组织形式	现场管理机构	备注
39	淮安市截污导流	地方自建	淮安市南水北调截污导流工程建设处	调水与治污双跨工程由工程所在地方水利局作为项目法人，直接负责建设管理。
40	江都区截污导流	地方自建	扬州市江都区南水北调截污导流工程管理处	调水与治污双跨工程由工程所在地方水利局作为项目法人，直接负责建设管理。

表5-4　江苏水源公司与现场管理机构的权限划分

	江苏水源公司	现场管理机构
机构组建	•负责工程现场建设机构的组建； •任命现场机构负责人及技术负责人，确定内设部门和现场机构人数。	•负责组织人员到位； •任命部门负责人，制订有关规章制度，建立质量管理、安全生产、精神文明建设等分项工作组织，并报水源公司备案。
设计及计划管理	•通过招标或委托方式择优选择勘测设计单位，统一组织工程初步设计工作，并负责初步设计的初审及报批工作； •负责组织对招标设计及其概算进行审查； •负责组织对施工图设计进行审查并及时批复； •控制工程投资等。	•负责组织设计单位编制工程招标设计，并报水源公司审查； •负责组织开展施工图设计工作，供图、报审计划报水源公司核备； •负责编制项目总体实施方案、年度建设方案报水源公司审批； •及时组织编制工程项目管理预算以及建设期年度价差调整报告并严格控制工程投资等。
质量与安全管理	•建立工程质量及安全领导小组； •对在建工程开展质量和安全检查，指导、督促工程质量和安全管理工作等。	•同监理、施工单位建立健全质量、安全管理责任网络； •明确各单位、分部工程（工种）质量与安全责任人，建立工程施工质量、安全生产身份证备档制度等。
合同管理	•负责监理、施工、材料、设备及技术服务等合同的谈判和签订； •按批准的设计单元工程招标设计概算进行投资控制等。	•履行合同中规定的业主的全部或部分职责、权利和义务； •负责对合同范围内工程价款及限额内合同变更的审查和结算等。

5.3　项目法人组织管理架构

（1）项目法人的组织结构和各部门职能

2004年6月10日，国务院南水北调工程建设委员会《关于南水北调东线江苏境内工程项目法人组建有关问题的批复》（国调委发〔2004〕3号），同意江苏水源公司作为项目法人承担南水北调江苏境内工程的建设和运行管理任务。根据工程建设特点，江苏水源公司构建了“二级”管理的组织结构，包括综合部、计划发展部、工程建设部、财务审计部、工程管理部这5个管理职能部和54个工程现场建设管理机构（建设处/局），如图 5-3 所示，各部门职能如表 5-5 所示。

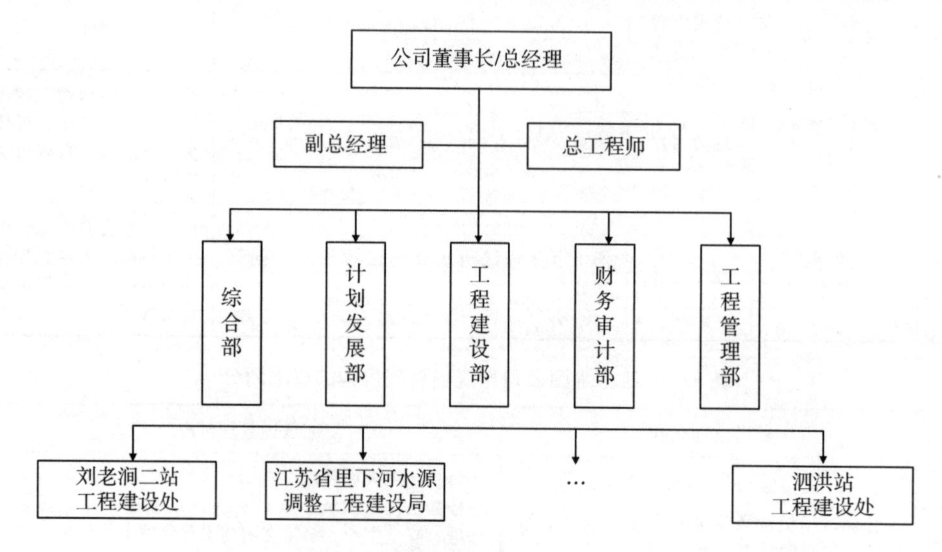

图 5-3　工程建设期公司组织结构

表 5-5　江苏水源公司各职能部门的主要职责

综合部	• 负责组织协调、拟定公司内部规章制度和管理办法，承担公司重要事项的督办查办工作； • 负责会议组织、文秘管理、机要档案、信息宣传等工作； • 负责公司机构组建、人事管理、劳动工资、教育培训等工作；负责公司精神文明工作； • 负责公司后勤保障等日常事务工作。
计划发展部	• 负责研究制定公司发展规划； • 负责编制工程总体实施方案及年度建设计划和投资计划； • 负责单项工程初步设计的组织和报批； • 负责工程项目建设评价和工程建设投资统计工作； • 负责建设中科研立项和管理工作。
工程建设部	• 负责组建现场建设管理单位，组织完成建设工程目标； • 负责工程建设的招标管理工作； • 负责工程建设质量、进度、投资控制工作； • 负责组织协调工程建设中的技术工作； • 负责工程建设安全生产和文明工地管理工作； • 负责组织单项工程验收工作；配合做好征地拆迁和移民安置工作等。
财务审计部	• 负责协调、落实和监督工程建设资金的筹集、管理和使用； • 负责拟定年度工程建设资金预算； • 负责工程建设资金支付工作； • 负责公司日常财务及管理工作； • 负责公司财务收支内部审计工作。
工程管理部	• 工程建设期，与工程建设部合署办公； • 承担部分建成工程的管理任务。

（2）项目法人的管理制度体系

为了给工程运行期的经营管理创造良好条件，加强工程的建设期管理是关键。项目法人负责组织工程建设，具体落实在工程建设管理中的权力、义务和责任。工程项目建设管理中严格实行项目法人责任制、招标投标制、工程监理制、合同制四项制度，严格按照招投标法、合同法进行工程项目建设和管理工作，提高工程建设质量，有效控制工程投资和工期，保证工程的顺利实施。表 5-6 为江苏水源公司相关管理制度和文件。

表 5-6　江苏水源公司相关管理制度及文件

	名称
质量	《南水北调东线江苏段工程质量管理办法》
	《南水北调东线江苏境内工程施工质量及安全生产管理考核办法》
	《南水北调东线江苏境内在建工程建设质量问题责任追究管理办法实施细则》
	《江苏南水北调工程混凝土施工质量缺陷处理管理办法》
	《南水北调工程外观质量评定标准》
	建立南水北调东线江苏境内工程施工质量责任网络和质量责任人
	南水北调江苏境内已完设计单元工程质量汇总评定工作要求
安全	《南水北调东线江苏水源有限责任公司江苏境内工程建设安全事故综合应急预案》
	《南水北调江苏境内工程安全生产管理办法》
	建立南水北调东线江苏境内工程安全生产责任网络
进度	江苏南水北调工程建设控制性项目进度管理要求
	《江苏南水北调工程建设进度目标考核实施办法》
	加快我省南水北调扫尾工程建设进度要求
	《南水北调东线江苏水源有限责任公司在建工程检查办法》
采购	《南水北调东线江苏水源有限责任公司合同管理办法》
	《南水北调江苏境内工程合同监督管理实施细则》
	《南水北调江苏境内工程招标投标工作细则》
投资	《江苏省南水北调工程建设投资计划管理暂行办法（2006）》
	《南水北调东线一期江苏境内调水工程设计单元工程建设投资管理办法》
	《南水北调东线江苏水源有限责任公司投资计划管理暂行办法》
	《南水北调东线一期江苏境内调水工程设计单元工程建设投资管理办法》
验收	《南水北调工程验收工作导则》
	《南水北调东线江苏境内工程验收管理实施细则》
	南水北调江苏境内工程合同项目完成验收相关工作要求
	加强南水北调江苏境内各设计单元工程验收报告编制质量要求

续表

	名称
设计	《南水北调东线一期江苏境内设计单元工程设计变更管理办法》
	《南水北调东线江苏水源有限责任公司设计工作管理暂行办法》
科技	《南水北调东线第一期工程可行性研究总报告》
考核	《江苏南水北调工程年度建设目标考核办法》
现场机构	《南水北调东线江苏水源有限责任公司工程建设管理职责（直接管理模式）暂行规定》

5.4 项目治理主要问题和克服措施

南水北调江苏境内工程是首个采用企业项目法人准市场化运行的水利建设项目，江苏水源公司作为项目法人对其建设以及建成后的生产经营实行“一条龙”式管理和全面负责。虽然当时已有原国家计委会制定颁发的《关于实行建设项目法人责任制的暂行规定》，为江苏水源公司提供了制度参考与指导，但是作为建设初期才组建的项目法人，江苏水源公司仍然缺乏实践经验，在实际治理环节中也遇到一些困难。

根据南水北调江苏境内工程的特点，江苏水源公司对于现场建设管理采取三种方式，对于直接管理型，以公司行政手段去实现；对于委托管理型或者代建管理型，则以合同或委托文件为纽带去实现。但不管何种方式，均存在经济学中的“委托代理”关系，公司就面临着“道德风险”。面对这一问题，江苏水源公司从目标管理出发，依据省政府对公司的定位以及工程建设总体目标，在此基础上根据上年度目标实现状况确定年度计划目标，并明确各设计单元工程建设分项目标。在目标管理思想指导下，江苏水源公司针对现场建设管理机构的特点，采用年初签订年度工作目标责任书与年终考核相结合的管理机制。对直接管理型的现场管理机构采用签订目标责任状的方式，明确现场管理机构管理目标；对委托管理和代建管理型组建的现场管理机构，江苏水源公司利用委托合同或加签年度目标责任状的方式，明确现场管理机构的管理目标。据此，在年终或项目结束时进行绩效考核，并落实激励措施。

此外，在项目实施的治理层面，江苏水源公司通过招标方式确定施工承包方，用招标或委托方式选择设计方，并依据承发包合同，对工程设计和施工进行管理。但由于工程承发包合同具有不完备性，承发包双方存在信息的不对称性，始终存在道德风险，这是治理的难题。针对这一现实问题，江苏水源公司主要采取以下克服措施：第一，对施工质量和安全，实行保证金制度，即在工程支付款式中，将工程质量和安全措施费用预留，仅在经检查确定工程质量和安全措施到位后，该项目费用才支付；第二，对工程质量安全事故，实行责任追究制度，根据不同事故等级作相应处罚；第三，对优良工程实行奖励制度；第四，为鼓励设计方优化工程，设计费用计算基数按相应工程概算计，并对优化工程后节省的费用进行适当奖励。江苏水源公司采取的以上项目治理措施，为取得“进度最快、质量最好、投资最省”的成绩奠定了坚实基础。

项目投融资管理

南水北调江苏境内工程设计单元工程多，投资规模大，且是首次采用企业项目法人的模式进行大型水利工程建设，对项目的投融资管理提出了很高的要求。江苏水源公司高度重视投融资管理工作，严格遵循投融资管理原则要求，优化融资方案，制定投资管理组织结构和制度体系，精准编制投资计划，并创新性地采取了一系列严格高效的投资管理控制措施，对项目投资进行全过程、全方位的管理，有效地控制了工程建设投资，使每个设计单元工程建设投资均控制在国家批复的概算（包括批复的价差调整、重大设计变更）内。

6.1 融资方案

根据国务院批准的《南水北调工程总体规划》、国务院南水北调工程建设委员会印发的《南水北调工程项目法人组建方案》和国务院南水北调工程建设委员会相关会议纪要以及有关主管部门的要求，南水北调江苏境内工程的建设资金由中央预算内资金、南水北调基金、国家重大水利工程建设基金、省级配套以及银行贷款五个渠道筹集，如图 6-1 所示。

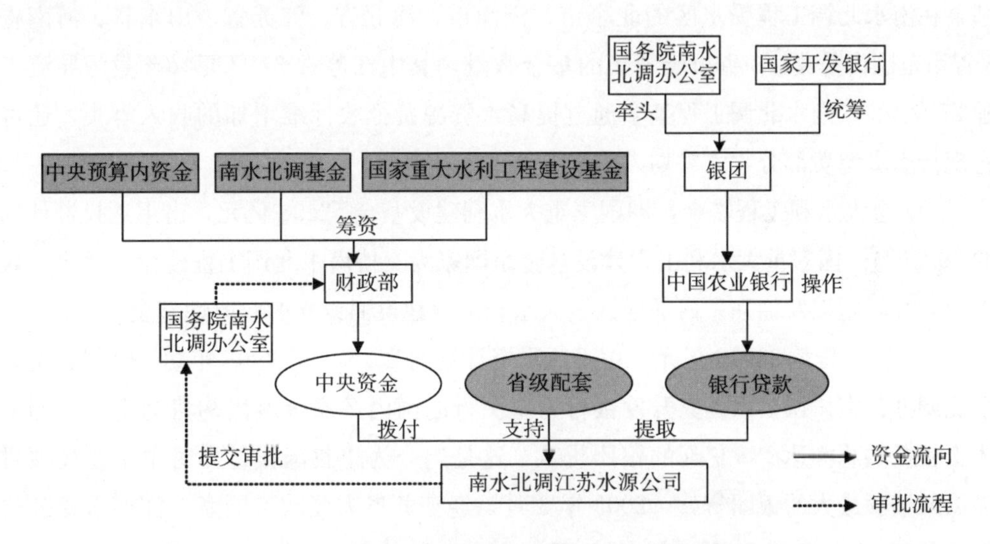

图 6-1 南水北调江苏境内工程建设资金来源结构

其中，中央预算内资金由国务院南水北调办公室对项目法人的投资计划及用款计划进行审批核定；财政部负责从中央预算内资金、南水北调工程基金、重大水利工程基金进行拨付。银行贷款由国务院南水北调办公室牵头、国家开发银行统筹、中国农业银行操作。

南水北调江苏境内工程批复总投资为 133.64 亿元，下达投资 132.97 亿元，占批复总投资的 99.50%，下达投资资金占比结构如图 6-2 所示。

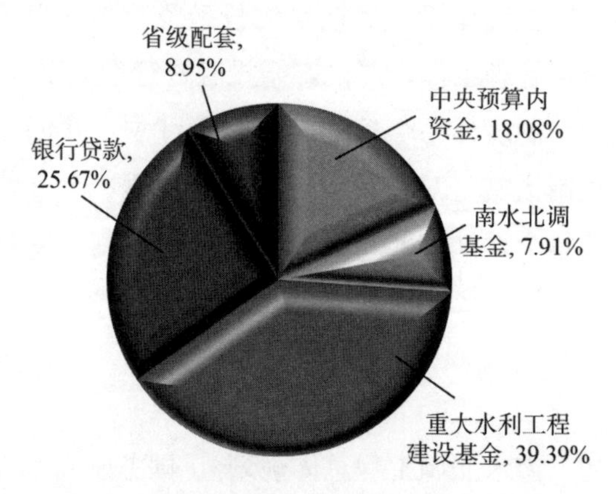

图 6-2　南水北调江苏境内工程各项资金占比

（1）中央预算内资金 24.05 亿元，占下达投资的 18.08%。

（2）南水北调工程基金 10.52 亿元，占下达投资计划的 7.91%。南水北调工程基金在南水北调工程受水区的北京市、天津市、河北省、江苏省、山东省、河南省 6 省市范围内筹集。6 省市所筹集的基金数量，其中江苏省 37 亿元（含截污导流工程 25 亿元）。南水北调工程基金通过提高水资源费征收标准增加的收入筹集，还可将现行水资源费部分收入等划入南水北调工程基金。

（3）重大水利工程基金，即国家重大水利建设基金 52.38 亿元，占下达投资计划的 39.39%。国家重大水利工程建设基金是国家为支持南水北调工程建设，解决三峡工程后续问题以及加强中西部地区重大水利工程建设而设立的政府性基金。

（4）银行贷款 34.13 亿元，占下达投资计划的 25.67%。2005 年初，经国务院南水北调办公室协调，以国家开发银行为牵头行的国内 7 家金融机构将为南水北调主体工程提供总额达 488 亿元的银团贷款，这是迄今为止我国银行界对单个建设项目提供的金额最大的银团贷款。2005 年 3 月，经江苏省人民政府同意，江苏水源公司与 6 家银团成员行签署了贷款合同，确定南水北调江苏境内工程贷款总额为 34.13 亿元。南水北调主体工程建设贷款采取多家银行组建融资银团运作模式，这在我国大型水利工程建设资金筹集上是第一次。

（5）省级配套 11.89 亿元，占下达投资计划的 8.95%。里下河水源调整工程初步设计批复静态投资为 222 888 万元，根据国务院南水北调办公室《关于印发南水北调东线一期里下河水源调整工程投资分摊协调会议纪要的通知》（综投计函〔2010〕358 号）有关意见，江苏省分摊投资为 48 527 万元；此外，截污导流工程 70 422 万元由江苏省配套支持。

6.2 投资管理原则和组织体系

6.2.1 项目投资管理原则

江苏水源公司根据国务院南水北调工程建设委员会相关投资管理规定，结合江苏境内工程特点，实行“静态控制、动态管理”的投资管理体制。作为项目法人，江苏水源公司是南水北调江苏境内工程实行投资“静态控制、动态管理”的责任主体，对工程建设全过程投资控制负责，各级建设管理单位对工程建设投资控制承担相应责任。

“静态控制”是指以国务院批准的可行性研究报告为目标，以批准的初步设计概算总投资为依据，通过编制并严格实施项目管理预算进行投资控制。静态投资是编制初步设计概算总投资时以某一基准年、月的建设要素单位价为依据所计算出的时值，包括了因工程量误差而可能引起的价格增加，但不包括后期因价格上涨等风险因素而增加的投资，以及因时间迁移而发生的投资利息支出。江苏水源公司以静态投资为依据，通过采取设计优化、完善概算结构、组织编报项目管理预算、科学组织施工、加强建设管理、严格设计变更管理等措施，将投资控制在其管理的各设计单元工程静态投资总和的范围内。

“动态管理”是指工程实施过程中，以批准的项目管理预算为基础，对由价差（包括价格变动、国家政策调整、税费变动、建设期贷款利率及汇率变化）引起的初步设计概算总投资以外的投资变动进行优化管理，尽量使其增加值最小化。江苏水源公司通过逐年编报年度价差报告、优化资金使用结构等措施，对工程建设实施过程中发生的动态投资进行有效管理。动态投资利用国务院批准的南水北调工程动态投资和工程建设结余投资调剂解决，设计单元工程发生的动态投资在本设计单元工程动态投资和结余投资内解决，不足部分经国务院南水北调办公室批准利用其他设计单元工程结余投资调剂解决。

6.2.2 项目投资管理组织结构

江苏水源公司采取“一管到底”的投资管理组织模式，将管理职能分工进行专门设计，由公司计划发展部主要负责，从工程的规划、设计、施工到完工验收将工程投资“一竿子到底”。这种管理模式体现出了项目目标一体化管理的优势，避免了项目投资控制中出现“多头管理”的现象，大大提高了项目投资管理效率。如图 6-

3 所示，南水北调江苏境内工程的投资管理组织结构由国务院南水北调办公室、江苏水源公司、现场建设管理机构以及施工单位、设计单位、监理单位、设备与材料供应商等共同构成。

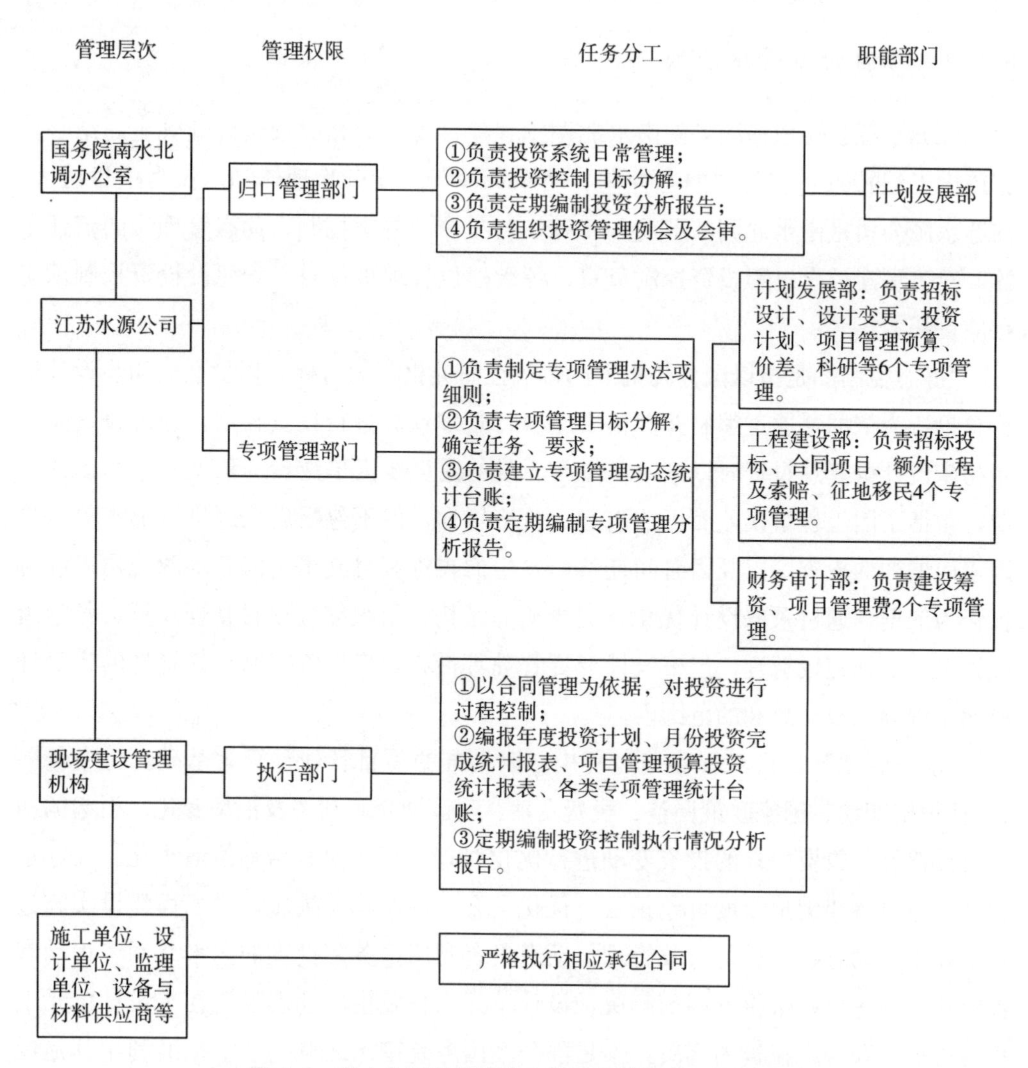

图 6-3 南水北调江苏境内工程投资管理各机构职责

6.2.3 项目投资管理制度体系

在投资管理工作中，江苏水源公司从工程及其建设管理特点出发，结合水利建设法律法规和南水北调工程建设投资控制相关制度，制定了科学系统的南水北调江苏境内工程投资管理制度体系，涵盖投资管理的全过程、全方位，主要包括南水北调工程投资控制奖惩办法、南水北调工程投资静态控制和动态管理规定、江苏省南水北调工程建设投资计划管理暂行办法等，具体见表6-1。

表6-1 南水北调江苏境内工程投资管理制度汇总（部分）

专项分类	工具名称
项目管理预算专项管理制度	《国务院南水北调办预算管理办法》
	《南水北调工程项目管理预算编制办法》
投资计划专项管理制度	《南水北调工程投资控制奖惩办法》
	《南水北调工程投资静态控制和动态管理规定》
	《南水北调工程建设投资计划管理办法》
	《江苏省南水北调工程建设投资计划管理暂行办法》
	《南水北调设计单元工程投资控制奖惩考核实施细则》
建设筹资专项管理及项目管理费专项管理制度	《南水北调工程建设资金管理办法》
价差专项管理制度	《南水北调工程价差报告编制办法》
合同专项管理制度	《南水北调东线江苏水源有限责任公司合同管理办法》
招标设计专项管理制度	《南水北调江苏境内工程招标投标工作细则》
	《南水北调工程评标专家和评标专家库管理办法》
工程/设计变更专项管理制度	《关于进一步加强南水北调工程初步设计管理办法的通知》
	《南水北调东线江苏水源有限责任公司设计工作管理暂行办法》
	《南水北调东线一期江苏境内设计单元工程设计变更管理办法》

6.3 投资管理实施

6.3.1 项目投资计划编制

江苏水源公司投资计划管理的内容包括编制年度投资建议计划以及年度投资计划报批、下达、调整和检查监督等。投资计划编制流程主要包括“年度投资规模、建设计划与安排”“年度投资建议计划编制”“季度投资使用计划编制”等工作，如图6-4所示。

(1) 各工程现场建设管理机构应于每年7月上旬按单位工程编制下年度投资建议计划报送至江苏水源公司，江苏水源公司组织初审后，按设计单元工程汇总形成南水北调江苏境内工程建设年度投资建议计划，于每年8月上报国务院南水北调办公室。

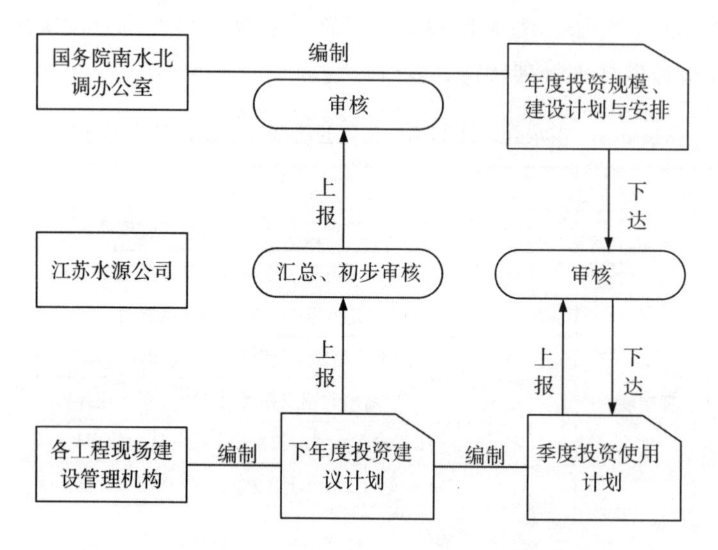

图 6-4　南水北调江苏境内工程投资计划编制流程

(2) 江苏水源公司根据国家确定的南水北调江苏境内工程年度建设投资规模以及工程建设计划，做好投资规模安排。

(3) 各工程现场建设管理机构按照项目年度建设方案，结合工程月进度支付实际要求，按季度申报投资使用计划。江苏水源公司审核后及时下达，作为工程建设资金拨付的依据。具体资金拨付方式和程序按照江苏水源公司建设资金有关管理规定执行。

(4) 各工程现场建设管理机构严格按确定的年度投资计划进行投资、进度控制。江苏水源公司对年度投资计划实施情况实行检查、监督和管理。

6.3.2　项目投资过程控制

为了增强控制工程投资能力、提升投资控制水平，南水北调江苏境内工程建立了严格的全过程、全方位的投资控制体系，主要包括以下原则和机制：

(1) 投资控制原则

• 层层推进，环环相扣，实现工程投资控制总目标

南水北调江苏境内工程以设计单元划分为基础，构建了包括工程初步设计、招标设计、施工图设计、设计变更各个阶段的设计管理控制体系，做到以初步设计控制招标设计、以招标设计控制招标合同价、以施工过程中的合同管理控制合同结算价，层层推进，环环相扣，实现工程投资控制总目标。对工程设计变更，实行分类审批、分级管理制度，建立设计变更动态管理台账，强化设计变更事前控制，严格

控制变更实施。建立项目法人、设计单位、技术咨询机构三级质量控制体系，成立专家组全过程跟踪，对工程设计质量层层把关。由于加强各阶段设计控制，有效减少了设计变更，节省了工程投资，降低了工程实施风险。

• 建立资金使用管理责任制，专款专用

通过资金使用管理责任制明确单位领导责任人和资金各环节责任人的责任。资金的管理使用严格按基本建设程序的要求进行，注重从源头抓起，实现对资金流转各个环节的有效控制。资金使用严格执行批准的计划、工程概算和规定的开支标准，未经批准不得增加建设内容和提高建设标准。工程经费专款专用，专户存储，专账核算。

• 各设计单元工程需按照基本建设程序审批

2002 年 12 月 23 日，国务院正式批复《南水北调工程总体规划》，并在批复中指出，该规划中涉及的建设项目，按照基本建设程序审批。同年 12 月 27 日，南水北调工程开工典礼在北京人民大会堂和江苏省、山东省施工现场同时举行。显然，就工程整体而言，南水北调江苏境内工程设计和施工平行展开，但其中的设计单元工程是按基本建设程序进行。在这一背景下，就出现了部分设计单元工程开始施工，部分设计单元工程仅处于组织初步设计和报批阶段的局面。因此，在工程建设前期，工程投资计划管理、投资控制体系建设占有十分重要的地位。

• 严格控制公司账面余款

在不拖欠工程进度款、完工结算款等款项的原则下，严格控制江苏水源公司账面余款。在满足工程建设进度款支付的条件下，优先使用中央财政投入资金、南水北调基金和重大水利基金。尽可能减少银行贷款，或推迟提款时间，以减轻工程建设筹资成本。

(2) 投资执行报告系统

在南水北调江苏境内工程建设过程中，江苏水源公司对全过程投资控制管理负责，各现场建设管理机构对所辖工程承包合同的投资控制管理负责。各现场建设管理机构须严格按照批准的项目年度建设方案控制工程投资和进度，并按月编报工程统计报表，按季编报计划执行情况报告，每年 12 月底编报上一年度的项目年度建设方案执行情况总报告。

工程年度投资计划因实际情况需进行调整的，如属各单位工程内部计划的调整，由项目现场建设管理机构自行审核，并报公司备案；如属各单位工程之间年度投资计划的调整，由现场建设管理机构提出调整方案报公司审批；如属设计单元工程、单项工程年度投资计划的调整，由公司提出调整意见，报国务院南水北调办公室审批。

(3) 投资控制会议机制

江苏水源公司为确保工程投资目标的实现，采用了公司例会制、公司会审制和目标考核制有机结合的方式。

公司例会制即公司至少每季度召开一次投资控制例会，由归口管理部门组织并主持，分管领导、各专项管理部门、工程现场建设管理机构负责人及相关责任人员参加。会议内容主要为研究由归口管理部门提交的投资控制分析报告，分析偏差原因，提出相关纠偏措施。投资控制分析报告经会议讨论定稿后，由归口管理部门提交公司总经理办公会讨论通过后下发执行。

公司会审制是指对设计单元工程合同规划、部分设计变更、额外工程、索赔项目审批，以及其他对工程投资控制影响较大的事项实行公司会审制。设计单元工程合同规划由相关专项管理部门提出初步审查意见，提交公司会审组审查同意后予以批复。设计变更、额外工程、索赔项目一般由相关专项管理部门负责审批，对部分项目情况复杂，或涉及投资费用变化较大的，由专项管理部门提出初步审查意见，提交公司会审组审查同意后予以批复。公司会审组成员由分管领导、归口管理部门、各相关职能部门组成，会审会议由分管领导批示并主持，归口管理部门负责组织。

目标考核制为在工程招标设计阶段，归口管理部门负责将投资控制总目标分解为各类专项控制目标，并提交公司总经理办公会讨论。经总经理办公会讨论通过后的各专项控制目标由公司下达至各专项管理部门，并由各专项管理部门按职责分工进一步分解、落实至工程现场建设管理机构。公司各职能部门、工程现场建设管理机构对其所负责的投资控制专项目标承担相应责任，并分别按公司、现场建设管理机构年度目标考核相关规定进行考评管理。

6.3.3 项目投资绩效考核

在各设计单元工程完工验收后，由国务院南水北调办公室根据《南水北调工程投资控制奖惩办法》《南水北调设计单元工程投资控制奖惩考核实施细则》等，组织专家组对江苏水源公司投资控制情况进行考核。专家组由工程技术、经济财务等方面的专家组成，主要考核内容和考核要求如表 6-2、表 6-3 所示。

表 6-2 南水北调江苏境内工程投资绩效考核的主要内容

考核项目	具体内容
(1) 是否按批准的初步设计报告完成建设任务和实现工程设计功能	对设计单元工程批复建设内容与实际建设内容，从数量、规模、型式和特征参数等进行对比分析，提出是否按批准的初步设计报告完成建设任务和实现工程设计功能的结论意见。
(2) 工程质量是否合格，有无质量事故	根据设计单元工程建设过程中质量管理体系文件、历次质量检查情况和结果，提出工程质量是否合格，有无质量事故的结论，并需将完工验收阶段梳理的建设过程中历次检查情况和结果，作为完工设计单元工程投资控制奖惩考核基础资料留档保存。
(3) 工程建设过程中有无安全生产事故	根据设计单元工程建设过程中历次安全检查和安全事故记录情况，提出工程有无安全生产事故的结论，并将完工验收阶段梳理的建设过程中历次安全检查和安全事故记录情况，作为工程投资控制奖惩考核基础资料留档保存。
(4) 是否在初步设计报告明确的建设工期内完成建设任务	核实工程开工、施工合同验收及完工验收时间，从工程开工到施工合同验收控制在设计施工总工期内并在之后半年完成完工验收的，即为在初步设计报告明确的建设工期内完成建设任务。
(5) 工程建设合同管理是否规范	根据工程建设过程中合同文件、合同支付、合同变更审批及支付、合同验收等情况，分析提出工程建设合同管理是否规范的结论。
(6) 完工财务决算核准文件中要求处理或整改的问题是否处理整改到位等	依据批复的设计单元工程完工决算核准文件，逐项说明完工决算核准文件中要求处理或整改问题的处理或整改情况。

表 6-3 南水北调江苏境内工程投资绩效考核的要求

主要工作	具体要求
(1) 投资对比分析准备工作	①将重大设计变更追加投资分解到各部分工程中； ②将概算批复独立费用中的材料价差分解到各单位工程中； ③将已经完成的建设期价差从完成投资中分解出来，形成完成投资的静态部分。
(2) 批复投资确定	①国家批复的初步设计概算或项目管理预算、价差投资，以及重大设计变更、待运行期管理维护费等投资等，应与批复文件中的数据保持一致；为保证概（预）算执行情况分析报告中整套表格及分析结果的一致性，凡是批文中的数据应与批复一致，保留整数，三级目录及完成投资部分可保留两位小数； ②批复的待运行期管理维护费在初设批复概算之后单独计列。
(3) 完成投资确定	①情况分析报告中的完成概算投资额、贷款额度及利息支付情况等，应与批准的完工财务决算、完工验收鉴定书中保持一致。完成的各部分分项投资应与完工财务决算中保持一致或协调；动用基本预备费解决的问题应反映在相应完成投资部分中，并提供动用基本预备费的相关文件； ②因完成投资中已包含重大设计变更等概算外增加投资执行情况，进行执行情况对比分析时，应与批复概算（或项目管理预算）与追加重大设计变更概算外增加投资之和进行比较； ③执行投资分析时，对投资变化较大的项目，应重点分析投资变化的主要原因； ④应保持各部分工程量及投资处理的一致性。建筑工程部分因变更引起的建筑物数量、建筑物型式等调整，应在与其相关的金结设备及安装、机电设备及安装等部分正确反映。

续表

主要工作	具体要求
(4) 投资对比注意事项	①投资对比分析时，应对设计变更与索赔项目、增（减）项目等情况进行分析，重点说明其变化的具体原因、审批情况等。增加项目的还应说明资金来源； ②投资对比分析时，应对水保和环保部分的建管费情况进行单独分析，重点说明建管费超支或节约的原因； ③投资对比分析时，须对完工财务决算中提出的尾工工程、单价和投资等有关情况，以及预留费用情况进行分析，说明尾工工程未完成的具体原因，并说明至考核期，尾工项目的进展及其投资完成情况、预留费用的使用情况等； ④应对独立费用使用情况进行统计分析，尤其对建管费使用情况应逐项进行详细分析； ⑤应对项目法人对施工单位进行的价差补偿情况进行统计，分析国家批复建设期价差的使用情况； ⑥应对工程建设期贷款额度、贷款利息情况进行统计分析。因概算中按照暂列利息批复，实际发生利息大多超出批复利息。因此，建议在执行情况分析报告中说明：完成投资中，暂按概算批复利息计入完成投资，待全部工程竣工决算时再统一分摊。

6.4 项目投融资管理主要问题和克服措施

(1) 南水北调江苏境内工程的资金来源多样，且工程建设历时长，须动态控制资金在江苏水源公司的积压

对此，江苏水源公司也十分注重工程建设资金需求研究，动态调整资金筹措方案，主动控制了工程投资。公司财务部门密切关注工程建设进度，研究工程建设资金需求，及时与贷款银行沟通、联络，适时调整提款方案，在保证工程款项正常支付、不拖欠工程进度款、完工结算款等原则下，尽可能减少资金在江苏水源公司的积压，严格控制江苏水源公司账面余款，从而有效地降低了筹资成本，控制了工程建设投资。经测算，到2014年底，南水北调江苏境内工程贷款利息支出比计划值减少24 321万元。2010、2012年分别被国务院南水北调办公室评为资金管理工作先进单位；2014年在国务院南水北调办公室组织的资金管理年度考核中被定为优秀，管理成效显著。

(2) 工程款式支付、建设管理费用使用控制等异常复杂

工程延绵400多公里，分设40个设计单元工程，每个设计单元工程设立了现场建设管理机构，实行“两级”管理，而这些管理机构又有不同构建方式。针对这些特点，江苏水源公司依据国家建设资金相关管理制度，就工程款项支付、建设管理费用使用等方面制订了详细的管理办法，完善了建设资金管理制度，为保证工程建设过程建设资金的正常支付和安全奠定了基础。并借助工程实施中检查、考核、审计等办法，强化建设资金管理制度的落实，确保了工程建设资金的安全。自工程开工建设以来，国家历次稽查、审计中未发现一起由于工程建设资金管理失控而引起的违法犯罪案件。

(3) 南水北调江苏境内工程设计单元工程多，工程资金供应控制难度大

在工程实施过程中，江苏水源公司促进落实工程建设资金管理相关制度，就工

程资金管理广泛采用预算制，这不仅是工程资金的预控环节，也有效地做好了资金供应计划。例如，江苏水源公司制定了现场建设管理机构建设管理费用预算管理办法，现场建设管理机构以实事求是、勤俭节约为原则，编制管理费预算。管理费是指现场建设管理机构从工程筹建之日起至办理竣工财务决算为止发生的管理性开支。现场建设管理机构组织财务、工程及综合部门成立工作班子，按时完成预算编制工作。现场建设管理机构主要负责人是管理费预算编制的第一责任人，对本单位预算的真实性、准确性和完整性负责。由于工程项目复杂多样，工程所处地点不同，现场建设管理机构在编制预算时，按各自签订的具体合同进行测算。江苏水源公司对各现场建设管理机构的管理费预算及执行情况进行监督、审计和考核。对管理费实行预算管理，既规范了经费的使用，又有效控制了费用总额的开支。至2014年6月，南水北调江苏境内工程管理费开支总额没有突破国务院南水北调办公室批复的管理费额度。

(4) 南水北调江苏境内工程获益原则为“谁投资，谁受益”，即江苏水源公司作为项目法人，需要自主经营、自负盈亏

对此，江苏水源公司实行企业化管理，通过建立规范的投资管理制度和投资激励约束机制，来有效控制工程的投资；并且在初步设计审批后，进一步开展招标设计工作、实行招标设计审批制度，对初步设计进行深化和优化，解决初步设计遗留问题，减少建设工程实施阶段的不确定因素，最终将南水北调江苏境内工程建设投资控制在了国家批准的可行性研究总投资（包括价差预备费和建设期贷款利息）范围内，实现了工程良性运行和国有资产的保值增值。

南水北调江苏境内工程在项目建设实际投资管理过程中，坚持遵循上述投资管理原则要求、严格按照投资管理工作流程、综合使用各类投资管理措施，工程整体投资管理效果卓越。水利部主要领导来江苏考察时曾对南水北调江苏境内工程建设给予“投资最省”的高度评价。

以邳州站工程为例，2012年12月，国务院南水北调办公室以《关于南水北调东线一期工程江苏境内高水河整治等9个设计单元工程项目管理预算的批复》（国务院南水北调办公室投计〔2012〕291号）批复了工程项目管理预算，其中核定邳州站工程静态总投资为31 398.00万元。连同建设期贷款利息、动态价差和待运行期管理维护费批复，邳州站工程批复总投资为33 138.00万元，江苏水源公司和现场建设管理单位在保证工程建设质量的前提下，通过采取招投标、优化设计等措施，在投资控制方面取得了较好的效果，实际支出28 768.90万元，工程结余4 369.10万元，占工程预算的13.18%。

项目设计管理

设计工作是实现工程功能、质量、投资等多个目标的重要环节，南水北调江苏境内工程投资规模巨大、构成复杂、涉及面广、对多省市经济社会发展影响重大，因而该工程的设计管理至关重要。南水北调江苏境内工程设计管理分为初步设计、招标设计和施工图设计三个阶段的管理，且设计变更管理为工程设计的有序实施增加保障。通过对设计阶段进行有效的管理，南水北调江苏境内工程的功能、结构、质量、进度和投资等目标逐步细化，特别是通过创新性地增加招标设计环节，整体提高了工程建设质量和水平，有效控制了工程投资。

7.1 设计管理组织体系

南水北调江苏境内工程设计管理组织体系涉及面广，包括水利部、国务院南水北调工程建设委员会办公室、项目法人（江苏水源公司）、设计单位、江苏省南水北调工程建设领导小组办事机构，以及咨询、审核、审查、审批部门等，形成了如图7-1所示的组织体系。

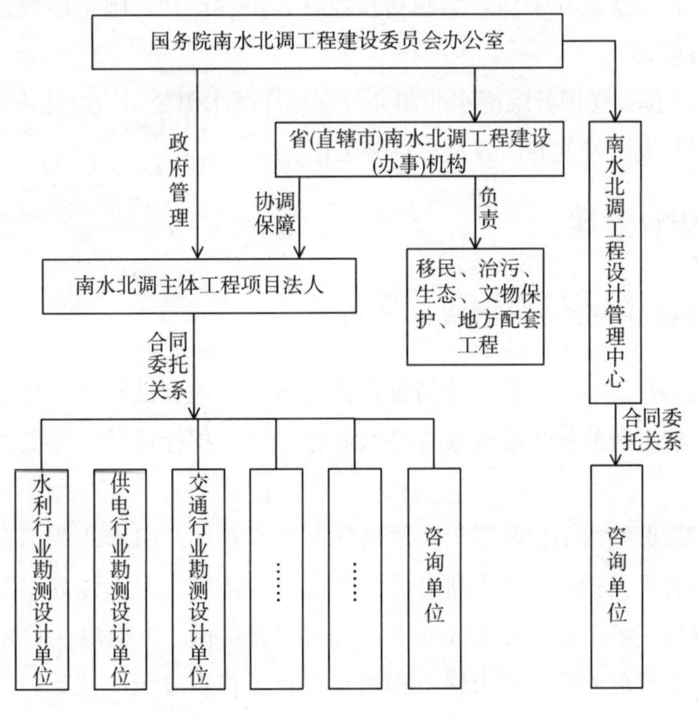

图7-1 项目设计管理组织体系

其中各主要部门或单位的职责如下：

(1) 水利部：南水北调江苏境内工程的项目建议书、可行性研究报告等文件前期工作均由水利部组织编制，报国家发展改革委批准。

(2) 国务院南水北调办公室：南水北调工程初步设计工作的国家行政主管部门，负责通过委托有资质的单位对江苏水源公司报送的初步设计报告进行技术复核，并负责审批南水北调江苏境内主体工程初步设计以及工程建设过程中发生的重大设计变更。

(3) 江苏省南水北调工程建设领导小组办事机构：南水北调江苏境内工程设计工作的地方行政主管部门，负责对南水北调江苏境内工程设计工作情况进行监督检查。

(4) 江苏水源公司：初步设计、招标设计及施工图设计的组织管理的责任单位，负责组织编制初步设计报告、重大设计变更报告，报国务院南水北调办公室审批；组织编制招标设计、施工图设计并负责审批。

(5) 勘察设计单位：设计工作技术责任单位，受江苏水源公司的委托承担南水北调江苏境内工程勘察设计工作，编制初步设计、招标设计、施工图设计报告，并报江苏水源公司审查。

(6) 咨询单位：受国务院南水北调办公室或江苏水源公司的委托承担对初步设计报告提出需要补充、修改的内容及意见等工作。

7.2 初步设计管理

7.2.1 初步设计管理组织模式和结构

初步设计是建设项目勘察设计的重要设计阶段，初步设计报告是指导项目建设的重要文件，经批准的初步设计报告是编制建设项目招标设计、施工图设计和投资控制的依据。

南水北调江苏境内工程前期工作原由江苏省水利厅“南水北调工程前期工作办公室”负责，省界工程由淮河水利委员会负责。2005 年 3 月，江苏水源公司正式组建后，初步设计组织工作移交由江苏水源公司主要承担。工程建立了如图 7-2 所示的初步设计组织管理体系，对未建工程初步设计工作实施统一领导，分项、分级负责，确保了设计进度和质量。

初步设计管理结构中各参与方的主要职责：

(1) 江苏省南水北调办公室对初步设计管理工作进行监督，且江苏省截污导流工程初步设计按照有关规定由江苏省南水北调办公室组织。

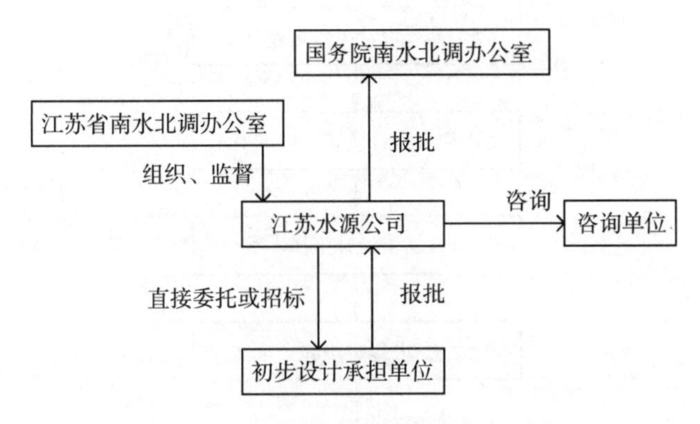

图 7-2　初步设计管理组织模式及结构

(2) 江苏水源公司按设计单元工程通过直接委托或招标两种方式择优选择初步设计承担单位，签订合同，并进行合同管理。

(3) 初步设计承担单位按照合同要求，对所承担的设计单元工程设计项目质量、进度负责并承担直接责任，及时向江苏水源公司通报设计工作进展情况和需协调解决的事宜。

(4) 咨询单位向江苏水源公司提供初步设计技术咨询服务。

(5) 江苏水源公司负责组织和报批初步设计，具体负责设计单元工程初步设计组织及管理，对所组织开展的初步设计质量和进度负总责，每个设计单元确定相应的工作联系人，具体负责跟踪协调设计单元工程初步设计成果初审、报审、审查、概算核定、批复等各工作环节，及时组织提供相关补充材料，回复相关问题等等。

由于情况复杂，协调量大，为保证工程建设顺利实施，对于河道工程、影响处理工程和加固改造工程，初步设计采取直接委托方式；对于新建泵站工程初步设计以招标为主，部分泵站工程考虑到工期较紧，招标周期长，亦采用委托方式；对于涉及供电、交通、移民安置等专项设施初步设计，采用委托专业设计单位的方式。

7.2.2　初步设计管理工作流程和内容方法

初步设计管理主要工作程序如图 7-3、图 7-4 所示。

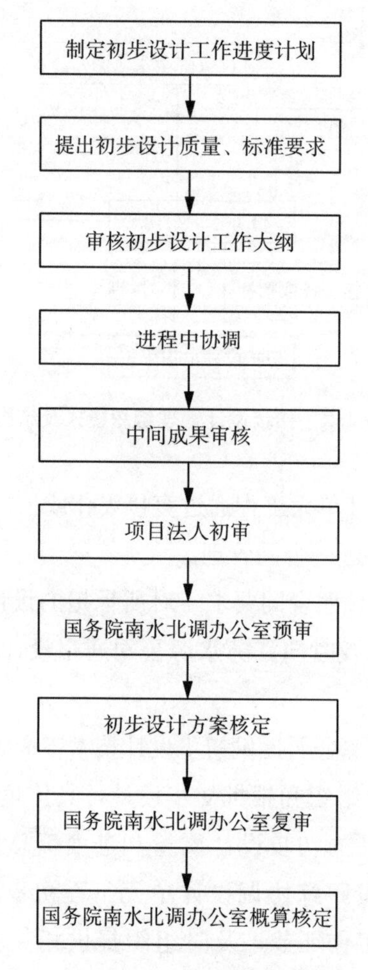

图 7-3 初步设计过程管理工作程序

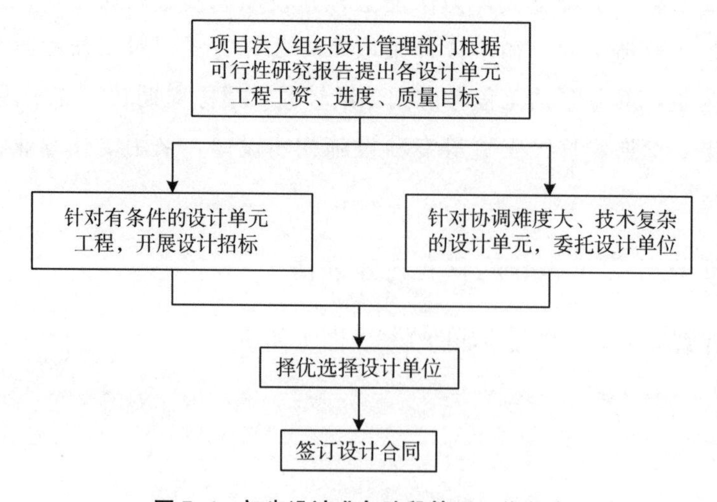

图 7-4 初步设计准备阶段管理工作程序

初步设计管理主要工作内容和方法（分准备阶段和编制阶段）如表 7-1 所示。

表 7-1　初步设计管理主要工作内容和方法

初步设计管理	工作内容和方法
主要工作内容	• 根据具体设计单元工程实际情况，组织设计招标或初步设计委托，编制设计招标文件，对投标单位进行资质审查、组织评标； • 签订初步设计合同与技术咨询合同； • 组织设计单位编制初步设计工作大纲，经审查后，明确设计质量要求和标准； • 由公司计划发展部与技术咨询机构协商、讨论后编制设计单元工程初步设计质量控制规划，确定目标控制计划； • 初步设计过程中，委托技术咨询单位审查设计方案、图纸、概预算和主要设备、材料清单，一旦发现不符合要求，分析原因后由设计管理部门以书面形式下达设计单位； • 对设计工作协调控制，及时检查和控制设计的进度，做好设计单位各部门间、跨专业设计专业的协调工作，使各专业之间相互配合、衔接，及时消除设计中的隐患； • 及时组织初步设计文件的项目法人咨询或评审； • 由项目法人组织设计文件以及图纸的报批、验收、保管、使用和建档工作。
准备阶段主要工作方法	• 收集和熟悉设计单元工程可行性研究报告及其他资料； • 对设计单元工程投资、进度、质量目标进行分析，论证其优化方案； • 将总投资以及国家要求的建设进度切块分解，确定各设计单元工程投资和进度规划； • 起草勘察设计招标合同或委托合同； • 审核勘察设计工作大纲。审核设计大纲时，对项目建议书和可行性报告进行充分研究、分析。
编制阶段主要工作方法	• 在建设单位与设计单位之间发挥桥梁和纽带作用。尽可能将项目法人的意图和要求贯彻至设计人员，并调动设计人员的积极性； • 跟踪设计，审核制度化，对初步设计阶段过程中设置相应审查点，审核设计文件质量。对设计进度完成情况与相应勘察设计工作大纲进行分析比较； • 协调各相关单位关系。工程内容牵涉很多相关部门，包括设计单位、水行政部门、交通部门、财政部门等，很多的专业交叉。因此，项目法人设计管理部门必须掌握组织协调方法，营造良好的工作氛围，保证设计质量与进度。

7.2.3　初步设计管理原则要求和管理措施

江苏水源公司按照南水北调江苏境内工程前期工作的进度安排，严格遵循上述设计管理流程，合理运用项目管埋理论，引入先进的项日管理方法与手段，按照国务院南水北调办公室和江苏省政府的统一部署，围绕水量水质目标的实现，坚持调水工程和治污工程同步实施，优先安排沿运河线工程和截污导流工程初步设计，积极推进运西线和控制工期项目的初步设计工作，本着实事求是、规范有序和科学合理的原则，坚持“运行可靠、质量优良、投资节省、资源节约、技术创新”的目标，严格进行设计质量、进度等的控制与管理，主要包括以下几方面的管理措施。

（1）完善质量控制体系

江苏水源公司根据分期建设目标及初步设计安排总体思路，分年安排初步设计工作计划。建立设计单位自控，技术咨询机构技术复核，项目法人审查的三级质量控制体系，明确各层次职责，对设计质量和进度进行跟踪管理，保证计划的顺利实施。

①建立完善的审查制度。通过组建南水北调江苏境内工程专家组，对重大技术问题进行把关。在初步设计开展之初，组织有关专家、技术咨询机构对设计院提出的初步设计工作大纲进行审查，结合可研意见，对重大问题进行梳理，提出处理意见和措施；在过程中及时了解工作进展情况，对初步设计阶段成果进行审查，对主要技术方案进行研究会商，对涉及跨行业如供电、移民等有关内容专项编制、专项审查；初步设计初稿完成后，及时委托专业咨询机构组织技术咨询，经设计单位修改完善后报项目法人初审，通过初审并完善后报国务院南水北调办公室审批。

②及时做好管理初步设计工作档案。初步设计档案包括各阶段初步设计合同、成果、科研专题报告、会议纪要、审查意见等。制定必要的规章制度，指定专门人员及时、认真、准确地收集、记载初步设计工作过程中各种技术档案资料。同时针对各工程初步设计信息建立台账统计，包括已建工程前期工作台账、未建工程初设工作台账、前期工作经费及合同管理台账等。进行初步设计进展、资金到位和使用情况的统计，以便及时了解各工程初步设计进展情况及存在的问题、科研合同签订及成果应用、经费支付情况等，确保初步设计的质量，保证各阶段初步设计有档可查，有据可依。

③强化技术创新。根据南水北调江苏境内工程特点，本着节约、高效的原则，围绕工程初步设计工作中存在的技术难点共性问题，江苏水源公司积极组织开展了一系列科研和技术创新工作。如针对刘老涧二站、泗洪站膨胀土地基问题，开展了“膨胀土改良技术研究与工程应用”研究；针对睢宁站、邳州站工程处于 8 度地震区的情况，为保证工程运行安全，开展了“高地震烈度区结构抗震动力分析”研究；针对金湖站、泗洪站、邳州站等特低扬程贯流泵站存在的水力模型少、装置特性复杂等问题，开展了“贯流泵装置开发”研究等，一系列科研成果在初步设计中的应用，提升了设计质量和水平，有效解决了工程设计和建设中的难点问题。

④组织开展价格调研。根据南水北调江苏境内工程泵站多、设备要求高的特点，针对水泵、电机、变压器、启闭机等各类关键设备，提出了相应性能指标、技术要求等，既满足相关规范、规定，也符合设备“中等偏上”的水平要求，以此作为概算设备询价依据，并将最终询价价格作为初步设计概算设备价格定价依据，满足了工程实施的要求。

⑤进一步推行设计招标。江苏水源公司在南水北调系统率先推行勘测设计公开招标，通过引进市场竞争机制，遴选优秀设计单位和设计方案，取得较好效果。公司组织了泗阳站、刘老涧二站、皂河二站、洪泽站及邳州站等 5 个设计单元工程的

勘测设计公开招标。通过招标，强化了设计单位的竞争意识、创新意识和服务意识，为后续的设计质量奠定了良好的基础。

(2) 加强协调机制建设

为加快初步设计工作进度，确保初步设计工作中移民、供电、建筑环境等专项设计进展，建立完善了初步设计协调机制，及时与设计单位沟通，定期要求设计单位汇报初步设计工作进度，组织专家对初步设计中的难点进行技术咨询。同时根据工作实际情况，及时组织江苏省南水北调办公室、地方政府部门、供电部门、专项设计单位等召开工作协调会，充分征求省市南水北调办事机构及专项设施产权单位意见，落实征地移民安置方案和专业项目设计方案等有关问题。

7.3　招标设计管理

7.3.1　招标设计管理组织模式和结构

在初步设计审批后，增加开展招标设计工作环节、实行招标设计审批制度，为江苏水源公司进一步优化工程设计、更有效实现工程建设目标和投资控制提供了创新手段，主要目的是通过对初步设计的完善、深化和优化，解决初步设计遗留问题，进一步提高设计质量，减少工程实施阶段的不确定因素，为工程招标和施工提供可靠依据，从而能更精准地控制工程投资，提高工程建设质量和水平。

南水北调江苏境内工程招标设计的组织由项目法人委托现场建设管理机构或项目管理单位负责。工程招标设计按设计单元工程或单位工程，由项目法人在初步设计阶段确定的勘察、设计单位承担。上级主管部门对单项工程初步设计技术审查完成后，项目现场建设管理机构或项目管理单位即应按项目法人的要求，根据工程勘察、设计合同，及时组织勘察。设计单位按初步设计审查意见开展招标设计工作，对初步设计方案进行补充、修改、优化、深化。招标设计完成后，项目现场建设管理机构或项目管理单位及时向项目法人报批。招标设计批复前，项目法人组织对招标设计文件进行审查。勘察、设计单位根据审查意见对招标设计文件进行补充、修改、完善。项目法人对根据审查意见修改后的招标设计文件进行批复。经批准的招标设计成果，是编制工程施工招标文件和施工图设计的依据，不可随意修改。如因各种原因发生设计变更，必须按规定程序履行报批手续。

工程招标设计编制，原则上在初步设计审查后，由工程现场建设管理机构作为管理主体组织开展，报江苏水源公司审核。新开工项目须编制工程招标设计总体要求；在建工程可按照工程招标计划及建设内容分阶段编制招标设计要求。

7.3.2 招标设计管理工作流程和制度

招标设计主要是在国家批复的初步设计基础上重点开展设计深化、细化和优化，为工程投资控制、实施建设奠定良好的基础。本阶段工作重点如图 7-5 所示。

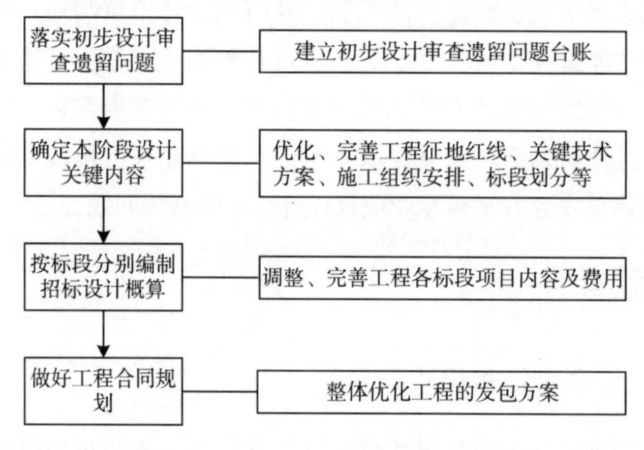

图 7-5 招标设计阶段重点工作流程

（1）落实初步设计审查遗留问题。根据设计单元工程初步设计审查及批复情况，梳理并建立初步设计审查遗留问题台账，在招标设计阶段，对审查审批中提出的意见和问题进行补充研究和一一落实。针对泵站工程，在招标设计阶段重点落实水泵水力模型试验、流道优化、节能设计等初步设计遗留工作；针对河道工程，重点落实补充勘察、细化、深化施工方案等遗留工作。

（2）分析确定本阶段设计关键内容。重点是优化、完善工程征地红线、关键技术方案、施工组织安排、标段划分、管理区建筑与环境设计、临时结合永久及小型附属设施设计等内容，为工程招标及施工图设计提供可靠依据，降低实施风险，减少设计变更；并积极开展技术创新，降低工程运营成本，实现管理资源综合利用。

（3）严格按标段分别编制招标设计概算。在批准的初步设计概算基础上按实调整、完善工程各标段项目内容及费用，严格控制不突破初步设计概算静态总投资；并根据招标设计概算分解、确定工程招标、施工阶段投资控制各专项管理具体目标值。

（4）做好工程合同规划。工程招标设计阶段属于实施准备阶段，在本阶段开展合同规划是开展工程投资事前控制的有效措施，根据工程建设内容以及国家批准的分标方案，梳理、拟定工程建设涉及的各类合同内容、承包方式、金额等；设计单元工程合同规划由相应现场建设单位负责编制，并上报江苏水源公司批准。

在招标设计管理工作中，从南水北调江苏境内工程及其建设管理特点出发，为了进一步明确招标设计报告的内容、深度等要求，提高工程投资效益，江苏水源公司组织编制了《江苏省南水北调工程招标设计编制要求》，作为招标设计管理制度与依据。该制度明确提出，招标设计主要内容包括：

• 对审查审批中提出的意见和问题进行补充研究和落实；

• 对部分基本资料、设计参数、政策法规、市场情况等进行调查、补充和复核；

• 确定分标方案，对工程招标采购进行规划和安排；

• 对工程布置及建筑物结构、机电及金属结构、施工组织设计、征拆移民方案及环境保护等有关内容进行完善；

• 编制工程招标阶段设计概算，为施工招标和实施投资包干提供准确可靠依据。

招标设计也对工程水文地质、建设任务和工程规模、枢纽布置、机组型式、电气设计，以及工程分标规划、施工组织设计、建设征地和移民安置、环境影响、招标阶段设计概算等方面需要修改、优化的初步设计内容进行了明确要求，积极推进了工程设计优化深化工作。

7.3.3 招标设计管理原则要求和管理措施

招标设计遵循“安全可靠、技术先进、投资节省、资源节约”的原则，在保证工程质量、安全的前提下，鼓励技术创新，以利于控制工程投资，提高投资效益。招标设计成果包括招标设计报告、图纸、招标设计概算，对于这些成果的要求是，设计方案应确保科学合理，设计深度应保证工程量基本确定、投资基本上可控，且在工程施工阶段不出现较大的设计变更，确保工程按施工合同顺利实施。

为了进一步加强招标设计管理效率，鼓励工程设计单位在招标设计阶段优化工程、提高招标设计的质量，江苏水源公司提出一系列管理措施，例如在工程设计合同中就明确，招标设计计价以批准的初步概算为基数，即招标设计过程中优化工程这部分投资作为招标阶段设计费用计价的基数。不仅如此，对招标设计过程中优化工程明显、设计质量水平高的设计单位还另作奖励，以激励工程设计单位的积极性。采取这些措施后，设计单位积极优化工程，取得明显效果。

在设计招标过程中，江苏水源公司特别在国家示范文本的基础上，对土建、监理、水泵、电机、电气设备、自动化系统等系列制定标准文件示范，有效减少了设计单位在编制招标文件时出现因常规性错误引起的设计质量问题。实行招标设计审批制度是江苏水源公司设计管理工作的特色，此阶段主要是解决初步设计中遗留的问题，发现并弥补初步设计缺陷，对初步设计进行完善，减少工程实施阶段的不确定因素，为工程招标和施工提供可靠依据，避免后期产生大量变更，从而进一步提高设计质量。各现场建设管理机构积极组织工程招标设计，设计单位认真开展设计深化、优化工作，使工程使用功能及安全性得到进一步保证。例如，刘老涧二站在招标设计阶段通过了施工导流、施工临时征地、膨胀土改良等多个方案的深化、优化，节约了资源、缩短了工期、大大节省了工程投资。

7.4 施工图设计管理

7.4.1 施工图设计管理组织模式和结构

南水北调江苏境内工程设计单元施工图设计管理实行审批制，施工图设计由现场建设管理机构组织编制，并向江苏水源公司报审，经江苏水源公司批复后用于施工。

因各设计单元工程施工图审查、审批工作量大，审批节点时间安排紧密，江苏水源公司对施工图审查计划按月为单位编制，每批施工图审批周期（从收文到批复）一般为 10 至 15 个工作日。各现场建设管理机构根据工程施工总进度及年度计划实施安排，每年编制并行文上报年度施工图供图及报审计划，包括供图时间、图纸批次、内容、张数。设计单元工程施工图供图及报审计划一经确认，严格执行，如有变化应提前 10 个工作日上报公司，未报变更计划并逾期提供的施工图设计将进入下一月审批计划。

为确保施工图设计质量，并满足工程实施进度需要，江苏水源公司制订了施工图编制技术及进度要求，按照各工程年度实施方案组织现场建设管理机构、设计单位及技术咨询单位制定了施工图供图及报审计划，明确了施工图报审批次、内容时间节点、质量及数量等要求，明确各批次施工图报审时间，在保证初步设计、招标设计进度安排的前提下，确保了施工图审查有序开展。

7.4.2 施工图设计管理工作流程和制度

根据江苏省施工图管理要求，施工图审查流程主要如图 7-6 所示。

(1) 各现场建设管理机构根据工程施工总进度及年度计划实施安排，及时编制并上报各年度施工图供图及报审计划。

(2) 各现场建设管理机构在各批次施工图编制完成后，在报批的同时，自行组织监理、施工单位等相关人员对施工图进行预审，并提出书面意见，供江苏水源公司组织施工图会审时一并审查讨论。

(3) 江苏水源公司施工图审查实行技术咨询、联合会审制度。在施工图审批前先委托专业单位进行技术咨询，提出意见后再组织建设、监理、设计、施工单位进行联合会审。

(4) 根据审查意见，江苏水源公司针对每批施工图进行批复后，由各现场建设管理机构负责责成设计单位按施工图批复意见修改、完善设计；每批施工图修改完成后，责成监理单位逐张审核，由总监逐张签名，并加盖监理单位公章。未经监理单位签署、盖章的施工图纸不得用于施工。经监理单位审核签署盖章后的施工图纸，在5个工作日内向公司报送3套备案。

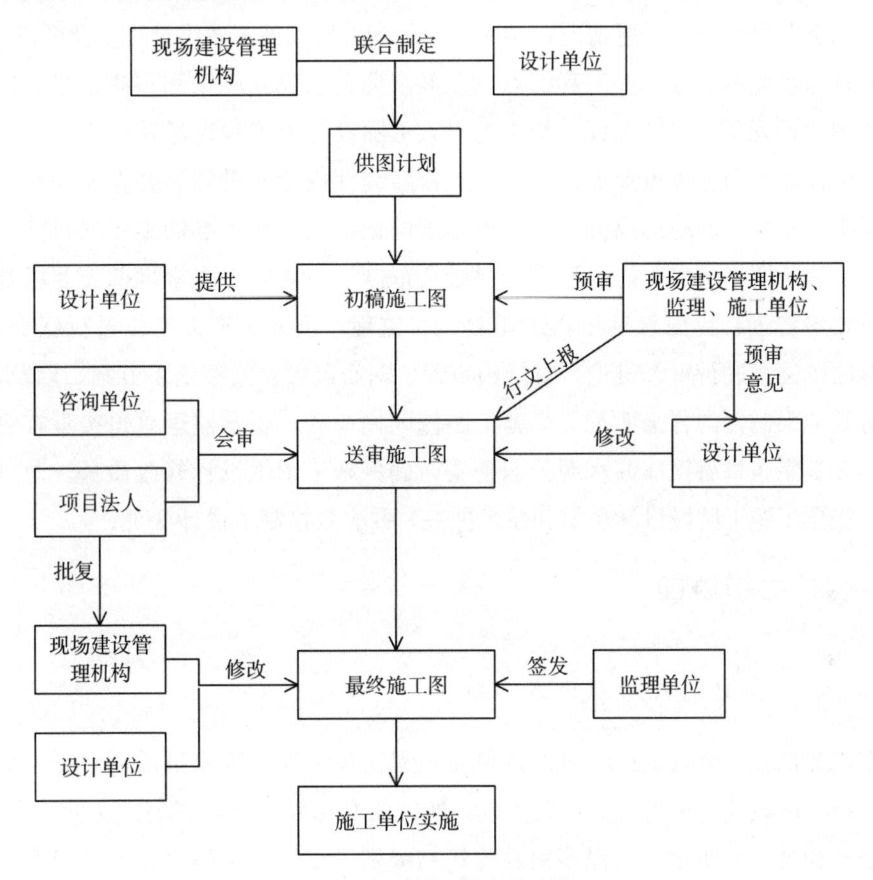

图7 6 施工图技术审查流程图

在施工图设计管理工作中，江苏水源公司制定了相关的管理制度，如《江苏境内南水北调设计单元工程施工图设计文件编制要求》等，作为施工图设计管理的主要依据。

7.4.3 施工图设计管理原则要求和管理措施

各现场建设管理机构组织设计单位提供各批次施工图纸，提供的图纸均按江苏水源公司发布的《江苏境内南水北调设计单元工程施工图设计文件编制要求》进行编制和管理，包括编制设计说明，严格进行复核校对，规范图纸签署等。未编制设计说明及未经签署的图纸不予审批。

各批次施工图编制完成后，现场建设管理机构向江苏水源公司报审。报审公文包括四部分内容：①本批次图纸概况。列表说明报审图纸名称、批次、内容、张数等；②对招标设计阶段遗留问题落实情况。现场建设管理机构在施工图组织过程中，认真梳理分析招标设计阶段遗留的问题，在施工图设计中解决落实，并在报审公文中列表简述；③本批次图纸变更情况。列表简要说明本批次施工图较批复招标设计发生的二类及以上设计变更情况；④附件。包括本批次施工图设计说明及图纸。

根据南水北调江苏境内工程特点，江苏水源公司建立施工图审查审批制度，强化施工图设计管理，保障工程质量。工程施工图设计由工程现场建设管理机构具体组织，由江苏水源公司负责审批，涉及工程强制性规定的设计内容报相关行业主管部门审批，经批准的施工图设计是工程施工的依据，未经批准的施工图设计不得用于施工。施工图审查实行技术咨询、联合会审制度。在施工图审批前先委托专业单位进行技术咨询，提出意见后再组织建设、监理、设计、施工单位进行联合会审，对设计图纸逐张进行审查讨论，对结构布置、钢筋布置、关键施工方案，以及消防、节能等其他强制性内容全面把关。施工图修改完成后，要求监理单位按审查意见逐张审核并签字盖章后报江苏水源公司备案，确保施工图纸设计修改质量。通过该项制度，强化了施工阶段设计质量和技术把关，并有效控制了设计变更。

7.5 设计变更管理

7.5.1 设计变更管理组织模式和结构

南水北调江苏境内工程所属设计单元工程初步设计经国家批准后，在工程招标设计、施工图设计阶段对批准的初步设计所做的变化称为设计变更。这种变化包括：工程任务和规模的变化，工程等别及建筑物级别、设计标准的变化，工程布置方案及工程用途的变化，工程子项目数量的变化，工程结构形式、结构尺寸的变化，工程设备型号、数量的变化等。引起这些变化的原因可能为工程所在地气象、水文、地质等自然基本资料的变化，也可能是工程所在地经济社会发展环境或要求的变化，或者自然和社会两方面的因素均有。

从工程总体建设情况来看，南水北调江苏境内工程设计变更成因主要集中在4个方面：

(1) 解决初步设计阶段遗留问题或工程实施阶段地方影响、征迁矛盾引发的设计变更，以新增概算外项目为主。

(2) 设计深化、细化、优化引发的设计变更。

(3) 实施阶段因建设条件变化引起的设计变更。

(4) 施工图设计中部分“错”“漏”“碰”，在实际施工过程中予以纠正引发的设计变更。

实践表明，工程建设中客观上存在各种各类设计变更，它们对工程任务和规模、工程安全、工程寿命，以及工程建设的工期、质量和投资的影响程度不一。

南水北调江苏境内工程项目变更存在3个管理层次，即国务院南水北调办公室、项目法人（江苏水源公司）和工程现场建设管理机构。显然，众多的设计变更只交由国务院南水北调办公室或江苏水源公司进行审批，一方面，不符合分层管理、职责分工的规定，另一方面，国务院南水北调办公室或项目法人也没有足够的人力去面对这些设计变更。因此，有必要将其分类，并针对不同类型设计变更采用不同报批程序和批复权限，以期取得令人满意的技术经济效果。

按照分类原则，南水北调江苏境内工程设计变更分为一类、二类、三类：一类设计变更标准以《关于加强南水北调工程设计变更管理工作的通知》的规定为基础做适当调整，即在初步设计批复后，涉及南水北调江苏境内工程的工程任务和规模、工程等别及建筑物级别、设计标准、工程布置及建筑物结构、用途等方面变化时发生一类设计变更；二类设计变更标准不属于一类设计变更，是在初步设计批复后，对一般工程结构和设备形式、一般建筑物位置和次要建筑物方案、主体工程结构施工方案等方面发生改变的设计变更；三类设计变更不属于一、二类设计变更，但工程施工阶段若改变了施工合同条件，包括原招标设计或经监理批准的施工方案等方面的任一方面改变，则属三类设计变更。

设计变更主要发生在工程招标设计过程中，该过程易发生设计变更主要原因在于：设计优化、勘测深入而发现设计条件的变化以及工程所在地县乡政府提出增加工程设施要求等，并一般通过设计单位提出，多为一、二类设计变更。一类设计变更对工程的功能、运行安全，以及建设工期、质量和投资有很大的影响，有必要引起高度重视。因此，根据南水北调江苏境内工程建设管理体制，一类设计变更具体审查工作可由国务院南水北调办公室委托设计管理中心或其他咨询单位负责，最终批准权在国务院南水北调办公室。二类设计变更对工程任务的规模、工程安全、工程寿命等不会有很大的影响，但对工程建设工期、工程质量和工程投资还是有较大的影响。因此，二类设计变更的最终批准权限赋予江苏水源公司，并由其负责管理。

7.5.2 设计变更管理工作流程和制度

在南水北调江苏境内工程建设过程中，江苏水源公司制定了一类、二类设计变更报批程序，如图 7-7 所示。

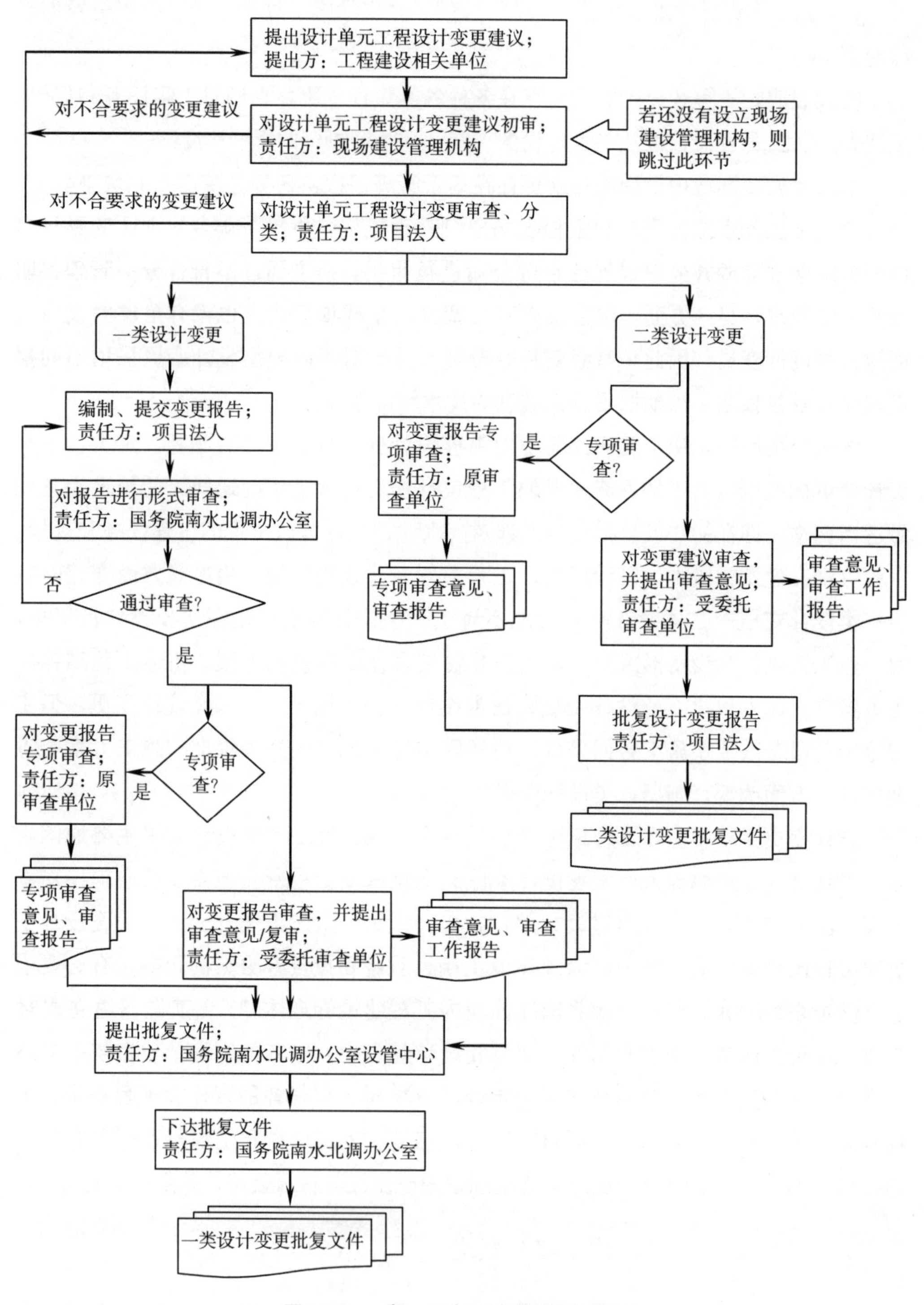

图 7-7　一类、二类设计变更报批程序

一类设计变更报批的每一环节工作重点流程如下：

(1) 在工程设计阶段，设计单位、现场建设管理机构或江苏水源公司均有可能提出一类设计变更，对此，设计单位应组织编制设计变更建议，并提交江苏水源公司。

(2) 江苏水源公司收到该设计变更建议后，组织力量对该设计变更建议进行初步论证，若认为必要，则按要求组织编制设计变更报告，并向国务院南水北调办公室提交该报告；否则，设计变更建议即被否定。

(3) 国务院南水北调办公室收到江苏水源公司的设计变更报告后，对报告是否具备审查条件进行形式（即程序性）审查。若设计变更报告通过形式审查，国务院南水北调办公室则委托国务院南水北调办公室设计管理中心或其他咨询单位对设计变更报告进行审查；若不通过，则返回设计变更报告，由江苏水源公司对其进行补充、修改或完善。

(4) 若需要进行水保、征地拆迁的环保等专项审查，则国务院南水北调办公室设计管理中心委托原审查单位在15个工作日内完成对设计变更报告的专项审查。

(5) 国务院南水北调办公室设计管理中心或接受委托审查的咨询单位在15个工作日内完成对设计变更报告的审查。若通过审查，国务院南水北调办公室设计管理中心或接受委托审查的咨询单位对设计变更报告提出审查意见，并提交审查工作报告；若不能通过设计变更报告的审查，则将设计变更报告发回国务院南水北调办公室，并要求江苏水源公司对设计变更报告进行补充、修改和完善，然后再重新提交设计变更报告进行形式审查。

(6) 国务院南水北调办公室根据审查意见和具体情况，在5个工作日内对设计变更报告进行批复。

二类设计变更报批的每一环节工作重点流程如下：

(1) 对二类设计变更，若需要进行水保、征地拆迁的环保等专项审查，则江苏水源公司委托原审查单位在15个工作日内完成对设计变更报告的专项审查。

(2) 受委托单位审查。江苏水源公司委托的审查单位在15个工作日内完成对二类设计变更报告的审查。若通过审查，受委托审查单位对设计变更报告提出审查意见，并提出审查工作报告；若不能通过设计变更报告的审查，则通过江苏水源公司要求设计单位对设计变更报告进行补充、修改和完善，然后再提交初步审查。

(3) 江苏水源公司根据设计变更报告的审查意见和具体情况，批复该二类设计变更报告。若批准该二类设计变更报告，则由现场建设管理机构组织实施，并报国务院南水北调办公室备案；若该二类设计变更报告未获批准，则终止该二类设计变更。

在设计变更管理工作中，江苏水源公司制定了相关的管理制度，如《南水北调东线一期江苏境内设计单元工程设计变更管理办法》等，作为设计变更管理依据。

三类设计变更报批程序，如图 7-8 所示。

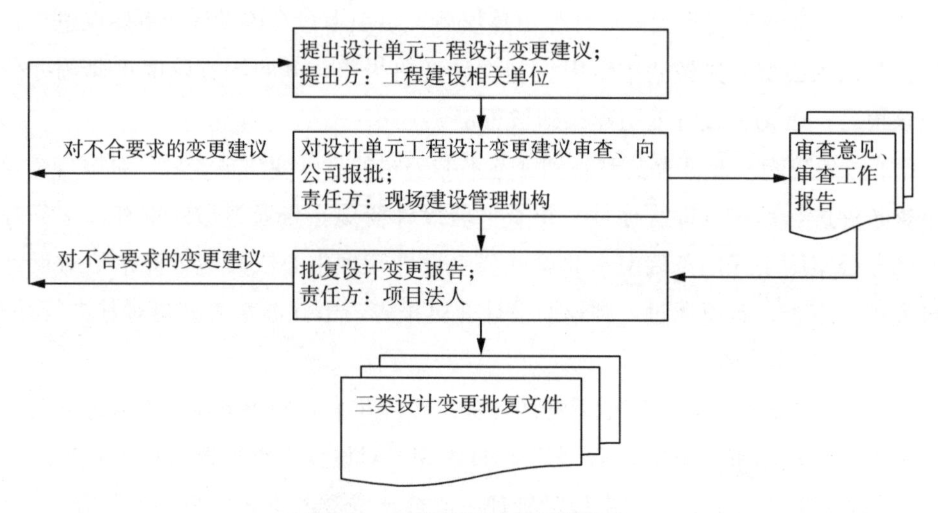

图 7-8　三类设计变更报批程序

三类设计变更报批的每一环节工作重点流程如下：

(1) 工程建设相关单位向现场建设管理机构提出设计变更申请（或建议）。

(2) 在招标设计阶段，现场建设管理机构对变更申请（或建议）经组织研究、会商、审查或专题论证后，对可行的变更申请（或建议），组织设计单位在招标设计报告中落实具体设计，并随工程招标设计向公司报批。经公司招标设计批复同意的三类设计变更方案，应作为工程下阶段招标文件编制及施工图设计的依据。

(3) 在施工阶段，工程监理单位受理设计变更申请（或建议），经组织审查后，提出书面处理意见报现场建设管理机构；现场建设管理机构对监理单位上报的变更方案及处理意见组织研究、会商、审查或专题论证，对可行的变更申请（或建议）应予批准，并组织设计单位完成具体变更设计，其中施工图设计过程中发生的变更申请（或建议）应在相应批次施工图设计中落实；对不可行的变更申请（或建议），应书面回复监理单位。

(4) 经批复同意的施工图设计变更，由施工单位按图施工；由现场建设管理机构单独批准的设计变更，由监理单位根据批准文件及具体变更设计，向施工单位下达设计变更指示，施工单位据此组织变更事项实施。监理单位根据设计变更批准文件及合同规定进行变更事项计量、支付。

7.5.3 设计变更管理原则要求和管理措施

南水北调江苏境内工程设计变更实行分类审批、分级管理制度，建立设计变更动态管理台账，强化设计变更事前控制，严格控制变更实施。建立项目法人、设计单位、技术咨询机构三级质量控制体系，成立专家组全过程跟踪，对工程设计质量层层把关。由于加强各阶段设计控制，有效减少了设计变更，节省了工程投资，降低了工程实施风险。南水北调江苏境内工程设计变更分类遵循下列原则：

(1) 设计变更类型划分要与南水北调江苏境内工程建设管理体制相匹配，充分调动不同管理层次的作用，体现不同管理层次的责任和权力，并尽可能地降低设计变更的管理成本。

(2) 设计变更类型划分要充分考虑设计变更对工程功能和效率、工程运行安全和工程寿命的影响。对工程影响较大的由较高级别的管理层次批复，影响很小的则将批复权限下放至现场建设管理机构。

(3) 设计变更类型划分要充分考虑设计变更对工程建设投资的影响，单个设计变更或合同工程累计设计变更的投资额较高时，有必要提高该设计变更批复管理层次的级别，以利于有效地控制工程建设投资。

(4) 设计变更类型划分要充分考虑设计变更审批过程持续时间，特别是施工阶段的设计变更要尽可能不影响施工进度计划。

南水北调江苏境内工程共处理一类较为重大设计变更 23 项，处理二、三类设计变更 900 多项。在处理过程中，均按照设计变更相关管理办法，严格程序管理，充分论证、比选变更方案，严格控制变更投资。一、二、三类变更，除新增概算外项目外，基本起到了优化设计方案、节省工程投资的作用。

其中，邳州站泵装置型式设计变更是典型的一类重大设计变更。邳州站招标设计阶段，考虑到竖井贯流泵与灯泡贯流泵相比，装置最优效率虽然略低，但具有结构相对简单、安装检修方便等优点，且水泵进、出水流道顺直，便于管理、维护。因此，江苏水源公司与设计单位及科研单位开展了大型竖井贯流泵的装置型线的深化研究，结合科研院所同台试验成果中优秀的水泵模型，使得邳州站竖井贯流泵装置水力性能指标达到同行业领先水平。鉴于南水北调江苏境内工程的运行时间长，经过优化研究后泵装置效率高，工程投资省，招标设计最终采用竖井贯流泵型。江苏水源公司于 2011 年将变更上报国务院南水北调办公室，2012 年国务院南水北调办公室批复了该项变更。

7.6 设计管理主要问题和克服措施

（1）初步设计批复后直接进行施工招标，往往由于其设计深度达不到施工招标深度，造成项目投资不可控。可通过创新增加招标设计阶段加以解决。

水利工程建设通常在初步设计批复后即进行施工招标，由于初步设计深度尚达不到施工招标深度，往往造成施工阶段产生大量设计变更，有的甚至是重大变更，进而影响工程的质量、安全、进度和投资。因此，南水北调江苏境内工程在施工图设计前增加招标设计控制阶段，解决初步设计阶段的遗留问题。首先，建立初步设计审查遗留问题台账，对审查审批中提出的意见和问题进行补充研究和一一落实；其次，分析确定设计阶段关键内容，为工程招标和施工图设计提供可靠依据；并严格按标段分别编制招标设计概算，在批准的初步设计概算基础上按实调整、完善工程各标段项目内容及费用，严格控制不突破初步设计概算静态总投资；以及做好工程合同规划工作，梳理、拟定工程建设涉及的各类合同内容、承包方式、金额，重点控制非招标合同数量、金额。招标设计环节的增加，有效控制了实施阶段的工程变更，降低实施风险，为工程投资控制奠定良好的基础，达到了“安全可靠、技术先进、投资节省、资源节约”的目标。

（2）设计进度控制难度大。可通过增加多重、多方协调机制，进行有效控制。

江苏水源公司建立并完善了初步设计协调机制，及时与设计单位沟通，定期检查设计单位，汇报初步设计工作进度，组织专家对初步设计中的难点进行技术咨询，并根据工作实际情况，及时组织江苏省南水北调办公室、地方政府部门、供电部门、专项设计单位等召开工作协调会，充分征求省（直辖市）南水北调办事机构及专项设施产权单位意见，落实征地移民安置方案和专业项目设计方案等有关问题，为推进下一阶段工作赢得了时间和精力。

（3）泵站工程设计技术难度大。可通过加大科研投入、方案比选等多种措施不断优化设计，提高设计质量。

江苏水源公司在初步设计过程中，针对南水北调江苏境内泵站工程的特点和泵站工程建设的技术上的重点和难点，在贯流泵装置模型研究开发、泵装置优化水力设计及应用、泵站工程设计选型等方面采取多种措施，提高初步设计成果质量；针对河道工程，开展了数值模型计算、技术方案比选、施工方案优化、排泥场布置等多种措施，提高了初步设计质量。

（4）施工图审查审批工作量极大。可通过制定合理的进度计划，规范设计审查行为和严格执行计划，确保了施工图审查质量和进度。

江苏水源公司为确保施工图设计质量，并满足工程实施进度需要，制订了施工图编制技术及进度要求，规范了施工图设计组织行为。按照各工程年度实施方案组织现场建设管理机构、设计单位及技术咨询单位制定了施工图供图及报审计划，明确了施工图报审批次、内容时间节点、质量及数量等要求，明确各批次施工图报审时间，在保证初步设计、招标设计进度安排的前提下，确保了施工图审查有序开展。江苏水源公司共完成了上百批施工图审查审批工作，为工程顺利建设打下了坚实基础。

项目范围管理

南水北调江苏境内工程是一个典型的超大型项目群，如何快速且准确的定义项目范围是工程面临的巨大挑战。为此，江苏水源公司制定项目群范围规划的流程和工具，建立高效顺畅的沟通决策机制并创新性地增加招标设计环节；同时，配合项目范围管理的相关制度以及管理流程确保有效控制项目范围。在工程建设过程中，制定年度建设计划和年度目标责任状、管理设计变更、通水验收等措施进行项目范围的分解、变更和确认。通过实施项目范围管理，形成了南水北调江苏境内工程的项目群结构，顺利推进工程的整体建设。

8.1　范围管理流程和工具

8.1.1　项目群范围规划机制和工具

南水北调江苏境内工程作为超大型项目群，起初只有项目群的整体目标是明确的，即"从长江下游调水至山东半岛和鲁北地区，有效缓解该地区最为紧迫的城市缺水问题，并为天津市应急供水创造条件"，而对于各设计单元工程的范围和结构以及工程相互之间的关系并不明确。随着项目干系人对项目的认识加深和关键工艺的突破，以及工程建设中不断产生新问题、新需求，项目范围需要根据各种反馈而不断进行动态调整和规划，以确保通水目标和水质改善目标的达成。

因此，南水北调江苏境内工程项目范围管理首先需要规划、定义项目群范围，即工程的建设方案、包含的设计单元数量以及专项工程的选择。其次，在工程建设过程中，对如何开展各设计单元的具体建设计划制订、设计变更和进度管理等，要不断进行动态调整以适应工程的需求和目标。南水北调江苏境内工程属于"迭代式"的项目群范围动态规划方式，因此国务院南水北调工程建设委员会、江苏省南水北调工程建设领导小组和江苏省南水北调办公室等相关机构的沟通协调十分重要，高效的沟通有助于解决相关意见分歧，形成一致的建设愿景，促进工程的顺利实施。为有效应对南水北调江苏境内工程项目群范围规划定义的这种系统性、动态适应性和需要项目主要干系人全程频繁、深入地参与的特点，江苏水源公司主要创新应用了以下一些方法和工具，为项目群范围规划工作的动态高质量完成创造了良好的环境基础和机制条件。

(1) 建立高效顺畅的沟通决策机制

南水北调江苏境内工程点多、线长、面广，关系复杂，涉及调水、治污、征迁移民等多方面工作，协调难度大。妥善处理好建设过程中工程层面与社会层面的关系、主体工程与配套工程的关系依赖于良好的沟通决策机制。为此，南水北调江苏境内工程形成了“国家层面-省级层面-项目法人”三级建设管理组织体系。

• 国家层面

国务院组织有关部门和沿线省市成立南水北调工程建设与管理委员会，下设办公室，委员会对工程实行统一领导，协调解决南水北调工程建设与管理中的重大问题，指导定制有关法规、政策和管理办法。

• 省级层面

2003 年，江苏成立由省政府主要领导任组长，徐州、连云港、淮安、扬州、泰州、宿迁 6 市政府主要领导以及江苏省计委、水利厅、财政厅、省电力公司、人民银行南京分行等主要负责人为成员的江苏省南水北调工程建设领导小组，负责江苏省南水北调工程建设管理中的重大问题的协调决策。

江苏省南水北调工程建设领导小组下设办公室，挂靠省水利厅，承担领导小组日常工作。根据江苏省委省政府部署，南水北调东线一期江苏境内工程建设期间，江苏省水利厅、江苏省南水北调办公室负责统筹协调省内南水北调各项工作，负责工程规划设计、征迁安置等工作，受国务院南水北调办公室委托负责南水北调东线调水工程建设行政监督管理，负责协调督促南水北调水污染防治工作，负责尾水导流工程建设管理工作。沿线扬州、淮安、宿迁、徐州市亦成立相应的组织领导机构，负责组织和协调辖区内的工程建设，及时解决工程实施中的矛盾和问题。

2002 年 12 月至 2005 年 5 月，江苏境内工程由省水利工程质量监督中心站行使政府监督职责；2005 年 6 月，国务院南水北调办公室依托省水利工程质量监督中心站批复成立南水北调工程江苏质量监督站，行使南水北调江苏境内工程政府质量监督职责。

• 项目法人

调水工程：江苏省人民政府根据总体规划要求和国务院南水北调工程建设委员会关于项目法人组建的批复精神，于 2004 年与国务院南水北调工程建设委员会共同批复成立南水北调东线江苏水源有限责任公司，作为项目法人负责南水北调东线江苏境内工程的建设和运行管理。

治污工程：江苏省发展改革委、农委、住建厅、交通运输厅以及沿线地方政府分别负责相关治污工程建设管理。其中截污导流工程、尾水导流工程由相关市县水行政主管部门成立项目法人，负责工程建设管理。

（2）创新使用招标设计有效控制项目范围

南水北调江苏境内工程主要包括河道工程、泵站工程等，这些工程或与其他工程交织紧密，建设条件复杂，或地质条件多变，加之工程前期工作也较为仓促，因此，初步设计完成并通过审查后，工程实施还存在较多的不确定性。针对这一情况，在工程施工招标前，江苏水源公司对各设计单元工程组织招标设计。工程招标设计是在审查批准的初步设计的基础上，按照初步设计审查意见及有关规程、规范，结合工程项目管理的需要，对初步设计成功进行复核、完善、深化和优化，作为建设项目施工招标、设备采购和施工图设计的重要依据。招标设计的编制遵循“安全可靠、技术先进、投资节省、资源节约”的原则，在保证工程质量、安全的前提下，有利于控制工程投资，鼓励技术创新，提高投资效益。主要内容包括：对审查审批中提出的意见和问题进行补充研究和落实；对部分基本资料、设计参数、政策法规、市场情况等进行调查、补充和复核；确定分标方案，对工程招标采购进行规划和安排；对工程布置及建筑物结构、机电及金属结构、施工组织设计、征迁移民方案及环境保护等有关内容进行完善、深化和优化；编制工程招标阶段设计概算，为施工招标和实施投资控制提供准确可靠依据。

8.1.2　项目范围管理流程和工具

通过采取上述机制和工具，进一步明确各设计单元工程范围后，江苏水源公司制定了范围管理的相关制度和流程（见表 8-1），涵盖了项目范围定义、范围分解和关键任务计划制定、范围变更、范围确认等各项工作，同时配合通用的流程进行项目范围管理。

表 8-1　江苏水源公司项目范围管理主要相关制度

序号	制度名称
1	《南水北调东线江苏水源有限责任公司合同管理办法》
2	《南水北调江苏境内工程招标投标工作细则》
3	《南水北调工程初步设计管理办法》
4	《关于进一步加强南水北调工程初步设计及重大设计变更审查工作管理的通知》
5	《江苏南水北调工程年度建设目标考核办法》
6	《南水北调东线江苏水源有限责任公司在建工程检查办法》
7	《关于做好工程建设管理月报工作的通知》

8.2　范围管理实施

项目范围管理各项流程的配合运用（如图 8-1 所示），较完整地定义了南水北调江苏境内工程的范围，确保整个工程无遗漏且无重叠的分解为 40 个设计单元，建立了南水北调江苏境内工程的项目群范围规划方法体系，为项目各项管理工作的顺利

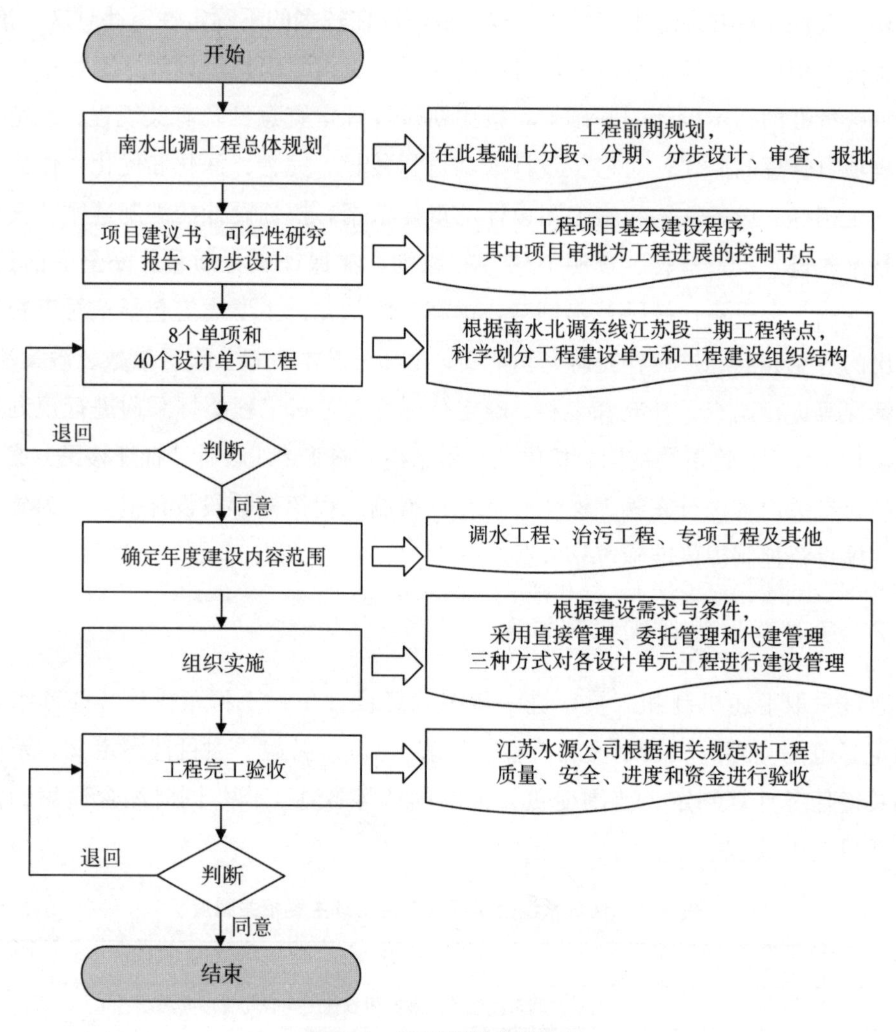

图 8-1　项目范围管理流程

开展奠定了良好的基础，并在项目实施过程中对整个项目范围的变化和范围不一致问题进行了有效的控制，最终形成的南水北调江苏境内工程的项目群结构和各子项的首层 WBS（Work Breakdown Structure，工作分解结构）如图 8-2 所示。

南水北调江苏境内工程是南水北调东线的水源工程和首开项目，具有项目点多线长、面广量大，技术比较复杂，项目管理要求高的特点。自 2002 年 12 月三阳河潼河、宝应站工程开工以来，工程建设思路明晰，统筹安排，有序推进，取得了辉煌的建设成果。到 2008 年底，南水北调江苏境内工程基本具备调水出省工程条件。与此同时，治污工程建设稳步推进，四大截污导流工程相继开工建设。随着工程进入全面建设时期，2013 年通水的建设目标提前完成。

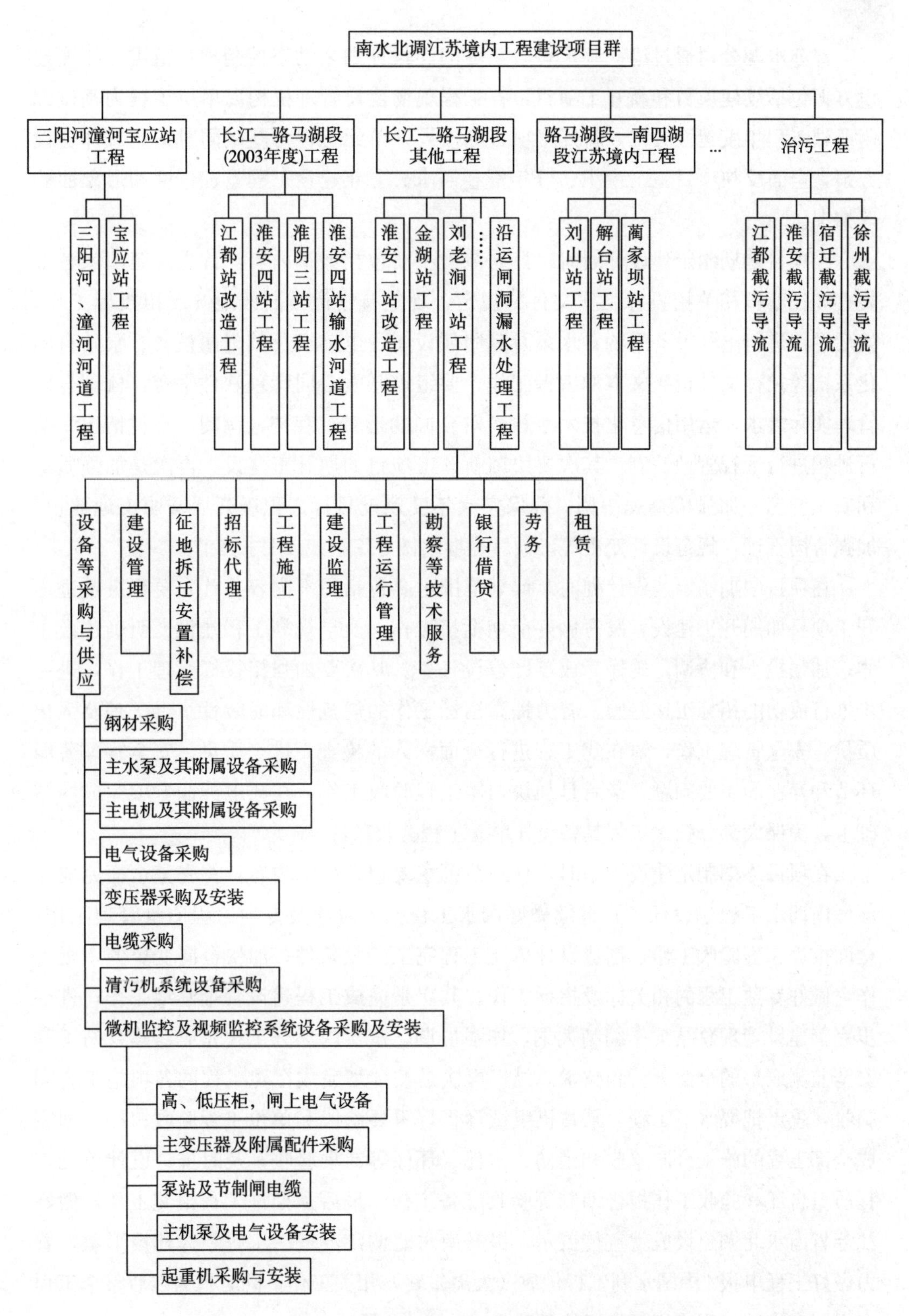

图 8-2 南水北调江苏境内工程项目群结构和 WBS 示意图

江苏水源公司通过组织制定每一年度的建设计划来动态控制项目范围，年度建设方案包括续建项目和新开工项目，各工程现场建设管理机构以单位工程为基础编制所辖工程年度建设方案，新开工项目则按设计单元工程为基础同时编制总体建设方案，全面反映项目施工组织、分年资金需求、分年建设工程量、进度和形象面貌等情况。

在项目初期制定建设计划时，计划范围主要包括如下内容：首先按照国家各部委办和江苏省相关招投标工作文件的规定，规范有序优质高效地开展招投标工作；然后尽快进行电气设备采购、水泵及其附属设备、电动机及其附属设备、泵站自动化系统等招标文件指导文本的编撰工作；要组织开发合同管理软件平台，梳理合同管理实际需求，运用信息化技术手段，对合同的运转、存档、调阅、支付情况、执行进程进行远程管理控制。其次要协调新开工项目如期开工建设。再次是加强质量和安全管理、加强检查和协调、确保完成年度建设目标、积极开展文明工地建设、加强合同管理，规范设计变更等。最后是继续做好工程建设月报工作。

在项目中期制定建设计划时，计划范围主要包括如下内容：首先要积极推进未开工项目如期开工建设，及时做好前期衔接工作，及早规划工程建设、明确建设主体；加强检查和协调，确保完成年度建设任务。其次要加强招投标管理工作，进一步推行成功的招标工作经验，着力提高招标工作的规范性和时效性。再次是要强化质量、安全管理工作，对在建工程进行全面深入的检查，排查质量、安全管理薄弱环节和存在的主要问题。最后是加快扫尾工程验收工作，在征地拆迁专项完成的基础上，确保大部分扫尾工程具备设计单元工程验收条件。

在项目终期制定建设计划时，计划范围主要包括如下内容：首先是全面完成江苏境内调水工程建设任务；继续做好调水工程扫尾阶段及专项工程质量管理工作；全面推进工程验收工作，创造设计单元工程完工验收条件；加快合同变更的审批工作，做好专项工程的相关标段招标工作。其次是完成工程建设管理总结工作；进一步完善建设管理总结工作编制大纲，加强协调，落实内部分工；完成新建泵站工程安全监测成果的全面分析和技术总结。再次是按计划完成在建工程的各项施工合同验收，重点把握水下工程、泵站机组试运行等重要阶段和单位工程验收；按计划完成全部工程的施工合同验收和消防、水保、环保等专项验收，及时推进设计单元工程质量自评和验收工作报告编制等验收准备工作。最后是推进工程报奖工作，做好江苏省南水北调建设成就宣传展示，提升南水北调江苏境内工程整体建设形象，着力做好工程申报“中国水利工程优质（大禹）奖”相关工作，同时也为以后整个工程申报国家优质工程奖打下良好的基础。

表 8-2 以 2011 年为例，具体展示了该年度建设计划控制的范围内容。

表 8-2　年度建设计划控制范围

时间	下一年度主要的建设计划
2011 年	• 积极推进未开工项目如期开工建设。提前完成未开工项目建设单位组建，及时做好前期衔接工作，及早规划工程建设、明确建设主体、提前介入前期工作，做好开工前各项准备工作，确保未开工项目按计划如期开工建设。 • 加强检查和协调，确保完成年度建设任务。在保证质量、安全的基础上，有针对性地对节点工期、建设进度进行检查，加强对在建工程的监督管理，重点强化对制约 2013 年建成通水目标的 10 项控制性工程的监督管理。 • 加强招投标管理工作。进一步推行成功的招标工作经验，着力提高招标工作的规范性和时效性。加强招标工作的计划性管理，规范有序地开展相关工作。根据年度招标计划结合工程实施方案细化招标工作计划，加强同现场建设管理单位、设计单位和招标代理单位的沟通与协调，使工作能及早安排，充分准备。统筹安排，科学有序地组织招标投标工作。 • 继续实行招标人预算制度，合理进行投资控制。经过招标实践，提前编制和公布招标人预算的办法，使施工标的招投标工作更加公平、公正和信息透明，在招标人预算编制过程中能够及时发现清单和合同条款的不足之处并及时加以澄清，有利于控制工程投资和合同管理。2011 年拟继续推行主体工程土建及安装施工标编制和公布招标人预算的工作方法。从而进一步规范和开放南水北调江苏境内工程招标投标市场。 • 强化质量、安全管理工作。2011 年度在施工质量、安全生产在常规管理的基础上，拟对在建工程进行一次全面深入的检查，排查质量、安全管理薄弱环节和存在的主要问题，建立长效的工作措施和制度；切实加强在建工程的安全生产，加强对施工安全隐患排查和安全度汛工作；督促新开工项目完善工程质量、安全管理责任网络，进一步落实安全生产、施工质量责任到人；加强质量安全巡查，有计划地对部分工程原材料和实体质量进行抽查，及时排除质量安全隐患，确保工程施工质量和安全生产；下发《南水北调江苏境内工程质量管理手册》，利用施工间隙组织管理人员学习，以充分发挥人的主观因素，进一步提高我省工程施工质量和确保安全生产。 • 加快工程验收扫尾工作。在征地拆迁专项完成的基础上，确保 2011 年大部分扫尾工程具备设计单元工程验收条件，力争部分工程通过国务院南水北调办公室、江苏省南水北调办公室设计单元竣工验收。目前，三阳河潼河和宝应站、解台站、刘山站、蔺家坝站、骆马湖水资源控制 6 项已完成消防、水保、环保、档案等专项验收及安全评估，淮安四站及输水河道、淮阴三站、江都站改造水保、环保已具备验收条件。2011 年需完成长江至骆马湖段 2003 年度工程水保、环保专项验收及安全评估工作，完成所有已完工程质量评定、主要工作报告编写、竣工决算及审计等专项工作，力争更多已完工程通过设计单元验收，同时做好工程的报优、报奖工作。

此外，江苏水源公司通过制订年度目标责任状的方式，细化每一年度现场管理机构管理目标，进行范围分解和关键任务计划制定，年终或项目结束时进行绩效考核，并落实激励措施。一是重点研究控制性设计单元工程。国务院南水北调办公室与江苏水源公司签订责任状后，江苏水源公司立即对每一个设计单元工程，尤其是控制性项目，重点分析，重点研究，在责任状的基础上，明确了各控制性项目月度工作计划，明确相关责任，与各建设管理单位签订目标责任状。二是建立控制性项目进度推进会制度。例如，针对金宝航道、里下河水源调整、洪泽站、邳州站、睢宁二站等因受征迁和地方矛盾影响而严重制约工程进度的控制性工程，公司采取主要领导负责制，分工管理，牵头与参建单位沟通，了解工程实施过程中存在的问题，对工程建设过程中矛盾突出的控制性工程，在工地现场召开进度推进会，加快工程施工进度，确保不扩大项目范围。

江苏水源公司通过设计单元工程设计变更管理进行项目范围变更。一类设计变更即指国务院南水北调办公室规定的重大设计变更，由国务院南水北调办公室审批。二类设计变更由项目法人负责审批，涉及投资增加较大的二类设计变更应同时报国务院南水北调办公室备案。三类设计变更由相关工程现场管理单位负责审批，并报公司备案。各类设计变更中涉及国家强制性标准或公益性内容的，应报原审批单位批准。

江苏水源公司通过设计单元工程通水验收进行范围确认。在满足设计单元工程通水验收的要求后，江苏水源公司立即对每一个设计单元工程进行验收，依据《南水北调东线江苏境内工程验收管理实施细则》等规定开展验收工作，确认项目范围。

8.3 范围管理主要挑战和克服措施

南水北调江苏境内工程是一项规模宏大，投资巨大，涉及范围广，影响十分深远的超大型项目集群，前期规划的设计深度难以满足建设施工的需求，初步设计完成并通过审查后，工程实施还存在较多的不确定性，给项目范围管理带来一定的困难。

由于首次采用企业项目法人模式进行建设，江苏水源公司更加注重项目范围管理，创新性地提出招标设计环节，即在工程施工招标前，江苏水源公司对各设计单元工程组织招标设计。招标设计的任务是，根据工程具体情况，若有必要，补充或细化工程勘测；在此基础上，细化或深入工程设计，若有可能，进一步优化工程设计，并使工程招标文件中商务标的工程量清单与技术标中的技术标准更加匹配、对应。实践表明，这样做会使工程设计费略有增加，但优化工程、控制施工过程中的工程变更对控制工程投资有重要影响，带来的技术经济效果极为明显。

例如，刘老涧二站工程采用招标设计优化内容，根据装置模型试验成果，适当增大出水流道上翘段断面，与批复的初步设计对比，有利于减小水流流速、减少流道水头损失，提高装置整体效率；另外，为综合利用水力资源，刘老涧二站机组增加反转发电功能，主电机相应由电动机改为电动一发电双向电机，主电机额定电压由 10 kV 调整为 6 kV，应当地供电部门要求，取消电压互感器柜内的微机消弧装置。在保证工程质量和安全的前提下，节省了大量工程投资。

项目采购管理

采购管理是南水北调江苏境内工程管理的关键环节，对此，江苏水源公司专门成立采购管理领导小组，明确采购策略，制定了一系列采购、招标、合同管理办法和流程，通过招标方式确定满足资质等级和具有质量保证能力的单位和厂家作为参建单位，并通过合同履行和验收、合同风险控制和合同变更管理等措施进行采购控制管理，使得项目采购工作取得优异成效，确保了工程的顺利建成。

9.1　采购管理组织和制度体系

(1) 采购管理的组织体系

江苏水源公司作为南水北调江苏境内工程项目法人，专门成立了采购管理领导小组负责工程建设各类服务和相关物资设备的采购管理工作，该小组主要由计划发展部和工程建设部等部门组成。同时，南水北调江苏境内工程依据国家招投标法律法规和《国务院南水北调办关于进一步规范南水北调工程招标投标活动意见》，结合工程实际，构建了以江苏水源公司（招标人）为招标工作责任主体，现场建设管理机构具体参与，江苏省南水北调办公室为行政监督机构，江苏省纪委、江苏省监察厅派驻南水北调江苏境内工程纪检监察工作组为纪检监察单位的招标工作组织体系，如图 9-1 所示。

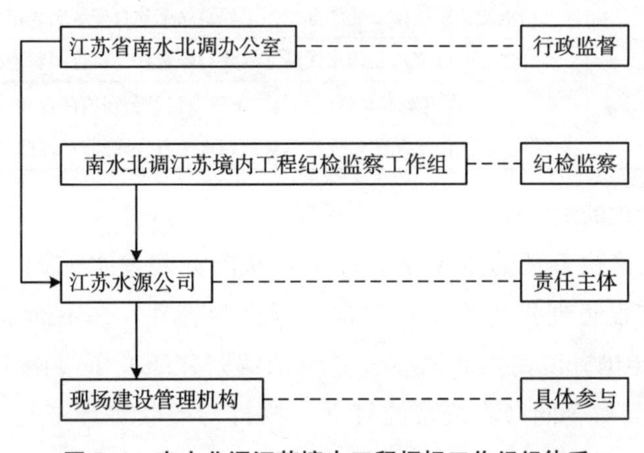

图 9-1　南水北调江苏境内工程招标工作组织体系

(2) 采购管理的制度体系

江苏水源公司针对采购工作的管理，制定了成系列的采购、招标、合同管理等制度和流程，并严格按照各项制度流程进行南水北调江苏境内工程的各项采购工作，主要制度办法如表 9-1 所示。

表 9-1 南水北调江苏境内工程采购管理相关制度

序号	单位	名目
1	国务院南水北调办公室	《南水北调工程合同监督管理规定》
2		《国务院南水北调办关于进一步规范南水北调工程招标投标活动意见》
3	国家发展改革委、建设部、铁道部、交通部、信息产业部、水利部、中国民用航空总局	《工程建设项目施工招标投标办法》
4		《工程建设项目货物招标投标办法》
5	江苏水源公司	《南水北调江苏境内工程招标投标工作细则》
6		《江苏南水北调工程年度建设目标考核办法》
7		《南水北调东线第一期江苏境内工程水泵及附属设备招标文件指导文本》
8		《南水北调东线第一期江苏境内工程电机及附属设备招标文件指导文本》
9		《南水北调东线第一期江苏境内工程电气设备（110k V：GIS、变压器、高低压开关柜、电缆）采购招标文件指导文本》
10		《南水北调东线第一期江苏境内工程灯泡贯流泵机组成套设备采购招标文件指导文本》
11		《南水北调东线第一期江苏境内工程泵站自动化系统采购及安装招标文件》
12		《南水北调东线第一期江苏境内工程建设监理招标文件指导文本》
13		《南水北调东线第一期江苏境内工程泵站土建及安装工程招标文件指导文本》
14		《南水北调东线江苏水源有限责任公司合同管理办法》
15		《规范南水北调江苏境内工程项目及公司内部合同编码方法》
16		《南水北调东线江苏境内调水工程合同监督管理实施细则》

（3）合同管理的组织模式

合同管理是采购管理的重要基础环节，从国务院南水北调办公室、江苏水源公司到现场建设管理机构均十分重视工程合同管理，并不断加强合同管理制度建设。2011 年国务院南水北调办公室组织编制并颁发了《南水北调工程合同监督管理规定》，对合同（协议）的订立、执行与验收等环节提出了明确要求，明确规定了监督部门的监督职责，并对合同问题分类、责任追究等方面做出了明确规定。

结合南水北调江苏境内工程建设特点，江苏水源公司于成立之初即研究制定了《南水北调东线江苏水源有限责任公司合同管理办法》，随后制定并颁布了一系列关于合同管理的职责分工、编码原则和实施细则等详细制度，对规范项目采购的合同订立、执行与验收等各环节工作起到了重要作用。各设计单元工程现场建设管理机构根据江苏水源公司合同管理制度，并结合自身工程及其建设条件特点，制定相应合同管理制度。

根据上述各项制度，南水北调江苏境内工程合同管理实行领导负责、归口管理、分级管理的组织模式，合同管理分工如图 9-2 所示，具体分为两个管理层次：一是江苏水源公司层面的合同管理，二是现场建设管理机构层面的合同管理。

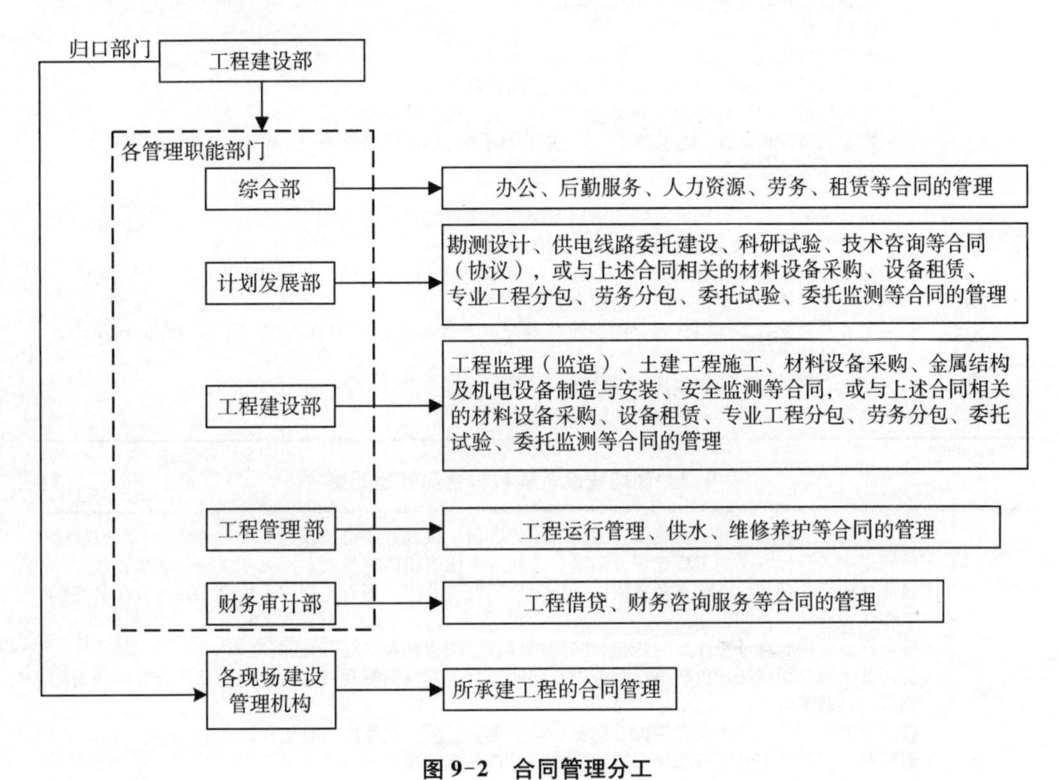

图 9-2 合同管理分工

①公司层面

江苏水源公司对合同实行分块负责、归口管理模式。对外的一切工程合同，必须用江苏水源公司名义，并经公司法人代表同意才能签订。工程建设部是合同管理的归口部门，公司各管理职能部门和现场建设管理机构按职责分工管理合同。公司层面各部分合同管理职责如表 9-2 所示。

②现场建设管理机构层面

现场建设管理机构层面的合同管理，一般由专门科室或专职人员负责，并委托工程监理负责工程合同管理的部分工作。现场建设管理机构合同管理职责如表 9-3 所示。

表 9-2 公司层面各部门合同管理职责

归口部门	•建立健全合同管理制度、办法以及合同监督管理制度体系； •规范合同文本，组织合同文本的编写或拟定； •负责组织对招标合同潜在签约方资格和资信的审查； •参与合同立项、签订及合同执行等工作； •负责监督检查工程建设合同履行情况； •合同的综合管理； •组织合同管理情况检查、巡查和专项检查； •对合同管理巡查和监督检查中发现的问题督促整改； •对发生的合同问题提出对相关合同责任人员的处理意见； •配合国务院南水北调办公室对工程建设合同履行情况监督检查； •江苏水源公司部署的其他合同管理事项。
各管理职能部门	•负责本部门管理合同的立项、申请、谈判和签订工作； •负责本部门管理合同的潜在签约方主体资格的审查； •按照建设管理职责分工，参与本部门管理职责相关的合同谈判和签订等工作； •按照有关规定，审核本部门管理合同的合同价； •负责监督检查本部门管理合同的履行情况，发现问题及时协调处理，并参与合同纠纷的调解、仲裁或诉讼； •按照合同规定，负责本部门管理合同支付、变更、索赔、结算的审核工作； •负责本部门管理合同的整编和归档工作。

表 9-3 现场建设管理机构合同管理职责

现场建设管理机构	•负责未列入分标方案的工程建设合同的立项、申请、谈判和签订工作； •负责未列入分标方案的工程建设合同潜在签约方主体资格的审查； •按照《南水北调东线江苏水源有限责任公司合同管理办法》等有关规定，核定未列入分标方案的工程建设合同的合同价； •按照建设管理职责分工，参与招标合同的招标、合同谈判和签订等工作； •受江苏水源公司委托，负责事权范围内合同的履行，发现问题及时协调处理，并参与合同纠纷的调解、仲裁或诉讼； •按照合同规定，负责事权范围内合同支付、变更、索赔、结算的审核工作； •组织对事权范围内合同管理情况进行检查、巡查和专项检查； •组织对事权范围内合同管理巡查和监督检查中发现的问题督促整改； •对事权范围内合同发生的合同问题提出对相关合同责任人员的处理意见； •负责事权范围内合同的整编和归档工作，督促监理、施工单位按照档案管理规定对合同进行整编和归档； •每季度向江苏水源公司报告事权范围内工程建设合同履行情况； •江苏水源公司要求的其他合同管理事项。

9.2 采购规划

9.2.1 采购方式规划

按照国家相关法律法规，工程招标采用自行招标或委托招标的方式。采用自行招标的，在报送项目可行性研究报告时同时报送相关资料，并经国家相关部委批准。南水北调江苏境内工程在2005年之前的三阳河潼河、宝应站工程除部分主体工程实行委托招标外，其余均实行自行招标。因当时国务院南水北调办公室尚未正式运转，自行招标均经过江苏省水利厅招标办核准，在人员配置上均配备了具有丰富经验的工程建设管理人员、工程造价人员、工程财务人员和相关招投标工作人员，确保招标质量。2005年以后开工的项目，均按照国务院南水北调办公室相关要求，采用择优选择招标代理实行委托招标方式。招标人或招标代理机构在中国南水北调网、中国采购与招标网、中国政府采购网、江苏南水北调网等网站发布招标公告。招标公告在上述媒介发布至发售招标文件或资格预审文件的时间间隔不少于5日。招标代理机构均具备工程招标代理甲级资格和相应的水利水电工程招标代理业绩，并在招标人委托的范围内承担招标代理业务。

南水北调江苏境内工程需采购的服务、物料和技术等，主要有勘测设计、施工、监理、设备供应（制造）、原材料等五大类，相应的采购方式选择原则如表9-4所示。

表9-4　南水北调江苏境内工程采购方式

采购内容	采购方式
设计单位	• 对于河道工程、影响处理工程和加固改造工程、省界工程，由于情况复杂，协调量大，工程设计单位大多采取委托方式； • 对新建泵站工程，设计单位则尝试采用招标方式；对部分工期较紧的泵站工程，考虑到招标周期问题，采用委托方式。
施工单位	• 由现场建设管理机构配合项目法人江苏水源公司组织实施公开招标，确定满足资质等级和具有质量保证能力的单位。
监理单位	• 由现场建设管理机构配合项目法人江苏水源公司组织实施公开招标，确定满足资质等级和具有质量保证能力的单位。
设备与材料供应商	• 江苏水源公司负责采购主电机及附属设备、主水泵及附属设备、电气及自动化设备、清污设备及钢筋、水泥等原材料主材； • 供应商负责采购辅机设备和其他燃油、粗细骨料及外加剂、辅材等。 • 主要设备与原材料由江苏水源公司委托具有甲级资质的招标代理公司组织招标，其余由建设处自行完成采购任务。

9.2.2　工程分标

工程分标是工程建设采购工作的基础，是采购规划工作的重要内容。在南水北调江苏境内工程建设中，江苏水源公司根据工程特点、选择参建单位的需要等方面，以设计单元工程为基础，将其科学地分为若干个有机联系的部分，并组织招标。

分标方案由江苏水源公司负责组织编制，在工程第一个招标公告拟发布前20日报江苏省南水北调办公室初审后，报国务院南水北调办公室审批。分标方案一旦批复后，即要求严格按照批复的分标方案进行招标。工程实施过程中，若分标方案确实需要调整，则提前报江苏省南水北调办公室初核，并经国务院南水北调办公室批准同意后实施。

根据《国务院南水北调办关于进一步规范南水北调工程施工招标标段划分的指导意见》，并结合南水北调江苏境内工程的特点，确定下列分标原则：

• 标段划分导向要能鼓励实力强、业绩优的大型施工企业参与南水北调工程建设，促进工程建设规范有序高效开展。

• 有利于要求中标施工企业派出骨干队伍和先进的、完好的机械设备参加南水北调工程建设，有效预防转包、挂靠和违法分包。

• 结合工程施工组织与场地平面布置；有利于土石方平衡、合理组织材料运输；有利于安排施工导流；有利于分段施工、分期投产，尽早发挥效益。

• 结合行政区域情况，有利于减少永久征地和临时用地，并方便建设管理。

• 推行以施工总承包为主要内容的工程总承包，提高单个标段集成程度，有利于资源合理调配，体现工程规模优势。

• 泵站枢纽工程土建安装工程尽可能整合在一个标内；河道工程分标在充分考虑行政区划、方便施工导流的基础上，参照国务院南水北调办公室相关规定，并结合江苏实际情况确定标段长度。

南水北调江苏境内工程跨越苏中、苏北，延绵 404 km，新建 11 座，改（扩）建 3 座、改造 4 座泵站，扩建、改造运河一线调水工程，新辟、完善三阳河、金宝航道、徐洪河一线调水工程。其中，泵站工程属典型的集中分布式工程项目，施工场地狭窄，空间约束强。此外，泵站工程结构复杂、技术要求高。而河道工程属典型的线状分布工程，施工空间约束较小，建设技术相对单一，但建设条件复杂，对工程所在地的影响较大，或工程施工过程受征地拆迁、交通和其他干扰较多。鉴于此，根据上述分标原则，南水北调江苏境内工程的泵站工程和河道工程分别主要按照以下方式进行分标：

• 泵站工程分标。泵站工程所涉及专业多、要求高。一般将其分成：泵站枢纽工程土建施工及设备安装、主水泵及其附属设备采购、主电机及其附属设备采购、电气设备采购、变压器采购及安装、清污机系统设备采购和微机监控及视频监控系统设备采购及安装。

• 河道工程分标。河道工程分标一般分成交通桥、涵闸、小型排灌站、河道开挖或疏浚等。其中，交通桥、涵闸、小型排灌站以座或若干座为单位独立分标，河道开挖或疏浚分标充分考虑自然状态、行政区划和方便管理等因素，以长度为单位分标。

9.2.3 合同规划与立项

科学地进行合同规划可实现工程发包方案的整体优化，可促使工程单个合同更完备、多个合同的履行无缝衔接，有利于进一步落实工程进度计划，为实现建设工期计划打下基础。同时，将工程概算包括的每项工作分解到各个发包合同中，并以此为基础组织招标或进行合同谈判，可有效地实现对工程投资进行控制。这就要求项目法人从系统观点出发，根据工程初步设计及其概算批复、工程结构特点、建设市场现状，以及相关政策法规要求，按照上述分标方案，将设计单元工程分解为若干子项目并进行相应的合同分解，包括工程设计类、工程施工类、设备采购类和咨询服务类等合同。

南水北调江苏境内工程的合同规划主要根据国务院南水北调办公室发布的《关于进一步规范南水北调工程招标投标活动的意见》等相关规定，以及工程特点、建设或供应市场的特点，首先构建初步合同规划方案；继而将批准的初步设计概算拆分，分配到各个合同或非发包的相关子项，对初步合同规划方案进行优化；最后江苏水源公司组织审核优化合同规划方案。

合同规划的编制程序如图 9-3 所示。

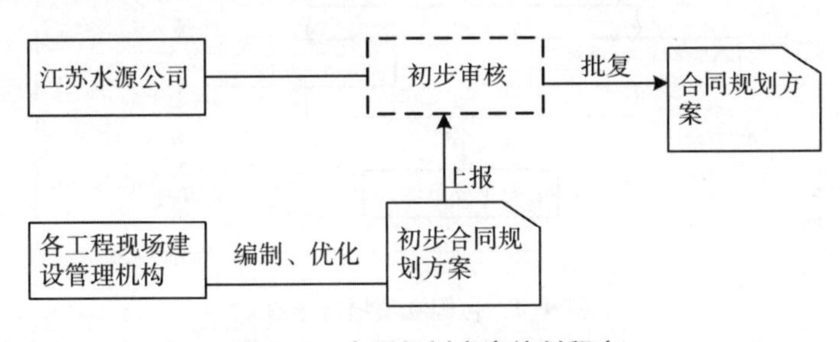

图 9-3 合同规划方案编制程序

①在江苏水源公司指导下，由各工程现场建设管理机构组织编制初步合同规划方案，并对其进行优化后上报江苏水源公司。

②江苏水源公司审核现场建设管理机构上报的合同规划方案，批复合同规划方案。确定合同规划方案后，江苏水源公司和现场建设管理机构根据归口职责和设计单元工程情况，进行各发包合同项目的立项。按招投标管理规定或其他审批程序已经履行了有关报批手续的合同项目，不需履行立项报批手续。其他通过非招投标形成的合同，在合同订立前均须履行合同立项报批手续。

合同立项由职能部门提出，经合同归口管理部门及相关职能部门会签后，报单位主要负责人审批，其中现场建设管理机构不超过10万元的合同，须报江苏水源公司审批。现场建设管理机构超过10万元及以上的合同，在现场建设管理机构履行手续后，将合同立项报批资料报江苏水源公司相关职能部门初审，经公司合同归口管理部门审核、相关部门会签后，由公司主要负责人审批或其授权现场建设管理机构负责人审批（如图9-4所示）。立项报告批准后需要招标的，按招投标管理相关规定执行。

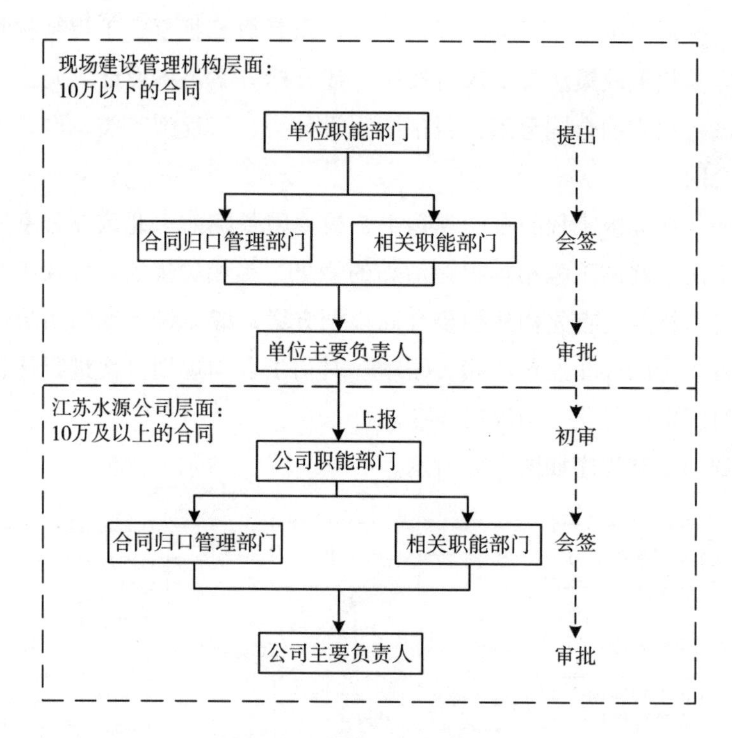

图9-4 合同立项报批手续

合同立项报批资料须包括：项目名称、拟承担单位、项目缘由、列支途径、项目内容、估算工程量、合同估价、初步商谈情况和附件等内容。附件包括项目批文、设计、概算或概算拆分以及拟承担单位的资质、资信、价格估（预）算、实施组织、实施大纲、与其他单位签订的类似合同等材料。

非招标合同需有完整的办理资料，主要包括：合同名称、编号、对方单位、立项缘由、列支途径、主要工程量、合同价、实施时段、商谈简要过程和附件等内容。附件包括项目批文、施工图设计、预算以及合同文本初稿、合同价审核单、合同预算书等。

9.3 采购实施

根据国家相关法律法规，对于承担南水北调江苏境内工程建设的勘测设计、工程监理（监造）、施工、材料设备供应、金属结构及机电设备制造与安装、自动化控制系统采购及安装、安全监测、水保（环保）监测、水保（环保）评估、试验检测等工程主要建设任务的单位，必须是通过招标方式确定的满足资质等级和具有质量保证能力的单位和厂家。因此，项目的采购实施主要包括招标、评标、决标和合同订立等各项工作。

9.3.1 工程招标程序

为了更好地完成项目采购工作，江苏水源公司建立了一套完整的招标程序，包括编制工程招标文件、发布招标公告、审查投标人资格、发售招标文件、组织现场踏勘及标前会、组织评标委员会、编制与确定标底、投标及其保证金、开标、评标、评标结果公示、决标、合同签订等，如表 9-5 所示。

表 9-5 招标程序及主要内容

招标程序	主要内容
编制工程招标文件	由现场建设管理机构负责招标文件编制的组织工作，其根据工程进度计划、招标计划的时间要求，按初步设计及招标设计批复内容，组织工程设计单位和招标代理机构开展招标文件的编制工作。
发布招标公告	采用公开招标方式的，招标人或招标代理机构应当在中国南水北调网、中国采购与招标网、中国政府采购网、江苏南水北调网等网站发布招标公告。招标公告在上述媒介发布至发售招标文件或资格预审文件的时间间隔不少于5日。同时，作为招标文件的组成部分，须与招标文件中的招标公告完全一致。招标公告及相关材料由现场建设管理机构负责整理，并在招标公告计划发布日期前7日送交招标人，由招标人在招标公告计划发布日期前3个工作日报国务院南水北调办公室。相关材料须包括招标项目名称及概况、招标已具备的条件、招标计划安排、评标委员会组建方案、招标文件（含评标方法和标准）；代理机构名称及联系人、联系方式；发布公告的时间和其他必要内容。
审查投标人资格	根据南水北调江苏境内工程的特点，对投标人的资格审查一般采用资格后审制。如果确有须要采用资格预审方式进行招标的，资格预审前须报江苏省南水北调办公室和派驻纪检组，并接受江苏省南水北调办公室和派驻纪检组的监督。招标人须在资格预审结束后向江苏省南水北调办公室提交资格预审情况书面报告。
发售招标文件	招标人应当按招标公告规定的时间、地点出售招标文件。自招标文件或者资格预审文件出售之日起至停止出售之日止，最短不得少于5个工作日。招标文件发售由招标代理机构负责，招标代理机构须严格按照招标公告的要求初步审查潜在投标人的资格。招标文件发售截止日的2天前，招标代理机构须将招标文件发售情况报送招标人及现场建设管理机构。招标文件发售截止后，招标代理机构须及时将招标文件最终的发售情况报送招标人和现场建设管理机构。

续表

招标程序	主要内容
组织现场踏勘及标前会	招标人根据招标项目的具体情况，可以组织潜在投标人踏勘项目现场，向其介绍工程场地和相关环境的有关情况。在招标公告或招标文件中明确是否召开现场踏勘及标前会，及其召开的时间、地点。潜在投标人依据招标人介绍情况做出的判断和决策，由投标人自行负责。现场踏勘、标前会应参加的单位为招标人、现场建设管理机构、设计单位、招标代理机构和潜在投标人，招标人不单独组织任何一个投标人进行现场踏勘。
组建评标委员会	评标委员会由招标人根据国家招投标法律法规及国务院南水北调办公室有关规定组建，负责评标活动，向招标人推荐中标候选人。
编制与确定标底	南水北调江苏境内工程积极推行非数值标或无标底招标。招标人可根据项目特点决定是否编制标底和采用何种形式的标底。编制标底的，编标、定标和标底则严格保密。标底的编制和定标过程由派驻纪检组和江苏省南水北调办公室负责行政监督和纪检监察。标底根据批准的初步设计、投资概算，依据有关计价办法，参照有关工程定额，结合市场供求状况，综合考虑投资、工期和质量等方面的因素合理确定。
投标及其保证金	招标代理机构负责在投标截止时间前接受投标文件和投标保证金。投标保证金一般不超过合同估算价的千分之七，但勘测设计招标最高不应超过10万元人民币，其他招标最高不应超过80万元人民币，最低不应低于3万元人民币。投标保证金有效期应当超出投标有效期30天。
开标	招标代理机构受招标人委托，按照国家相关法律法规及招标文件规定的开标程序组织开标活动。开标由招标人或其委托的招标代理机构主持，在招标文件确定的地点和时间公开进行。开标过程由江苏省南水北调办公室和派驻纪检组进行行政监督和纪检监察。
评标	评标会议地点由招标人暂定并经派驻纪检组确认。业主评委、工作小组人员、纪检监督人员、招标人参加人员的名单，由招标人向江苏省南水北调办公室和派驻纪检组征询确定后，告知派驻纪检组和招标代理机构。
评标结果公示	招标人须在评标结束后的1个工作日内将结果上报国务院南水北调办公室，并在中国南水北调网站、江苏南水北调网站公示评标结果。公示时间须不少于5个工作日。公示期间相关监督监察单位若未有投诉受理，招标人将向中标人发中标通知书。
决标	招标人须按照国家有关规定确定中标人。中标人确定后，招标人应当向中标人发出中标通知书，并同时将中标结果以口头或书面形式通知所有未中标的投标人。中标通知书对招标人和中标人具有法律约束力。中标通知书发出后，招标人改变中标结果或者中标人放弃中标的，应当承担法律责任。
合同签订	招标人和中标人须在中标通知书中的约定期限内，按照招标文件和中标人的投标文件的约定订立书面合同。如确有需要，可签订补充协议。招标人与中标人不得再行订立背离招标实质性内容的其他协议。

9.3.2 工程招标文件编制、评标与决标

(1) 招标文件的编制和审查

工程招标文件由所在设计单元工程现场建设管理机构组织编制，招标人最终审查核准。南水北调江苏境内工程招标遵守先审查招标文件，再发布招标公告的工作制度。招标文件编制的组织工作由现场建设管理机构负责。该机构根据招标计划和时间要求，按初步设计及招标设计批复内容，组织设计单位和招标代理机构开展招标文件的编制工作。

招标文件编制完成后，由现场建设管理机构及时报送招标人审查，并随招标文件报送本标段招标工作计划（含分项概算、拟发布招标公告时间、发标时间、现场踏勘时间、开标时间等）及其他相关文件。

招标人按照招标工作计划组织专家及有关单位及时对招标文件进行审查。审查的重点主要包括：招标公告、投标人资质要求、招标范围、合同条款、特殊技术、标准和质量要求等，审查会应形成纪要或意见。

现场建设管理机构根据审查意见，组织编制单位对招标文件进行补充、修改。修改后的招标文件应及时报送招标人及招标代理机构。

其中，江苏水源公司对工程招标文件审查要点如下：

• 工程招标内容是否与批复的招标设计预算相符，是否与合同规划方案相一致。

• 招标公告内容是否符合国家、省相关政策法规，是否与工程规模相适应。

• 评标办法是否结合本标段实际，特别是技术部分的评分内容和分值是否与现工程实际相适应。

• 商务部分专用条款是否结合工程实际，如支付方式、材料调差、风险分配等是否结合实际，是否合理。

• 技术条款是否与工程特点相适应，工程质量、安全要求是否合理，规程规范或技术标准引用是否适当，相关控制措施是否到位。

（2）工程评标

工程评标由评标委员会负责。南水北调江苏境内工程评标专家均在国务院南水北调办公室构建的专家库系统内随机抽取。评标委员会的人数为5人以上单数，其中技术和经济等方面的专家不得少于成员总数的三分之二。评标委员会设负责人的，由评标委员会成员推举产生或者由招标人确定。根据国务院南水北调办公室的有关规定，评委抽取分网上抽取和前往国务院南水北调办公室当面抽取两种方式。当面抽取方式须在开标前3至4日，由招标人派员或委托招标代理机构，携介绍信、委托函和潜在投标人名单，并由纪检或行政监督单位派员陪同赴京抽取。网上抽取方式待国务院南水北调办公室确定后实行。评委的保密责任由招标人、江苏省南水北调办公室、派驻纪检组、招标代理机构共同承担。

按照国务院南水北调办公室相关规定确定的评标委员会成员，应在开标前集中，并进行不少于半天的评标培训，培训工作由江苏省南水北调办公室负责。评标委员会成员应签署遵守评标工作纪律、承担评标工作相应职责、与投标人无利害关系的书面承诺。

评标委员会的任务即推荐1至3名中标候选人，并标明排列顺序。评标委员会完成评标后，应当在评标会议结束前向招标人提出书面评标报告。评标报告的内容应当包括：基本情况；评标委员会成员名单；开标记录；符合要求的投标一览表；废标情况说明（如有）；评标标准、方法；经评审的价格或者评分比较一览表；经评审的投标人排序；推荐的中标候选人名单与签订合同前要处理的事宜；澄清、说明、补正事项纪要。

评标过程记录应当纳入档案管理。招标人、现场建设管理机构和招标代理机构应互相配合，做好档案相关工作。招标代理机构具体负责以下工作：将投标报价电子文档归档；将所有投标文件按招标人要求分送招标人和现场建设管理机构，暂未能送出的，代为保管；对开标评标过程适当拍照、录音和摄像，并在会议结束前将相关资料整理送交给招标人和现场建设管理机构。招标人和现场建设管理机构应分级别并按档案管理相关要求，做好招标文件和投标文件的接收，以及相关资料包括相片、录像的收集整理工作。

南水北调江苏境内工程基本采用综合评标法，但对土建、机电设备采购和安装等不同工程评标指标不尽相同；对不同工程，即使同类工程各指标的权重和评标标准也存在差异。通常按投标人最终得分由高到低顺序推荐中标候选人，但投标报价低于其成本的除外。投标人最终得分相等时，以投标报价低的优先；投标报价也相等的，由招标人自行决定。

（3）工程决标

工程决标，即确定工程中标人。评标委员会一般推荐 3 名中标候选人，并有明确排序。一般情况下，招标人应选择第一候选人中标；招标人若分析后认为，第一中标候选人不具备中标资格，则由第二中标候选人中标。招标人应在投标有效期内以书面形式向中标人发出中标通知，同时将中标结果通知未中标的投标人。招标人和中标人应当自中标通知书发出之日起 30 天内，根据招标文件和中标人的投标文件订立书面合同。中标人无正当理由拒签合同的，招标人取消其中标资格，其投标保证金不予退还；给招标人造成的损失超过投标保证金数额的，中标人还应当对超过部分予以赔偿。发出中标通知书后，招标人无正当理由拒签合同的，招标人向中标人退还投标保证金；给中标人造成损失的，还应当赔偿损失。

9.3.3 合同订立

采购实施最后的重要环节是双方签订工程合同。南水北调江苏境内工程在签订工程合同的过程中，一般要：

（1）现场建设管理机构在合同签订前尽早做好合同谈判的准备工作，提前通知招标人派员参加；根据招标投标文件，结合实际情况，拟定合同及合同补充协议，并将电子文档提交招标人；准备合同文件，包括合同、合同补充协议、廉政双合同；投标文件存档；整理招标价与概算批复价的对照表，报招标人备案。

(2) 招标代理机构在签订合同后 5 个工作日内，通知投标人办理退还投标保证金手续，并在国家南水北调及江苏南水北调网发布中标信息。

(3) 现场建设管理机构与招标代理机构分别负责起草和印刷工程承包合同，招标人、现场建设管理机构与中标单位签订工程主合同。

(4) 南水北调江苏境内工程实行双合同制，现场建设管理机构与中标人、监理人与中标人必须签订廉政合同，否则工程合同无效。

(5) 合同中确定的建设规模、建设标准、建设内容应当严格控制在批准的初步设计及概算文件范围内，合同价格确需超出批准的初步设计及概算文件范围的，招标人应当在招标前或中标合同签订前，报国务院南水北调办公室审查同意。

(6) 招标人不得指定分包人，中标人不得转包或违规分包，一经发现，可要求其改正；拒不改正的，可终止合同，并报请有关行政监督管理单位查处。

南水北调江苏境内工程建设签订各类合同（协议）须使用国家有关部门颁布的最新标准合同范本。没有标准合同范本的，由甲乙双方协商确定。合同中技术条款采用的技术标准须是经审查批准使用的规程规范和技术标准，若须变更，经相应审查部门批准。合同订立须满足的条件有：合同条款的确立须本着公平、诚实信用、平等自愿的原则；合同签约双方当事人须具有签订合同的主体资格；合同签约双方须提供合法有效的要件。签订合同包含的内容如表 9-6 所示。

表 9-6 签订合同包含的内容

签订合同包含的内容	•合同标题、编号； •合同双方名称； •订立缘由； •合同标的（内容）； •合同标的主要数量或工程（作）量； •技术规范和质量标准； •合同履行期限、地点和方式； •双方职责、权利和义务；	•合同的变更、索赔和解除条款与条件； •合同的奖惩条款与违约责任； •合同约定的验收条款； •合同价款或者报酬、支付方式； •合同履行的期限、地点和方式； •合同纠纷解决条款； •必要的其他条款和附件； •合同双方的签署及日期。

9.4 采购控制

采购控制是指项目法人或现场建设管理机构根据采购合同，对各供应商的合同执行过程和结果进行监督、管理，保证各项采购合同按时、按质完成，确保工程的顺利建成。江苏水源公司作为南水北调江苏境内工程的项目法人，对项目的勘测设计、施工、各类原材料和设备的生产供应等各项建设采购合同的实施进度和质量、成本等各方面的绩效进行严密的监督控制，主要就是运用项目管理体系的进度、质量、成本、资源等管理领域的流程和工具对各项采购合同的执行进行管理和落实，此外还包括合同履行、合同验收、合同风险控制、合同变更管理等专项控制措施，确保了项目各项采购的目标基本可控，效果良好。

9.4.1 合同履行与验收

江苏水源公司各职能部门及现场建设管理机构负责本部门形成合同的履行，其主要内容有：

(1) 公司职能部门和现场建设管理（监理）单位建立合同管理台账，跟踪合同支付与合同价状况，及时掌握主要分项及合同总价支付动态。

(2) 公司职能部门和现场建设管理（监理）单位按照合同约定严格履行合同，以避免和减少合同变更和索赔。不可避免时，按照合同约定进行处理，并按申报、审核、审定的程序履行报批手续。

(3) 合同变更、索赔和额外工程按发生的事项进行处理和批复。申报时须有工程量和单价的计量、测算资料，审核、审定时须对工程量和单价提出审核（定）意见，审核、审定单价发生变化时须有单价构成表。按项计价时，须附有必要的备注或说明。额外工程还须附有建设（监理）单位的立项批准文件。

(4) 合同执行中发生纠纷，首先进行调解。调解无效时，按合同约定方式进行仲裁或诉讼。仲裁或诉讼前，公司职能部门和现场建设管理机构须提交书面报告，由合同归口管理部门组织有关部门提出方案，在征求法律顾问意见后执行。

(5) 合同执行完毕，由职能部门或现场建设管理机构办理工程结算单，经单位负责人签字后结付，主体工程施工等合同的结算价须经江苏水源公司或委托现场建设管理机构批准确认。

(6) 合同项目验收审计后，由合同归口管理部门组织对合同的执行情况进行后评价。

合同履行完毕后按有关规定进行验收并签证，合同验收由公司职能部门或现场建设管理机构组织，按照有关规定进行验收。与工程主体建设直接关联的工程建设、设计、监理和施工合同，按照《南水北调工程验收管理规定》《南水北调江苏境内工程验收管理实施细则》进行验收。工程征地拆迁安置补偿类合同，按照《南水北调东线一期江苏境内工程建设征地补偿和移民安置验收暂行办法》进行验收。其他合同执行完毕时，须有职能部门相关验收签证材料，包括服务成果性资料、服务质量评价等。

9.4.2 合同风险分配、控制与合同变更管理

合同履行过程中存在未知因素的干扰，并对合同双方或某一方产生负面影响，这形成了合同风险问题。在南水北调江苏境内工程合同履行过程中通常会遇上下列几类风险（如表9-7所示）。

表9-7 合同履行过程中常见的风险

风险类型	说明
市场风险	劳动力、施工设备、建筑材料等市场价格波动而引起的风险。如钢材涨价而引起的风险。
工程风险	工程不确定性而引起的工程量变化的风险。如实际工程地质条件比设计描述的地质条件差而产生的风险。
自然风险	自然带来的风险，如超标准洪水、暴雨等引起的停工或使已经完成工程遭遇损害的风险等。
政策法规变化的风险	国家政策法规的变化而使合同某一方的利益受到影响的风险，如合同履行过程中税率的变化等。

合同风险分配方式有隐式和显式两种。隐式合同风险分配即通过合同计价方式选择分配合同风险，常用的合同计价方式有单价合同和总价合同两种；显式合同风险分配即根据合同条件规定各种风险由哪方承担以及承担什么责任。

合同风险控制措施分保险和非保险两类。

保险类：南水北调江苏境内工程保险主要包括工程一切险和业主/发包方责任险两类。工程一切险传统的做法是将保险费用列入工程承包主合同，由主合同的承包方去投保。由于对工程保险条款的不熟悉，现场建设管理机构也往往任由主合同的承包方将其认为需要投保的工程内容进行投保，而与之关系不太密切的主附设备往往不列入投保范围。此外，承包方投保时往往存在因对保险条款不熟悉，导致保险客体对于工程的针对性不强、保费费率偏高等问题，其风险事件一旦发生，损失难以得到合理补偿。

针对上述情况，江苏水源公司工程部经过半年多的调研，接触了多家保险公司，并经过多次的询价和沟通，从保险条款到保险费率，进行严密的对比、修改和筛选，率先在刘老涧二站工程上试点，由江苏水源公司负责工程一切险的投保工作。实践表明，由公司集中投保，克服了以上由承包方投保的诸多缺点，既优化了保险合同的条款，又节省了保费。

非保险类：南水北调江苏境内工程非保险合同风险控制措施主要有：

①采用“甲方供主材”方式，降低合同风险。例如，淮阴三站工程土建与设备安装合同采用单价合同，材料采购由承包方负责，相关费用也包括在合同内。2007至2008年间，在该合同履行过程中，钢材价涨幅很大，以至承包方难以承担该

风险，并存在将该风险向发包方转移的可能性。这主要基于两方面原因：一是合同工期较长；二是我国处于经济发展和转型期，市场价格波动较大。此后，对于泵站土建和安装类合同，江苏水源公司对工程用主材均采用“甲方供主材”方式，或采用可调价单价合同，以合理分配风险，进而防止过大风险事件的发生。

②设置工程招标设计环节，细化工程设计，控制工程量波动引起的风险。南水北调江苏境内工程全面推行工程招标设计，其优势有：一是可在初步设计的基础上，进一步优化工程，控制工程建设投资；二是通过招标设计，细化工程设计文件，降低工程的不确定性，从而控制工程量变化过大而引起的工程风险。

③科学进行合同规划，控制工程投资风险。以工程批复概算为基础，根据工程内在逻辑、实施特点，合理划分合同，以控制工程投资风险。现场建设管理机构负责处理合同变更事项，一次性合同变更金额在10万元以下，且累计不超过50%合同备用金的，由现场建设管理机构直接审批，报水源公司备案；单个变更金额大于10万元或累计变更超过50%合同备用金部分的，经现场建设管理机构初审后报水源公司批准。

合同变更指工程合同履行中，对合同文件，包括相应的工程设计文件或经监理批准的施工方案，进行的任一方面的调整或改变。

合同变更事项由现场建设管理机构处理，一次性合同变更金额在10万元以下，且累计不超过50%合同备用金的，由现场建设管理机构直接审批，报江苏水源公司备案；单个变更金额大于10万元或累计变更超过50%合同备用金部分的，经现场建设管理机构初审后报江苏水源公司批准。

9.5　采购管理主要挑战和克服措施

(1) 扬程低、流量大的泵站采购难度大

南水北调江苏境内工程泵站的特点为扬程低、流量大，由于当时的国内主流水泵技术无法满足这一特点，大部分要从国外引进，这为水泵采购增加了额外困难。例如，蔺家坝泵站的贯流泵机组及其关键技术就是从日本日立公司引进的。

为了应对这一挑战，江苏水源公司自2005年8月开展招标投标工作第二年起，就陆续组织编制了《南水北调东线第一期江苏境内工程水泵及附属设备招标文件指导文本》《南水北调东线第一期江苏境内工程灯泡贯流泵机组成套设备采购》《南水北调东线第一期江苏境内工程泵站自动化系统采购及安装招标文件》等制度文件，用于指导泵的采购及招标投标文件编制，提高了招标投标工作效率和水平，取得了显著的效果。在水泵机组招标过程中，标书上明确要求水泵机组相关参数，倒逼国内水泵生产企业与国外水泵生产企业进行联合，促进了我国低扬程、大流量贯流泵生产技术水平的提升。

此外，江苏水源公司还组织相关高校和科研单位进行技术攻关，并消化吸收国外水泵生产先进技术，在贯流泵关键技术、泵及泵装置水力性能优化等方面取得了一批技术先进、实用性强的科研成果，取得显著的经济、社会效益。贯流泵装置研究成果基本达到国际先进水平，已在泗洪站、金湖站泵装置设计选型中应用，并在江苏省通榆河北延工程中得到应用。

(2) 招标人编制标底制度的效果有限

自 2009 年开始，江苏水源公司在主体工程土建施工标及设备安装标招标中，积极推行公开招标人预算价的招标办法，主动公布招标人预算价，而不再编制标底。招标人预算价要求能较为客观地反映工程先进生产力水平下的工程造价，并经过严格的审查程序，以保证其合理性。该方法试行一段时间后，经总结分析，确认能够有效地遏制投标人哄抬报价、工程造价不可控等现象，并可减轻招标人在短时间内编制标底的压力，也有利于从源头防止腐败行为的产生。

(3) 合同变更无法避免，且变更程序繁琐

由于水利建设工程自然条件、建设条件的多变性，尽管采取了设置招标设计环节等控制合同变更的措施，但事实上，工程实施中合同变更难以完全避免。面对这一现实，江苏水源公司就工程合同变更进行深入研究，系统制定了合同变更的处理程序和方法，有效地遏制了通过合同变更增加投资的现象。通过合同变更，江苏水源公司不断优化设计和施工方案，与此同时有效地控制工程价格的调整，在节省工程投资方面收到了良好的效果。

(4) 招标工作和采购实施管理工作之间缺乏协调

工程招标是工程发包的第一步，影响到选择队伍和合同价，至关重要，因此公司层面必须积极参与。所以，南水北调江苏境内工程招标的当事人是江苏水源公司，但招标后，漫长的采购实施管理工作则主要靠现场建设管理机构去完成。若采购实施管理人员对招标文件及招标过程不熟悉，对提升采购实施管理水平势必存在困难。面对这一难题，南水北调江苏境内工程解决的方案是：①在江苏水源公司指导下，由现场建设管理机构编制招标文件；②江苏水源公司负责对招标文件进行审核；③在江苏水源公司指导下，由现场建设管理机构对工程合同的实施进行具体管理，对合同履行过程中的重大问题由江苏水源公司进行决策、审批。采用这种管理机制后，保证了招标与采购实施管理、现场建设管理机构与江苏水源公司管理的一体化，提升了采购实施的管理水平。

项目进度管理

南水北调江苏境内工程的各设计单元分布在江苏省多个地级市，工程涉及调水、治污等众多单项工程，工程施工强度大，且水系网络纷繁，施工环境复杂，外部协调工作繁多，存在许多不可控因素。特别是 2009 年至 2013 年，大量工程同时施工，施工任务重，工期紧张。针对以上问题，为确保南水北调江苏境内工程按时保质完成，江苏水源公司高度重视项目进度管理，制定科学的进度计划，采取多样有效的进度监控预警措施，综合应用工程周例会、与省南水北调办公室等相关管理机构联席会议等会议协调机制和其他多种进度管理工具，有效保证了南水北调江苏境内工程的建设进度，为按期完成工程建设奠定了坚实基础。

10.1　进度计划制定

2002 年 12 月 23 日，国务院批复《南水北调工程总体规划》。2002 年 12 月 27 日南水北调工程开工典礼在北京人民大会堂和江苏省、山东省施工现场同时举行。但由于工程项目批复、建设资金供应、征地拆迁等方面的原因，在 2003—2008 年的 5 年时间里，第一批开工的设计单元较少，这一期间南水北调江苏境内工程完成工程投资量仅约占总投资的 20%。从 2009 年开始，南水北调江苏境内工程开始走上“快车道”。

2008 年，国务院南水北调工程建设委员会确定“东线一期工程 2013 年建成通水”的总体建设目标，为南水北调江苏境内工程确定了明确的整体完工目标，并提出总体里程碑目标，确立分“三步走”的里程碑计划，如图 10-1 所示。

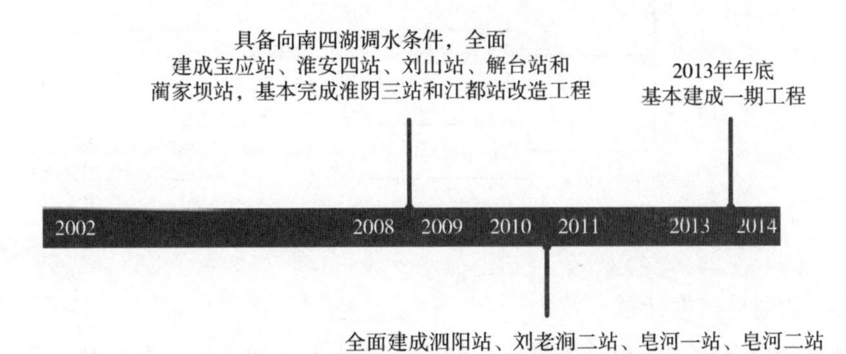

图 10-1　南水北调江苏境内工程分阶段目标

具体建设里程碑目标：

• 第一步，到 2008 年底，具备向南四湖调水条件。全面建成宝应站、淮安四站、刘山站、解台站和蔺家坝站，基本完成淮阴三站和江都站改造工程。

• 第二步，到 2011 年，全面建成泗阳站、刘老涧二站、皂河一站、皂河二站。

• 第三步，到 2013 年年底，基本建成一期工程。

根据国务院南水北调工程建设委员会确定的上述总体目标，江苏水源公司组织现场建设管理机构和各参建单位具体编制南水北调江苏境内工程的各级进度计划，主要包括工程总体进度计划、年度进度计划、设计单元工程进度计划，各级计划的编制流程如图 10-2 所示。

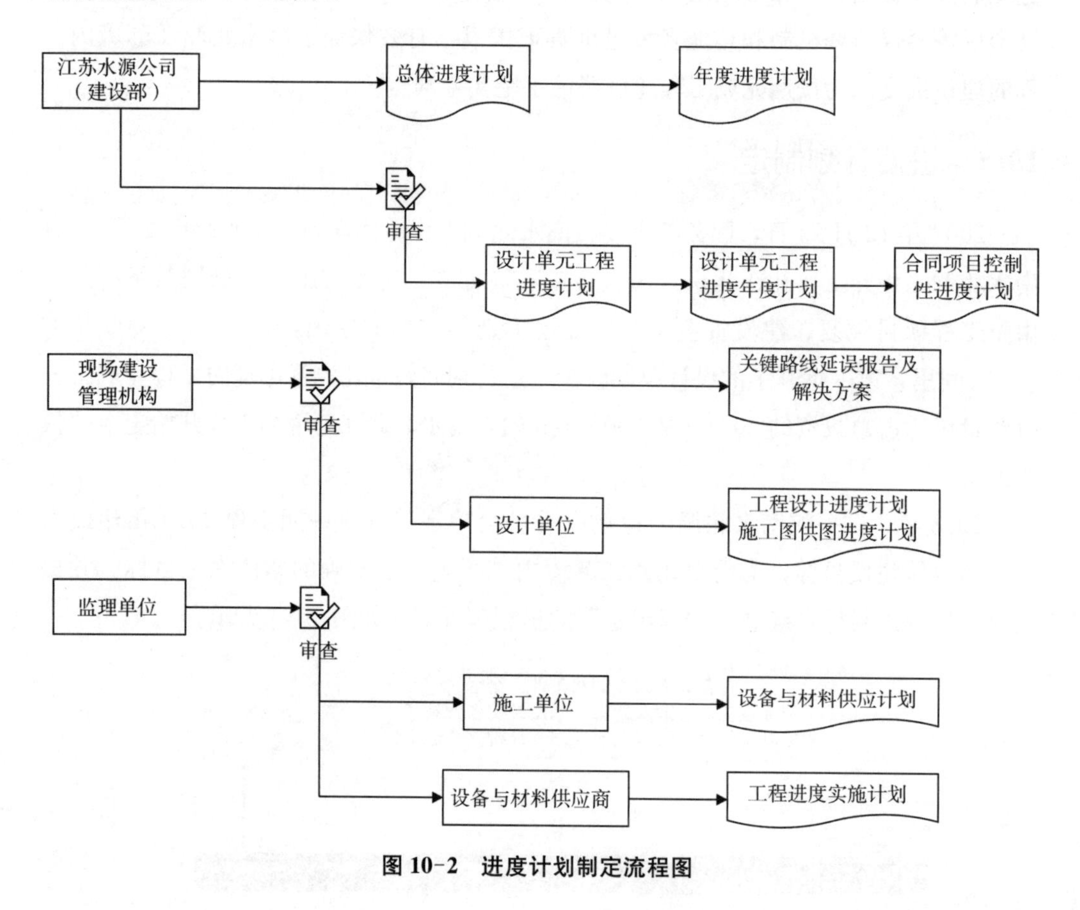

图 10-2 进度计划制定流程图

(1) 工程总体进度计划

南水北调江苏境内工程总体进度计划由江苏水源公司主持编制或修正。依照工程目标和建设特点，以及“东线一期工程 2013 年建成通水”这一工程总体进度目标，江苏水源公司充分考虑工程前期工作的进展和全线通水的进度节点（控制性）工程，详细制订了 2009—2013 年调水工程建设进度计划，如下所示：

• 2009 年，开工建设刘老涧二站、泗阳站改建，皂河一站、皂河二站、泗洪站、淮安二站改造，以及高水河整治、里下河水源调整、骆南中运河影响处理工程等共

9 个设计单元工程。

• 2010 年，金湖站、金宝航道开工建设，淮安二站改造，高水河整治，骆南中运河影响处理工程，里下河水源调整，洪泽站、睢宁站、徐洪河影响处理，洪泽湖抬高蓄水位影响处理工程，共 10 个设计单元工程。

• 2011 年，邳州站开工建设、沿运闸洞漏水处理、下级湖抬高蓄水位影响处理、管理设施专项和调度运行管理系统工程，共 5 个设计单元工程；同时，全面建成淮安市截污导流工程，完成徐州市截污导流工程主体工程。

• 2012 年，完成泗阳站、皂河二站、泗洪站、骆南中运行影响处理，高水河整治及徐洪河影响处理工程。

• 2013 年，完成剩余工程建设及工程扫尾，并确保全线通水。

在上述调水工程总体进度计划的框架下，江苏水源公司还编制了调水工程 2009—2013 年期间新开工的各设计单元工程控制性进度计划，如表 10-1 所示。

表 10-1　2009—2013 年调水工程部分设计单元工程控制性进度计划表

序号	设计单元工程名称	计划开工时间	控制性进度节点	
1	刘老涧二站	2009.6	水下验收：2011.1	试运行验收：2011.9
2	泗洪站	2009.11	水下验收：2011.6、2012.12	试运行验收：2013.4
3	泗阳站	2009.12	水下验收：2012.1	试运行验收：2012.5
4	皂河一站	2010.1	水下验收：2011.4	试运行验收：2012.5
5	皂河二站	2010.1	水下验收：2012.1	试运行验收：2012.5
6	金湖站	2010.6	水下验收：2012.6	试运行验收：2012.12
7	金宝航道	2010.6	2013.5，完成施工 1 标取直段 11 个单位工程验收	
8	骆南中运河	2010.7	2012.7，完成全部单位工程验收	
9	高水河整治	2010.7	2013.3，完成施工 1、2、3 标单位工程验收	
10	淮安二站	2010.7	试运行验收：2012.12	
11	洪泽湖抬高蓄水位影响处理	2010.11	2013.7，完成淮安境内施工 1、2、3 标单位工程验收	
12	洪泽站	2010.12	水下验收：2012.11	试运行验收：2013.3
13	徐洪河影响处理	2010.12	2013.5，完成宿迁境内护坡等 9 个单位工程验收	
14	邳州站	2011.3	水下验收：2012.12	试运行验收：2013.2
15	沿运闸洞漏水处理	2011.8	2013.3，完成盐城境内 10 座涵闸单位工程验收	

（2）年度进度计划

南水北调江苏境内工程年度进度计划由江苏水源公司工程建设部主持，并由组织和指导工程现场建设管理机构等相关部门共同配合编制完成。

南水北调江苏境内工程年度进度计划是在工程总体计划指导下，根据工程投资安排、工程实际进展现状和进度控制点（或设计单元工程）等因素编制的。通过确定工程的形象进度、计划完成投资、计划完成主要工程量、年度阶段目标等指标，建立从整体到施工量的详尽进度计划。例如2009年开工的刘老涧二站工程、泗洪站工程、泗阳站工程、皂河一站改造工程、皂河二站及一站配套建筑物工程等在2011年的年度进度计划如表10-2所示。

表10-2 2011年进度计划表（2009年开工项目）

设计单元工程	工程年形象进度	完成投资/万元	完成主要工程量	工程阶段目标	工程验收计划
刘老涧二站工程	2011年完成主机泵及电气设备安装调试、厂房和控制室装修、管理设施及水保绿化、下游围堰外水下方及围堰拆除等施工，年内全面完工。	3 153	土方开挖23.14万m^3；土方回填3.23万m^3，混凝土浇筑0.1万m^3。	2011年3月完成机电设备、自动化安装、输变电线路施工，完成围堰拆除及水下方施工；4月完成厂房、控制室内外装饰；5月完成泵站机组试运行验收；8月底完成管理设施等全部建设内容。	1月完成闸站工程水下阶段验收；5月完成泵站机组试运行验收；7月完成消防设施专项验收；9月完成泵站土建施工及设备安装合同项目完成验收，并完成水土保持专项验收；10月完成安全评估及档案专项验收，并具备设计单元完工验收条件。
泗洪站工程	年底前完成船闸、节制闸、泵站引河工程，泵站混凝土浇筑至水泵层；利民河闸、排涝调节闸工程完成闸墩浇筑，开始实施交通桥、排架上部结构。	13 266	土方开挖73.5万m^3，土方回填71.0万m^3，混凝土浇筑4.5万m^3。	2月完成船闸（阀）门体安装；3月完成节制闸闸墩、工作桥和交通桥施工；5月中旬完成节制闸、船闸上下游护砌、节制闸闸门及启闭机安装，具备水下工程验收条件，年底完成船闸、节制闸单位工程验收；泵站6月完成施工围堰填筑；9月开始底板浇筑，年底完成至水泵层；10月，利民河闸、排涝调节闸浇筑底板；年底完成闸墩浇筑，交通桥、排架上部结构开始实施。	4月完成泵站引河单位工程验收；5月完成船闸、节制闸水下工程阶段验收；12月完成船闸、节制闸单位工程验收。

续表

设计单元工程	工程年形象进度	完成投资/万元	完成主要工程量	工程阶段目标	工程验收计划
泗阳站工程	泵站完成主体及厂房土建施工；进行主机泵安装，完成主机泵安装调试4台套，完成电气设备安装80%工作量；完成上下游一期围堰范围内所有护砌工程；徐淮公路桥完成公路桥接桩、盖梁，管理设施及管理区绿化开始施工。	9 300	土方开挖 23.4 万 m^3，土方回填 21.0 万 m^3，混凝土浇筑 2.25 万 m^3。	7 月底完成泵站、厂房主体、吊车梁等土建施工；8 月底具备主机泵安装条件；8 月中旬填筑二期上游施工围堰，年底徐淮公路桥完成灌注桩接桩及盖梁。	—
皂河一站改造工程	完成下游拦污栅制作安装、下游闸门维修、上下游护坡、下游清淤、下游门槽维修、高低压开关柜安装等工程，1 号机组 3 月底具备运行条件；4 月底 2 号机组完成试运行验收；11 月完成 1 号机组拆除；12 月底完成上游闸门维修和液压启闭机更新，厂房门厅改造、高低压室室内装修等，基本完成自动化监控系统安装。	2 000	土方开挖 0.25 万 m^3，土方回填 0.29 万 m^3，混凝土浇筑 0.15 万 m^3。	2 月上旬开始高低压电气设备和电缆的安装；3 月下旬完成电气设备、电缆、保护单元安装和调试；4 月完成下游拦污栅制作安装和下游闸门维修及 2 号机组试运行验收；11 月完成 1 号机组拆除。	4 月完成 2 号机组试运行验收。
皂河二站及一站配套建筑物工程	3 月底前完成穿邳洪河地涵、引水闸、邳洪河北闸、一站清污机桥及邳洪河疏浚水下工程，具备阶段验收条件；8 月完成泵站主体水下工程阶段验收；10 月份全部完工；11 月完成 110 kV 变电所工程；12 月完成二站下游公路桥、清污机桥等工程。	14 940	土方开挖 45.1 万 m^3，土方回填 36.28 万 m^3，混凝土浇筑 5.72 万 m^3。	3 月下旬完成邳洪河北闸以及一站配套建筑物水下工程，完成邳洪河疏浚，具备阶段验收条件；10 月底邳洪河北闸及一站配套建筑物完工；二站下游清污机桥及公路桥 8 月开工，12 月底完工；11 月完成 110kV 新、老变电所切换。	3 月下旬完成邳洪河疏浚、邳洪河北闸、穿邳洪河地涵，以及一站引水闸具备水下工程阶段验收条件；5 月完成变电所土建及场地填筑施工合同项目完成验收；8 月完成二站水下工程阶段验收；11 月完成邳洪河北闸、穿邳洪河地涵、一站引水闸、公路桥，以及清污机桥单位工程验收。

(3) 设计单元工程进度计划

设计单元工程进度计划由江苏水源公司的各工程现场建设管理机构在公司工程建设部指导下，根据总体进度计划和控制性进度计划负责编制，最后报公司工程建设部审批通过后执行。

设计单元工程进度计划主要是在工程项目结构分解的基础上，利用网络计划技术编制，确定工程项目的关键路线、关键活动、子项目和进度控制节点。然后，将这些进度计划的控制性参数列入设计、施工承包等合同，作为设计单元工程进度控制的依据。设计单元总体进度计划进一步对各项单体项目所涵盖的具体工程确立工程节点。如骆南中运河影响处理工程 1 标段（表 10-3）利用网络计划图，明确该标段里程碑工程节点进程，并通过合同控制各项工程节点的进度。淮阴三站泵站工程（图 10-3）同样在合同中明确各节点参数，便于江苏水源公司考核项目进度完成情况，从而有效控制项目的进度。

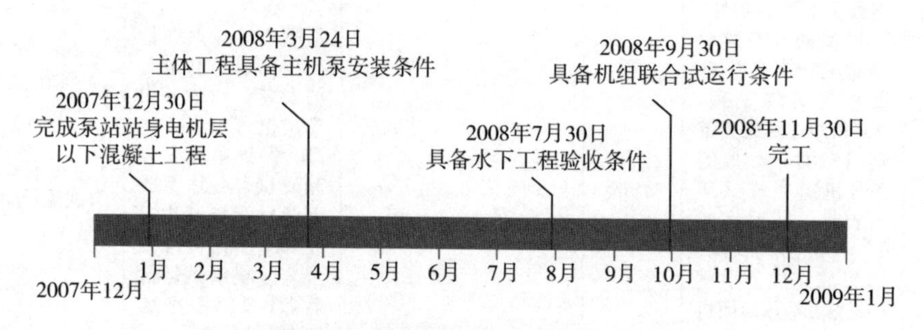

图 10-3　淮阴三站泵站工程进度计划

表 10-3 骆南中运河影响处理工程 1 标段合同总进度计划

工作名称	2010 年			2011 年									
	10 月	11 月	12 月	1 月	2 月	3 月	4 月	5 月	6 月	7 月	8 月	9 月	10 月
施工准备	▬												
施工平台修筑	▬	▬	▬	▬	▬								
铺膜防渗施工	▬	▬	▬	▬	▬	▬	▬	▬	▬	▬	▬	▬	
水泥土深搅桩施工	▬	▬	▬	▬	▬	▬	▬	▬	▬	▬	▬	▬	
狗牙根草皮铺植施工						▬	▬	▬	▬	▬	▬	▬	▬
竣工清理													▬

10.2　进度计划实施控制

10.2.1　进度计划实施控制组织架构

南水北调江苏境内工程进度计划的管理和控制总体上按照江苏水源公司、工程现场建设管理机构、参建单位三个层级进行。江苏水源公司负责南水北调江苏境内工程进度的管理，工程现场建设管理机构负责设计单元工程进度的管理，参建单位负责所承担的合同项目进度的管理，如图 10-4 所示。

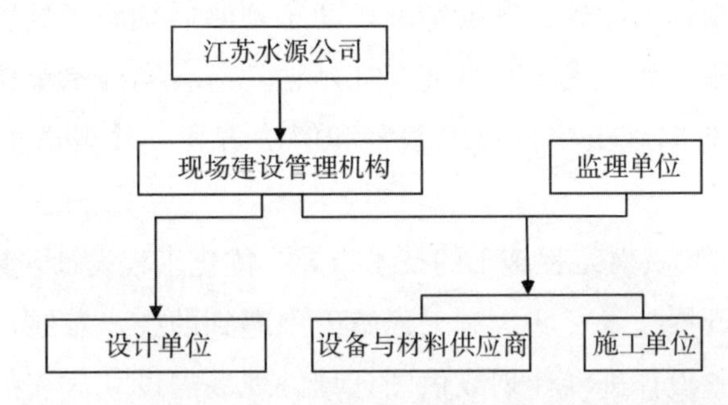

图 10-4　南水北调江苏境内工程项目进度管理组织体系

其中，江苏水源公司进度管理的职能部门是工程建设部，对整个工程的建设进度负责。

工程现场建设管理机构负责相应工程的进度管理，包括工程设计进度、施工进度和材料设备供应进度；与此同时，将工程进度控制列入工程监理合同，要求工程监理单位对设备与材料供应商、施工单位的进度进行监管。监理单位一般设有监理工程师，负责控制所监理项目的进度。

设备与材料供应商和施工单位均设有工程进度管理科室，负责所承担项目的进度管理。

各单位的主要分工责任如下。

(1) 江苏水源公司：负责工程总体建设目标的确定，负责保证工程经费及时到位，宏观协调制约工程进度的外界因素和环境因素，监管、指导工程建设过程。此外，还要对设计单元工程进度实施现状进行检查、预警、协调和控制，每季度至少检查 1 次。

(2) 现场建设管理机构：总体负责所管理工程的建设进度，依据江苏水源公司制定的工程总体进度计划，编制所负责工程的实施计划和年度实施计划，全程监控建设过程，及时协调和处理工程建设中遇到的困难和问题，适时调整计划和安排，及时支付工程款，及时组织相关验收等。此外，还要按合同规定的建设工期对施工单位工程进度进行检查、预警，每月至少 2 次，并要求监理单位每周组织具体工程进度检查。

(3) 监理单位：根据监理合同要求，直接负责现场施工进度的管理和督促。审批施工单位的施工进度计划，并结合实际情况要求施工单位对工程进度计划进行及时修订。对施工进度进行监督、检查和控制：监理工程师及时跟踪检查施工单位的现场施工进度，监督施工单位按经批准的进度计划施工，并记好监理日志；对进度偏差进行具体分析，根据实际施工进度情况，动态预测后续施工进度的动向，必要时采取一定的控制措施；如发现工程进度存在延误，应会同施工单位进行分析，对关键路线上的延误，应向施工单位提出预警和解决方案，并报送工程现场建设管理机构。

(4) 设计单位：负责对工程施工的技术指导，优化工程设计，控制工程变更，及时提交施工图纸和开展技术交底。对工程施工中遇到的技术难题，有义务进行研究和解决，并及时调整设计进度计划或供图计划。现场需设立代表处，设计骨干全过程参与施工单位、监理单位开展的工作。

(5) 施工单位：具体负责工程施工进度，在施工工程中，按照监理单位批复的计划，严格控制施工工序，加强人力、物力、财力和设备等资源投入，确保按照节点工期完成各阶段施工内容。此外还要定期分析工程实施进度偏差，发现延误时，及时研究赶工措施，使进度偏差在可控范围内。

10.2.2 进度计划实施控制流程、工具和措施

南水北调江苏境内工程项目进度计划的实施和管理总体上按照江苏水源公司(工程建设部)、现场建设管理机构、监理单位、施工单位及设备与材料供应商单位四个层次共同实施进行，实施控制流程如图 10-5 所示。

具体的管理工具主要分为以下几种：

• 进度管理台账

江苏水源公司以过程控制为基础，建立了质量、安全、进度、征地拆迁和合同管理台账制度，及时、准确地收集各项工程建设管理信息，形成工程建设动态控制系统，保证工程建设有序推进和总体建设目标的实现。

• 会议制度

南水北调江苏境内工程还建立了工程实施进度控制的“周/月工程例会”“控制

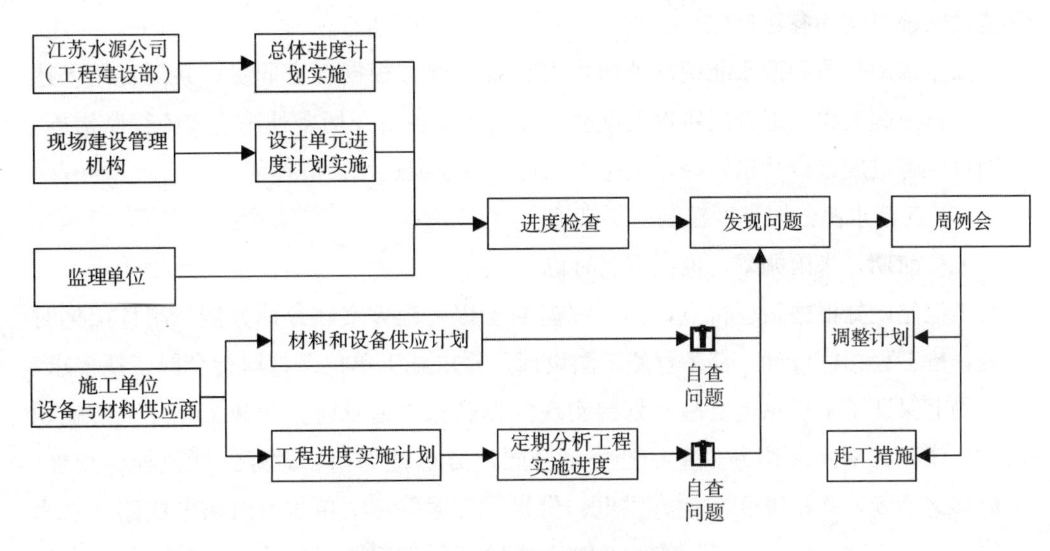

图 10-5　进度计划实施控制流程图

性项目进度推进会”及“联席会议”等会议制度。

■周/月工程例会是指现场建设管理机构和监理单位每周或每月对工程建设进度进行检查，对发现的问题，在周/月工作会议上进行通报，并讨论解决方案，同时通过参建各方交流，及时发现和当场解决项目内部协调事宜。

■控制性项目进度推进会是对工程建设过程中矛盾突出的控制性工程，在工地现场召开进度推进会。例如金宝航道、里下河水源调整、洪泽站、邳州站、睢宁二站工程等控制性工程在受到如征迁等引发的地方矛盾严重影响的情况下，由江苏水源公司主要领导亲自负责、分工管理、牵头与参建单位沟通，在工地现场召开进度推进会，实地了解工程实施过程中存在的问题，并就地解决。

■联席会议是指为了把南水北调江苏境内工程建设纳入全省水利重点工程建设“一盘棋”，江苏水源公司与江苏省水利厅、江苏省南水北调办公室、工程沿线公安机关等联合召开的工程实施推进会。在联席会议上统一部署、分工负责、密切配合，以及时解决工程用地、基金征收使用管理、移民安置、社会面施工矛盾纠纷等阻碍工程有序推进的各种问题，保障工程进度目标的实现。

• 目标责任状

国务院南水北调办公室与江苏水源公司签订责任状后，江苏水源公司立即对每一个设计单元工程，尤其是控制性项目进行重点分析、重点研究，在责任状的基础上，明确各控制性项目月度工作计划和相关责任，与各建设管理单位签订目标责任状，通过责任状，将进度责任层层落实，且以责任状的形式，形成压力，鞭策各现场建设管理机构和参建单位。

江苏水源公司和南水北调江苏境内工程各参建方根据各自职责，共同遵循上述进度实施控制流程，综合应用以上进度管理工具，各自采用多种进度实施控制措施，对项目实施进度进行严格管控，确保了工程按时建成通水，具体如下：

（1）江苏水源公司进度控制主要措施

• 抓前期，未雨绸缪，抢占有利时机

工程建设处根据工程特点，抓工程前期工程实施方案、分标方案，制订招标时间表，抢工程招标设计，催工程施工图设计，要求施工单位严格履行合同工期要求，在前提上保证了工程总体实施计划的实现。为确保土地及时交付施工，开工前就积极配合江苏省南水北调办公室征迁办，会同地方征迁部门，做好红线放样、交桩、土地移交手续，并积极联系地方供电、供水、交通等相关单位，对供电线路、供水线路等进行迁建工作。征迁工作的及时完成保证了工程施工场地的及时交付，保证了工程的及时开工，为完成全年建设任务赢得了时间。

• 加强四个层面的协调，为项目实施创造良好环境

在南水北调江苏境内工程建设过程中，建设条件、建设管理环境等多方面均不断发生变化，而这些变化对工程建设进度会产生不利影响。对此，江苏水源公司通过运用联席会议等制度工具，着力加强四个层面的协调：

首先，加强江苏省南水北调办公室、江苏水源公司与江苏省水利厅之间的工作机制，把南水北调工程建设纳入全省水利重点工程建设“一盘棋”，在规划、建设、运行管理等方面共同研究，形成合力。

其次，加强江苏省南水北调办公室和江苏水源公司之间的工作协调，通过建立联席会议制度，两个机构实现统一部署、分工负责、密切配合，共同组织南水北调工程建设的各项工作。

再次，加强与江苏省有关部门的工作协调，在节水型社会建设、水污染防治、工程用地、基金征收使用管理等方面建立有效的协调联络机制，及时解决工程建设中出现的矛盾和问题。例如，与工程沿线公安机关建立多层次的联席会议制度，成立工地警务室，及时化解因征地补偿、移民安置、工程施工等引发的社会矛盾纠纷，切实维护群众利益，保证工程建设的良好环境。例如泗阳站施工致附近民房产生裂缝，导致群众阻工现象发生，以及邳州站开工初期与当地群众发生纠纷等，这些矛盾纠纷严重影响工程进度。江苏水源公司联合工程现场建设管理机构，多次到泗阳站、邳州站、洪泽站、金宝航道、里下河水源调整等工程现场，与当地群众沟通协调征地拆迁、施工干扰等各种矛盾，保证了工程顺利实施。

最后，加强项目参建各方之间以及内部管理部门之间的协调，保证各参建方良好的工作状态，包括积极协调不同施工单位之间、设计单位与施工单位之间，以及设备与材料供应商与施工单位之间的冲突，加强内部管理部门之间以及与外部相关单位之间的协调，解决施工单位遇到的问题和困难。

例如，在工程施工导流、施工工艺和施工方案措施，以及高脚手、高边坡、施工围堰、重大危险源等的处理过程中涉及多方利益，影响到工程建设正常进行。江苏水源公司与工程现场建设管理机构紧密配合，现场协调各方关系，落实问题、矛盾和冲突的解决方案。

又如，在施工过程中，泗阳、泗洪等多个工地曾短暂出现资金紧张状况，江苏水源公司从加强内部管理、提高办事效率、增强服务意识出发，尽可能缩短合同办理和支付等文件流转时间。

再如，部分工程建设过程中曾出现柴油供应紧张状况，导致部分工程出现等油或无油施工的现象。江苏水源公司做到急事急办，积极协调外部相关部门和单位，妥善解决供应问题，为加快工程施工提供更多支持，为现场施工保驾护航和排忧解难。

• 抓重点，全程跟踪，加强工程推进

建设过程中，江苏水源公司工程建设处始终会同监理单位、设计单位、施工单位牢牢抓住进度关键线路，优化施工方案，合理配置资源，穿插施工，适时调整施工计划。工程建设处采用工程推进会制度作为进度管理工具，每月召开一次推进会，各参建单位负责人、技术人员及班组长均需参加会议。为了不影响白天施工工作，推进会定于晚间召开。通过每月一次的进度推进会，参建各方进行广泛的沟通交流，总结上月工作得失，细化下月实施计划，研究解决过程中遇到的重点、难点。

例如在金湖站泵站主厂房浇筑的最关键时期，正值农忙时节，民工们急切想回家收粮，但是工程水下工程阶段验收节点工期逼近。正是通过一次晚间的工程推进会，项目负责人与一线民工同志亲密交谈，强调了工程节点的重要性，从而打动了民工朋友，协商顺延半个月返乡。在这半个月内，大家铆足干劲，一气呵成地完成了主厂房的施工。

• 注重进度分析，建立预警机制

江苏水源公司在进度管理中十分注重现代进度科学理论的应用，根据各设计单元工程进度现状，对照进度计划及其关键路线，分析各设计单元工程进度控制性节点，进而分析这些进度控制性节点在当前资源配置下的工程进度延误状态，总结出一切可能影响节点工期实现的不利因素，建立预警机制，从而能及时调整计划，合理调配资源，提出可行的赶工措施。例如，2012 年 7 月，工程所在地多次受到台风影响，阴雨连绵，大规模的土方施工受阻。为此，项目部及时启动预警机制，转外为内：一方面，将劳力转向室内作业，加快设备安装调试；另一方面，组织技术力量开展技术整编。通过优化资源配置，合理地避开了人力资源的浪费和工期的延误。

• 以劳动竞赛为抓手，建立工程进度考核激励机制

各现场建设管理机构组织各参建方开展由江苏水源公司主办的工程建设劳动竞赛，成立了劳动竞赛考核小组，制定了劳动竞赛实施细则，设立了高额竞赛奖金，并按照提前完成时间评分标准发放到班组及个人，同时设立优秀能手、建设标兵等个人荣誉称号。劳动竞赛会明确每月生产任务，以总体任务为目标，在施工班组（工种队）之间开展，通过激励先进、鞭策后进，促进工程进度目标的实现。对年进度目标考核结果合格的现场建设管理机构，江苏水源公司给予通报表扬、颁发奖牌奖状。

• 抓检查，保落实

工程建设处对进度执行情况、节点形象进度、分年度投资计划，以及保证措施等进行定期检查，严把工程节点关。例如，在 2010 年度，金湖站建设处前期重点抓土建和贯流泵标段的招标工作，后期重点抓泵站基坑开挖、底板浇筑和清污机桥的土建施工，中间贯穿贯流泵的总体设计（数值模型计算、物理模型试验等）、清污机设计及制作工作。建设处通过召开 2 次建设各方协调会、3 次设备制造设计联络会、14 次工地例会、9 期建设月报等形式，及时通报工程建设进展情况，协调设计、土建和设备供应之间的进度矛盾，提醒关键节点时间，保证如期实现阶段目标。

(2) 监理单位进度控制主要措施

• 进度控制的组织措施

监理单位审查施工单位施工组织机构、人员配备、资质和业务水平能否适应本工程的需要，并提出意见。建立进度报告制度、进度信息沟通网络、进度协调会议制度、进度计划审核制度，审核施工单位提出的工程项目总进度计划、年进度计划、季度进度计划，并督促其执行。建立进度控制检查制度、调度制度、进度控制分析制度以及采取图纸审查、及时办理工程变更手续的措施。

• 进度控制的技术措施

选择合适时机下达工程开工令，提醒发包人履行施工承包合同中所规定的职责，妥善处理进度延期事件，要求施工单位采用多级网络技术和其他先进适用的计划技

术，与施工单位一起制定缩短作业时间、减少技术间歇的技术措施，采用计算机控制进度的措施，在影响工期风险较大的项目上采用先进高效的技术和设备。

• 进度控制的经济措施

根据招标文件特殊条款中的规定，对拖延工期的施工单位给予处罚；各方分别制定提供资金、设备、材料、加工订货等供应时间保证措施；及时办理动员预付款和工程进度款支付手续；加强索赔管理；若进度计划延期是由施工单位原因造成的，则可采取停止付款、施工单位赔偿延期损失、解除施工合同等措施予以制约。

• 进度控制的合同措施

加强合同管理，加强组织、指挥、协调，以保证合同进度目标的实现；严格控制合同变更，对各方提出的工程变更和设计变更，监理工程师将严格审查，并在得到业主批准后及时补进合同文件中；加强风险管理，分析风险因素及对进度的影响，制定处理办法。监理工程师对进度计划和实际完成计划定期进行比较，找出影响进度的原因，并报总监理工程师或副总监理工程师，对客观原因造成进度拖期的应及时调整进度并备案，对影响进度的主要因素进行统计和分析，以便从总体上判定是否属于正常状态。

(3) 施工单位进度控制主要措施

• 建立完善的组织网络

建立以项目经理为首、由各施工责任部门组成的施工管理组织机构，选派精干的人员组成项目经理部，负责组织本工程的施工；制定完善的规章制度，职责明确、责任到人。

• 强化工作计划性、配足施工资源

在工程施工实施前，首先要编制详细、周密的生产计划，根据江苏水源公司的总体施工期要求和结合本工程的施工特点，抓住关键线路，制定阶段性的施工目标，围绕目标，层层分解、落实、检查，以确保阶段性目标和总计划目标的实现。为了确保生产计划的按期实现，要根据计划安排情况，配置足够的施工资源，包括材料供应计划、周转材料使用计划、设备配置计划、劳动力计划等。

• 加强施工管理

加强现场工作的施工管理，加强施工现场调度，制定本工程的管理规章制度，以制度管人；提高劳动生产率，强化施工过程控制，加强施工程序控制；加强职工思想教育，提高对质量、安全与进度之间关系的认识，树立“质量第一、质量就是进度”“安全就是效益”的观念，在保证质量、安全的情况下，加快施工进度。

同时加强现场设施设备管理，确保设备完好率，不能因设备问题而影响现场施工进度。加强技术管理，以确保控制好施工过程，避免不必要的浪工、返工。确保施工按进度按计划实施。

• 加大施工资源配备和管理力度

为了确保生产计划的按期实现，要根据计划安排情况，配置足够的施工资源，包括材料供应计划、周转材料使用计划、设备配置计划、劳动力计划等。例如，针对金湖泵站工程特点，在人员配备方面，配技术管理人员 13 人，其中高级工程师 3 人、工程师 7 人、助理工程师 3 人，高级技术工人不少于 15 人，并根据总工期安排，配足辅助性用工数量。在施工设备方面，根据计划安排情况，配置足够的施工设备，并建立健全材料、设备管理制度。除了配备充足良好的施工机械设备外，加强设备的管理，建立维修、保养工作制度，保证设备在施工过程中的完好率和保证率。在资金投入方面，由于施工工期较紧，江苏水源公司还额外投入流动资金 500 万元，以确保材料、设备供应到位，保证工程顺利实施。

10.2.3 工程实施进度考核和激励

南水北调江苏境内工程为保证工程进度按时完成，建立了工程进度考核与激励机制，同时运用适当的方法定期对工程实际进度进行跟踪、检查，并与计划进行对比，分析两者之间的偏差，及时采取有效措施调整工程进度计划。

（1）工程实施进度的考核

对于现场建设管理机构，考核依据为现场建设管理机构工程建设目标责任书。对于工程施工单位，考核依据为施工合同、设计合同与监理合同，以及其批准的建设进度计划。

工程实施进度考核的主要内容为周期内实物工程量、投资的完成情况和工程形象进度等。

考核指标 K 的计算公式为：$K=\dfrac{K_1+K_2+K_3}{3}\times 0.5+K_4\times 0.5$，其中 K_1、K_2、K_3、K_4 分别为考核周期内土石方开挖、填筑、混凝土和施工投资实际完成数量与计划完成数量的比值，并令 $\bar{K}_{实物}=\dfrac{K_1+K_2+K_3}{3}$。

进度目标考核结果分为合格、不合格：考核指标 $K\geqslant 1.00$，且 $\bar{K}_{实物}\geqslant 1.00$ 者为合格；$K<1.00$ 且 $\bar{K}_{实物}<1.00$ 者为不合格。出现进度目标考核结果不合格，年度控制性项目削减目标未完成，年度投资计划或合同额未完成，发生重特大质量安全事故这四种情况之一的，责任单位考核结果为不合格。

（2）工程实施进度的激励

对年进度目标考核结果合格的现场建设管理机构，江苏水源公司给予通报表扬，颁发“南水北调东线工程江苏段建设管理先进单位”奖牌；对相关负责人，江苏水源公司颁发“南水北调东线工程江苏段建设管理先进个人”奖状，并按下列标准核定奖励额度：

对年进度目标考核结果合格，考核指标 $K \geqslant 1.00$，且 $\bar{K}_{实物} \geqslant 1.05$ 的现场建设管理机构和施工、监理、设计单位，报请国务院南水北调办公室给予通报表扬，颁发“南水北调工程建设进度管理先进单位”奖牌；对相关负责人，报请国务院南水北调办公室颁发“南水北调工程建设进度管理先进个人”奖状。

对在南水北调承建的全部标段年进度目标考核结果合格，考核指标 $K > 1.00$，且 $\bar{K}_{实物} \geqslant 1.05$ 的施工单位，国务院南水北调办公室颁发“南水北调工程建设信得过单位”奖牌。

对季进度目标考核结果合格，考核指标 $K \geqslant 1.00$，且 $\bar{K}_{实物} \geqslant 1.05$ 的现场建设管理机构和施工、监理、设计单位，报请国务院南水北调办公室给予通报表扬。

对年进度目标考核结果不合格的现场建设管理机构和施工、监理、设计单位，国务院南水北调办公室也会给予相应处罚。

对考核指标 $K < 1.00$，或 $\bar{K}_{实物} < 1.00$，或 K_1、K_2、K_3 任一项小于 0.85 的单位，报请国务院南水北调办公室约谈其单位负责人。

对考核指标 $K < 0.90$，或 $\bar{K}_{实物} < 0.90$，或 K_1、K_2、K_3 任一项小于 0.80 的单位，报请国务院南水北调办公室给予通报批评。

对考核指标 $K < 0.80$，或 $\bar{K}_{实物} < 0.80$ 的单位，报请南水北调办公室责成有关单位撤换项目负责人，提请有关部门对责任单位给予资质降级处罚。

对季进度目标考核结果不合格，考核指标 $K < 1.00$，或 $\bar{K}_{实物} < 0.90$ 现场建设管理机构和施工、监理、设计单位，报请国务院南水北调办公室给予通报批评，并责成有关单位限期整改。

10.3　关键路径有效管理

项目关键路径进展始终是南水北调江苏境内工程进度管理中首要关注的重点和必须确保完成的目标。为此，江苏水源公司在综合运用上述所有进度控制流程和工具的基础上，还专门针对项目关键路径增加了以下多项专门措施：

（1）对关键路径事项制定专项会议制度，实行专人专管，确保各环节按时、按质完成

建立控制性项目进度推进会制度。针对金宝航道、里下河水源调整，洪泽站、邳州站、睢宁二站工程等控制性工程受征迁和地方矛盾影响，严重制约工程进度的问题，江苏水源公司采取主要领导负责制，分工管理，牵头与参建单位沟通，了解工程实施过程中存在的问题，对工程建设过程中矛盾突出的控制性工程，在工地现场召开协调会，加快了工程施工进度。

（2）积极主动与相关部门协调，提前预判并及时解决可能存在的各种问题，为施工创造良好宽松的外部环境，确保生产顺利进行

南水北调江苏境内工程由于时间紧、任务重，牵连利益相关者众多，协调工作的顺利展开是进度管理的重中之重。江苏水源公司积极与省内各级政府及相关部门沟通，从江苏省南水北调办公室、江苏省水利厅到各地方水利、电力、环保部门，以及社区、村委、街道办等基层组织，针对每个部门、组织的职责权限，把项目与要协调的问题在事前一一解决，为工程顺利建设创造了良好条件。

（3）对有可能延误的关键路径及时调整进度计划，重新组织实施方案，加大资源投入，提高协调层级和频率，确保关键路径完工日期不变

根据各设计单元工程进度现状，对照进度计划及其关键路线，分析各设计单元工程进度控制性节点，进而分析这些进度控制性节点在当前资源配置下工程进度延误状态，并及时预警。当发现关键路径上某个事项的实际进度与进度计划发生较大偏差时，及时启动进度计划的调整工作，在保证项目关键路径整体完工期不变的前提下，对进度计划和组织实施方案进行局部调整。通过科学合理调配人员机械资源，突出重点工作，保证工程接口工作，提高关注协调的领导层级，协调施工单位加大投入力量，加强重点管控，加大现场力量投入等措施的综合应用，保证在规定时间内项目实际的进度赶上原进度计划，确保工程按时完工整体目标的实现。

10.4 进度管理复杂情况和克服措施

南水北调江苏境内工程施工强度极大，外部协调工作量繁重，不可控因素较多，但项目须按时顺利通过工程考核并实现调水目标，这对项目进度管理挑战极大，具体有以下几点复杂情况：

（1）南水北调江苏境内工程点多面广、施工战线长，且江苏的雨季时间长，可利用施工期较短，江苏水源公司的进度管理面临较大压力

一方面，南水北调江苏境内工程是综合性调水工程，工程范围涵盖泵站、河道、

截污导流、桥梁等多项工程，工程特点不一，泵站工程注重机泵效率、河道工程注重护坡质量、污水治理工程注重水质，且工程要求严格。另一方面，南水北调江苏境内工程施工区域涉及调水沿线多个城市，战线长、覆盖范围广、工程协调工作量大。此外，夏季 6 月至 7 月，受东亚季风的影响，江苏进入梅雨季节，此时雨季绵长、暴雨频发，南水北调江苏境内工程所面临的防汛工作压力大，且自然灾害会改变施工条件从而阻碍施工进度。

(2) 南水北调江苏境内工程整体可行性研究报告审批缓慢，单体工程分阶段审批，工程任务集中在后期，工程密度大、时间紧，对进度控制要求极高

2002 年，南水北调总体规划批准后，南水北调江苏境内工程随即开工建设，受制于工程可行性研究报告及初步设计批复情况，2009 年之前开工项目较少，建设任务相对轻松，而 2009 年后较多项目初步设计批复后，多个工程同时开工，且需保证 2013 年主体工程建成通水的目标不动摇，十几个工程同时处于赶工状态，人、材、机的投入量巨大。另一方面，南水北调江苏境内工程建设整体呈现勘测、设计、施工齐头并进的特点，建设环境、标准、技术等因素难以在事前完全评估清楚，导致在项目实际实施过程中，项目路径、施工计划等设计必须依据实际情况变动，计划执行的不确定性较大、变更较多，执行难度较高，对进度控制要求极高。

(3) 征迁量较大、拆迁地分散、拆迁阻力大，设计调研阶段未有效考虑地方发展问题

南水北调江苏境内工程的各单体工程分布广，且施工地点发展水平不同，涉及征迁群体类型较多，涵盖个人、农场、企业等主体。工程沿线居民故地情节深厚，工作、产业都在原地，担忧搬迁后的生活质量。并且不同地区之间本就因历史用水问题存在争端，拆迁工作会再一次引发村镇争端，因此征迁工作阻力大。此外，前次调研时期，相关工作人员主要从专业背景出发，特别是关注工程本身，未统筹考虑地方后续发展，即工程施工导致地方某些产业、环境发生改变，后续安置处理问题未妥善考虑。因此，南水北调江苏境内工程中与属地政府、监管部门、建设接口单位、居民与企业等的协调工作成为制约工程施工进度的重要因素，相关工作十分繁重、挑战极大。

对于进度管理中遇到的复杂情况，南水北调江苏境内工程在实践中创新进度管理措施，严格进行进度控制，并最终顺利完成项目建设，具体应对措施如下：

(1) 构建二维进度体系，加强策划，提前准备，做好资源供应

江苏水源公司向监理单位、施工单位提出精编进度计划的要求。构建以设计单元工程目标工期为引领，以工程单位、时间为基础的二维进度体系，具体包括：

①设计单元工程总进度计划→单位工程进度计划→分部工程；②设计单元工程总进度计划→年进度计划→月进度计划→周进度计划，并配套与上述进度计划相适应的资源供应计划，包括人力资源、施工机械和建筑材料供应计划，如为了材料设备的顺利供应，派公司员工前往厂家帮助解决资金、技术等问题。根据这一计划体系的指导，监理单位、现场建设管理机构抓进度落实，每周通过现场例会，发现并分析进度偏差，及时组织相关各方分析原因、研究措施，进而确保进度按计划完成。

（2）积极承担社会责任，主动进行项目宣传，争取干系人对工程施工的理解和支持，和相关单位密切沟通，通过建立联席会解决争端

积极宣传南水北调政策以及征迁后的安置福利，配合地方政府为当地经济发展做有益工程，如建设交通道路、桥梁等。对施工过程遇到的较大冲突，如较大范围的征地拆迁、跨行政区划或跨行业的建设条件的协调，江苏水源公司则及时与相关政府部门沟通，争取他们的支持，通过现场协调会等方式，联合多方，包括不同层面政府机关、各参建方以及利益相关方，解决建设过程中遇到的跨行政区划以及跨行业问题。实践表明，采用这些措施后，最大限度地降低了各种因素对工程进度的干扰，为实现进度目标创造了条件。

（3）创新建设管理机构组建方式，引入地方部门，借助地方优势

江苏水源公司委托工程所在地水行政主管部门组建现场建设管理机构，充分利用他们对建设环境熟悉、建设协调对象熟悉的优势，解决工程施工中可能遇到的问题。这一做法收到了很好的效果，施工过程的一些简单、琐细但数量繁多的矛盾，通过这一层次就能得到解决。这样一方面降低了对工程进度影响的程度，另一方面也降低了业主方的管理成本。

通过以上进度管理的创新举措，南水北调江苏境内工程克服众多阻碍工期的障碍，在时间紧、工程多的困难条件下，经多年的努力，于2013年5月底通过了江苏省南水北调办公室组织的通水验收，2013年8月通过国务院南水北调办公室组织的东线工程全线通水验收。这标志着南水北调江苏境内工程的主体工程按计划全面建成，泵站及河道工程全面建成投运，达到设计调水能力；省际边界和截污导流工程全部完成，并发挥效益；应急调度中心已先期建成投运，能够满足调水运行初期调度要求，圆满完成国家和省委、省政府确定的工程建设目标，为工程沿线地区经济社会发展发挥了显著工程效益。

项目质量管理

工程质量的优劣决定了项目的成败，南水北调江苏境内工程始终贯彻“百年大计，质量第一”和“质量管理，预防为主”的总方针，构建质量管理组织体系和制度流程，强化项目参建和管理队伍的水平。从原材料抓起、从一道道工序抓起、从减少质量缺陷抓起，坚持严抓严管，主动加强质量监管、加大违规处理的力度，严肃对待每一次“三查一举”活动，始终将工程质量作为硬约束，放在一切工作的首位，保持质量管理的高压态势，因此未发生一起质量事故，主体工程单位工程质量等级全部达到优良。

11.1 质量管理组织体系和制度流程

11.1.1 项目质量管理组织体系

为保证工程质量，加强工程的质量管理，明确工程各参建单位质量职责，南水北调江苏境内工程的质量管理实行项目法人（现场建设管理单位）负责、监理单位控制、设计和施工及供货方保证、政府监督相结合的质量管理体制。

（1）明确质量管理组织机构，构建四大质量管理体系

南水北调江苏境内工程构建了“质量监督、质量检查、质量控制、质量保证”四大质量管理体系（图11-1）。由国务院南水北调办公室、江苏省南水北调办公室、质量监督部门和沿线社会群众作为质量监督体系主体，对工程的质量检查体系、质量控制体系和质量保证体系的建立及工程实施情况进行监督检查；由江苏水源公司、现场建设管理机构作为质量检查体系主体，对质量控制体系和质量保证体系的建立及实施情况进行检查；由工程监理单位作为质量控制体系主体，对质量保证体系的建立和实施情况起控制作用；由工程设计单位、施工单位和设备制造单位作为工程质量保证体系主体，落实工程质量、安全要求。

（2）江苏水源公司作为项目法人，全面负责工程质量管理工作

在项目质量政策和管理制度的贯彻落实上，江苏水源公司作为南水北调江苏境内工程的项目法人，全面负责工程质量管理工作，成立由主要负责人任组长的质量管理领导小组，并明确工程建设部为具体职能部门（图11-2）。各现场建设管理机构设立以主要负责人为组长的质量管理领导小组，对工程质量负全责，并设立质量管理工程组，具体负责工程的质量管理工作。

（3）建立质量责任网络，明确相关质量要求和目标

南水北调江苏境内工程施工质量管理建立四个层次的质量管理责任网络：现场

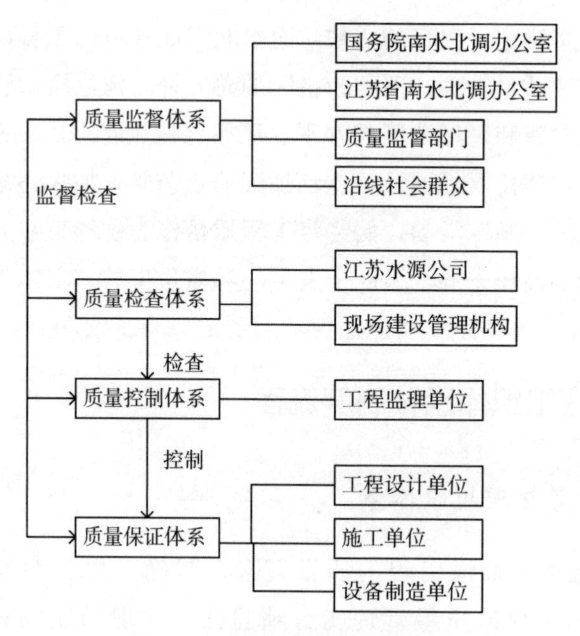

图 11-1　质量管理四大管理体系

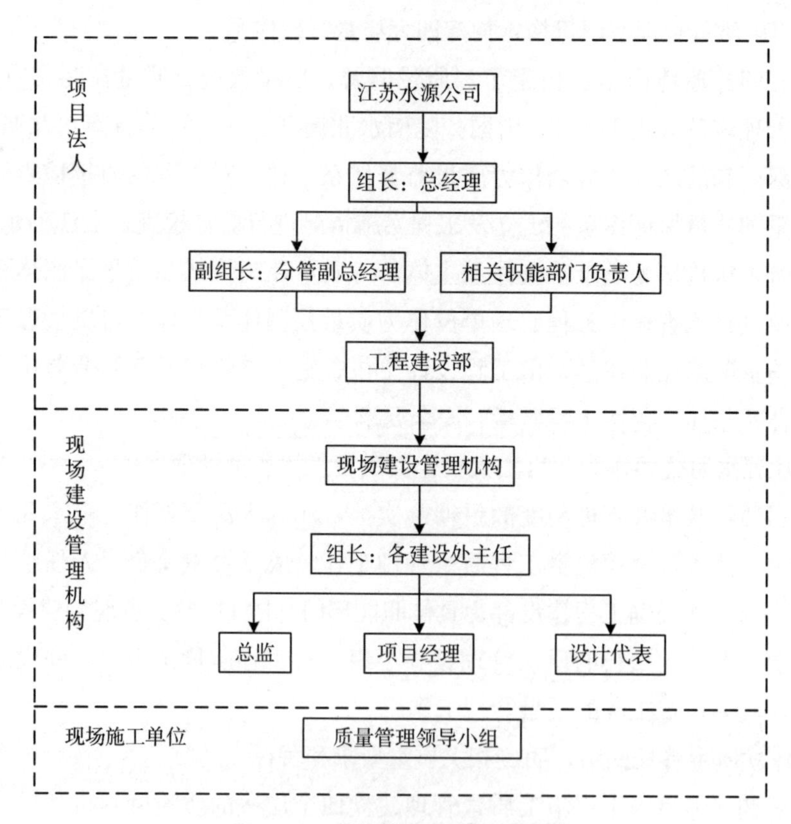

图 11-2　质量管理组织机构框图

建设管理机构、监理单位、施工单位等的负责人对所承担的工程质量工作负领导责任；各单位在工程现场的项目负责人对所承担工程的质量工作负直接领导责任；各单位的工程技术负责人对所承担工程的质量工作负技术责任；各工区（分公司）和各施工队（班、组）的负责人及具体质量管理人员对所承担工程的质量工作负直接责任。江苏省南水北调办公室和江苏水源公司每年年初分别与各设计单元现场建设管理机构签订建设目标责任书，明确质量管理目标和质量管理责任，年末对各现场建设管理机构所承建工程的质量管理和质量情况进行考核。各现场建设管理机构与监理单位、施工单位签订施工质量管理责任状，层层落实施工质量管理责任制。

11.1.2　项目质量管理制度和流程

国务院南水北调工程建设委员会根据国家相关法律法规，从南水北调工程顶层管理出发，在 2004 年颁布的《南水北调工程建设管理的若干意见》中对工程质量管理做了总体部署，并在 2005—2012 年期间先后编制、颁发了《南水北调工程质量监督管理办法》等 7 项质量管理制度，对加强南水北调工程质量管理、工程质量监督管理、规范质量监督行为、确保工程质量和运行安全产生了重要作用。

南水北调江苏境内工程是一个点多线长、面广量大、具有战略意义的特大型基础设施项目，在建设初期，国内还未制定相应的特大型水利基础设施质量管理办法。为确保工程建设质量，江苏水源公司在严格遵循国务院南水北调办公室、水利部等有关工程质量管理规范标准的基础上，结合工程实际，系统编制了工程质量管理系列制度，明确南水北调江苏境内工程的总体部署、质量管理组织机构和各项工作流程等内容，如表 11-1、图 11-3 至图 11-5 所示。

表 11-1　南水北调江苏境内工程质量管理主要制度

序号	类别	制度名称
1	国务院南水北调工程建设委员会及其办公室	《南水北调工程建设管理的若干意见》
2		《南水北调工程质量监督管理办法》
3		《南水北调工程质量监督信息管理办法》
4		《南水北调工程质量监督导则》
5		《南水北调工程质量责任终身制实施办法（试行）》
6		《南水北调工程建设质量问题责任追究管理办法（试行）》

续表

序号	类别	制度名称
7	江苏水源公司	《南水北调东线江苏境内工程质量管理办法》
8		《南水北调东线江苏水源有限责任公司工程建设管理职责（直接管理模式）暂行规定》
9		《南水北调东线江苏水源有限责任公司合同管理办法》
10		《南水北调东线江苏水源有限责任公司设计工作管理暂行办法》
11		《南水北调东线江苏水源有限责任公司在建工程检查办法》
12		《南水北调东线江苏境内工程年度建设目标考核办法》
13		《南水北调东线江苏境内工程验收管理实施细则》
14		《南水北调东线江苏境内工程施工质量及安全生产管理考核办法》
15		《南水北调东线江苏境内在建工程建设质量问题责任追究管理办法实施细则》
16		《南水北调江苏境内工程合同监督管理实施细则》
17		《江苏南水北调质量通病防治手册》
18		《南水北调工程混凝土施工质量缺陷处理管理办法》

江苏水源公司通过一系列的制度创新奠定了南水北调江苏境内工程高质量建设的基础，促进了我国大型水利工程领域质量管理水平的提升。

11.2 队伍质量管理

11.2.1 严格控制参建队伍质量水平

首先，在现场建设管理机构的组建上，根据工程实施计划和工程特点，江苏水源公司充分利用社会和水利系统人才技术资源。这部分人才本身熟知江苏段水利工程特色，具有丰富的水利工程建管经验，奠定了参建队伍和质量管理工作扎实的基础。其次，在参建单位的选择上，江苏水源公司认真执行相关招标投标法律法规，规范、高效开展招标工作。施工单位须在各工种队施工人员上岗前对其进行岗位培训，特别对少部分新上岗的施工人员以及特殊过程施工人员进行培训，并对所培训人员进行考核，考核合格后方可上岗。专职安全员、特种作业人员需持证上岗。确保所有参建队伍理解掌握国务院南水北调办公室、江苏水源公司等制定的质量、安全管理方面的管理办法、标准规范，确保所有参建队伍的安全质量管理能力，从源头上把握质量关。

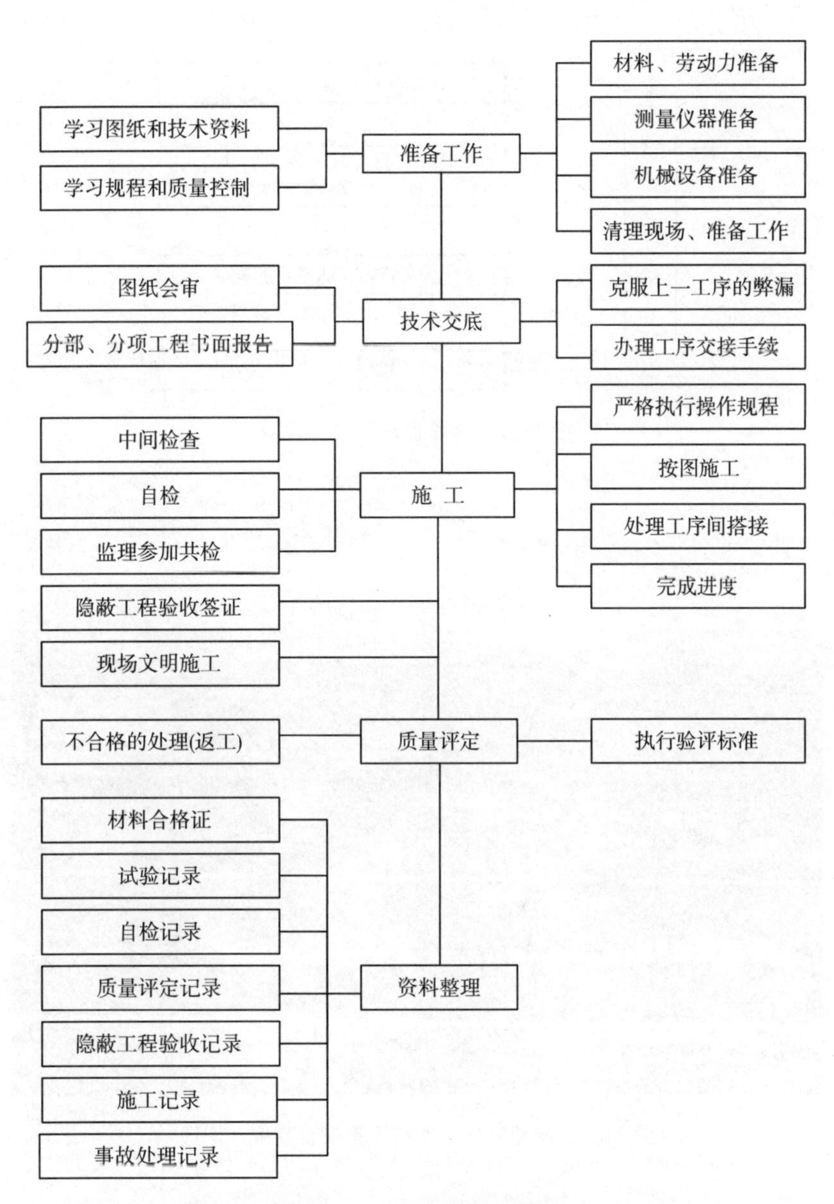

图 11-3　总体质量控制流程

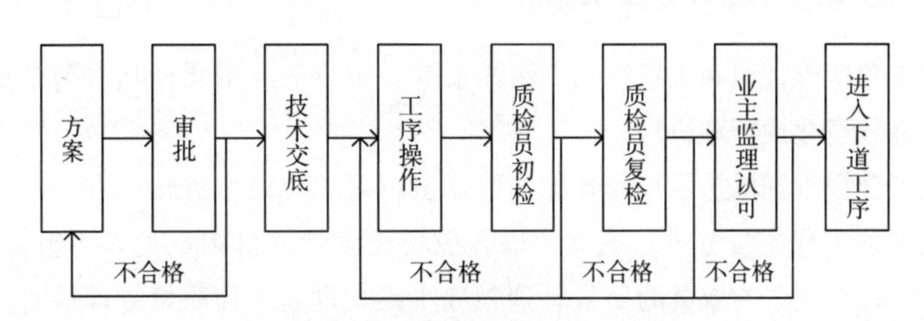

图 11-4　质量信息反馈体系

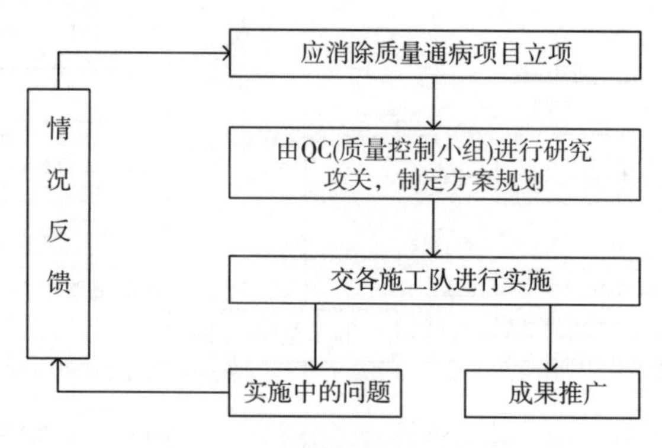

图 11-5　消除通病质量管理网

图 11-6　参建队伍上岗前质量安全交底、培训

11.2.2　建立健全现场管理组织和队伍

根据工程实施计划和工程特点，江苏水源公司充分利用社会和水利系统人才技术资源组建现场建设管理机构。

各现场建设管理机构承担委托的建管职责，对工程质量进行全方位、全过程的监督。为加强工程质量管理，成立了以各现场建设管理机构负责人为组长，总监、项目经理、设计代表为成员的质量管理领导小组，设立工程质量管理科室，设科长1名、质量管理员2名，具体负责承建工程质量管理工作，并按照工程的具体特点，制定质量管理制度，配备专职质量人员，专门从事施工质量管理工作。

此外，现场监理单位和施工单位也按要求建立了质量管理领导小组，落实质量管理人员责任，切实加强了现场质量管理。监理单位实行总监负责制，由总监负责最终把关，监理处配备总质检师，对质量进行专业监督。施工单位建立了自身的质量安全管理网络，由项目经理总负责，成立质量检验科，设专职质检员。各工种队设立 1 名兼职质检员，负责本部门所施工项目的质量检查工作，工地质检科负责最后终检，做到层层把关，专管成线、群管成网，层层落实质量管理岗位责任制。

11. 2. 3　建设队伍培训体系

南水北调江苏境内工程坚持对建设队伍进行持续培训，不断提升职工的安全质量意识。开工前和施工过程中，对职工进行质量责任教育和质量管理意识教育，牢固树立“百年大计，质量第一”的观念，并针对本工程的实际，加强对各级人员的培训工作，对主要工种进行技术业务培训和再培训，使职工具有保证各工序作业质量的技术业务知识和能力，质量检验人员和特殊工种作业人员要持证上岗。由项目总工程师亲自抓技术交底，并组织关键和特殊工序的作业人员进行经常性的技术学习，严格贯彻执行制定的施工控制程序以提高职工技术素质。

江苏水源公司组织集中学习、培训质量缺陷管理等制度，组织专项检查，尽可能减少或避免工程漏洞，完善管理；安排所有在建工程建设管理单位及监理单位代表参加国务院南水北调办公室组织的培训，各现场建设管理机构组织参建单位进行系统学习，并对照制度和监理工作规范进行定期自查自纠；针对不同工种人员开展岗位技能教育、技能比武活动，通过这种全方位多层次的技能培训，不断提高参建队伍质量水平和素质。江苏水源公司联合江苏省人社厅委托江苏省水利厅技能培训中心开展职业资格培训，同时邀请泵站安装单位技术人员、生产厂家专业人员和行业专家开展专业培训和集中培训超过 50 次，培训人次超过 1 500 人次。工程现场开展操作培训、维护培训超过 200 次，培训人次超过 3 000 人次。同时还组织开展行车、电焊、起重等特种作业培训，一线人员均实现了挂牌上岗、持证作业。

11. 3　建设过程质量管理

11. 3. 1　各参建单位质量管理职责

在南水北调江苏境内工程的质量管理过程中，各参建单位有专门的管理职责，如表 11-2 所示。

表 11-2 各参建单位质量管理职责

设计单位	• 设计单位全面履行设计合同及供图协议中有关保证设计质量、供图进度、现场技术服务的职责，满足工程质量与施工进度要求； • 设计中提倡采用新工艺、新技术、新材料、新设备，但须进行技术经济论证，并充分考虑当前施工水平对工程安全的影响； • 招标设计和施工图设计按照国家批准的南水北调江苏境内工程初步设计确定的原则进行； • 设计审查及设计图纸、文件的签发； • 设计的修改与变更； • 设计优化； • 现场设计代表机构应专业配套，人员相对稳定，适应现场施工对设计的需要，并对设计问题及时做出决策； • 实行设计质量保留金制度，保留金的数额按合同规定执行。
施工单位	• 施工准备的质量管理。如：施工单位应当对施工场地、施工道路、施工机械设备和人员、材料、水电供应等的准备情况认真检查落实； • 施工过程的质量管理。如：施工单位必须严格按合同规定的质量标准、监理单位签发的设计图纸和文件，以及批准的施工方案组织施工； • 施工质量检查签证与工程验收。如：所有的施工质量检查与工程验收，均必须在施工单位按“三检制”自检合格并正式提出验收申请后进行； • 施工单位应定期向监理单位报送施工质量统计报表，监理单位审核后报现场建设管理机构，各单位按要求汇总上报江苏水源公司。
设备与材料供应商	• 材料和设备的采购必须通过招标方式确定满足资质等级和具有质量保证能力的供货厂家； • 施工单位应对进场的工程材料及时按批量抽样试验检测，审查签认。对试验检测数据有异议时，报现场建设管理机构组织重新抽检并最终确定； • 监理单位的抽样检测和审查签认不减轻、不替代施工单位和设备与材料供应商对工程质量应负的责任； • 设备进场后由监理单位组织有关各方进行交接验收； • 材料供应商应按照合同规定，负责厂家生产的产品供货；设备供应商应按照合同规定，负责材料、设备的检验检测、监造和出厂验收工作； • 材料、设备制造商在产品加工制造过程中，严格执行行业规程规范及合同规定，强化质量检验检测制度，保证产品质量； • 设备的监造、出厂验收和交接不减轻、更不替代设备制造商应负的质量责任。设备安装调试及运行中经监理单位确认为设备制造质量问题，由供应商责成制造商予以处理或更换。

11.3.2 施工现场质量管理

江苏水源公司和现场建设管理机构协同施工单位、监理单位采取综合管理举措，对施工准备阶段和施工阶段进行监管，搭建了常态化的现场控制体系，通过交叉管理，减少现场质量问题。执行“班组自检、工种队复检、质检科终检”的三级检查验收制度。加强中间质量过程控制，并且在过程中控制工序质量和各项工序之间的衔接。定期、不定期地对工程实体质量、质量过程控制情况和质量保证情况进行检查，并做出客观的评价。

(1) 搭建工程质量网络

为明确质量管理各层次各阶段主体，方便事前质量控制和事后事故追责，江苏水源公司设计并发布各参建单位人员组成工程质量网络，对建设单位、设计单位、监理单位、施工单位的项目和技术等工程责任人、负责人进行登记存档，并公示“上墙”，在施工现场进行展示。现场工作人员发现问题能够及时找到相关负责人，第一时间避免质量问题发生或扩大。

(2) 严抓事前质量控制

为确保施工各方能够领会施工意图、掌握工程施工关键节点、明确技术要领，实行技术培训及交底制度。分部工程开工前，由项目总工主持召集技术人员、施工队长及施工骨干进行技术交底，并做好交底记录。针对施工中采用的新工艺，定期对职工进行技术培训，不断提高职工的技术技能和实际操作能力，通过提高职工技术素养，从根源上减少了质量问题，做到关口前移。此外，江苏水源公司为使各单位从工程建设开始就将质量作为全局性管理目标，通过制定合同条款、加强合同管理，规定设立施工质量费，用于实现施工质量目标奖励和日常质量管理工作状况考核奖励。江苏水源公司还采取多样的形式和活动，在施工场地营造重视质量的氛围，将质量管理融入职工生活。例如编制质量通病防治手册、施工质量管理手册等，用制度约束和规范管理行为，从源头上避免和减少同类质量缺陷问题的重复出现。通过组织相关质量管理制度的宣贯会或培训会，帮助参建人员更好地理解和执行相关制度，先后举办南水北调关键工序、房屋建筑及装饰工程质量管理等专题培训。开展“我为率先通水立新功”劳动竞赛活动，发挥正面引导作用，加大奖惩力度，激励一线人员的工作热情和积极性，提高工程质量意识和质量控制的自觉性。

(3) 加大关键方案、关键工序管控力度

施工过程中，面对技术带来的工程质量保障困扰，江苏水源公司和现场建设管理机构及时邀请有关专家到工地现场，通过召开质量专题会、工地协调会、专家论证会等方式共同研讨并确定技术方案，通过研发新技术、应用新手段，提高工程质量，组织有关科研单位积极研究推广新技术、新材料、新设备、新工艺。为加强施工现场质量管理，江苏水源公司对重要方案和施工工序实行施工方案报审制度，组织专家审查关键部位施工组织方案。同时加大对重要方案、部位及关键工序的管控力度，邀请专家对工程实际施工情况进行审查。例如实行泵站机组安装条件审查制度，在泵站机组安装前，组织专家开展了10多次的安装方案和安装条件审查，安装过程中组织专家进行现场指导，并明确相关检测项目和技术要求。邀请质检单位在重要的泵站和涵闸工程现场设立工地试验室，测量工程现场环境参数和施工技术实施情况。

图 11-7 监理人员和施工人员复核关键高程

(4) 强化施工过程质量检查检测

设计单位在现场成立代表机构并配备专业人员，及时对施工现场进行检查和反馈，避免出现偏离设计的情况，同时更好处理设计方面出现的问题和由此带来的连锁质量问题。监理单位采用巡视、旁站、测量、分析性复核、跟踪检测、平行检测等手段对工程质量进行控制。施工单位按合同要求履行各项质量相关规定，如教育、约束、监督各级施工人员按合同及有关规程、规范、规定进行混凝土材料级配和配合比试验等。通过对质量责任分解，通过多方负责，现场质量管理网络得到完善。

11.3.3 设备和材料的质量管理

江苏水源公司为保证设备及原料满足工程标准，从招标环节、生产制造环节，到出厂验收环节，再到保管环节，都建立了严密的质量控制体系，其流程如图 11-8 所示。从源头拦截，在过程中规避，有效保证了工程所需物资、设备的质量。南水北调江苏境内工程各单体项目的主要水泵等机电设备和钢筋由江苏水源公司负责招标采购，小型设备和其他原材料由施工单位在现场建设管理机构和监理监督审查下自行采购。

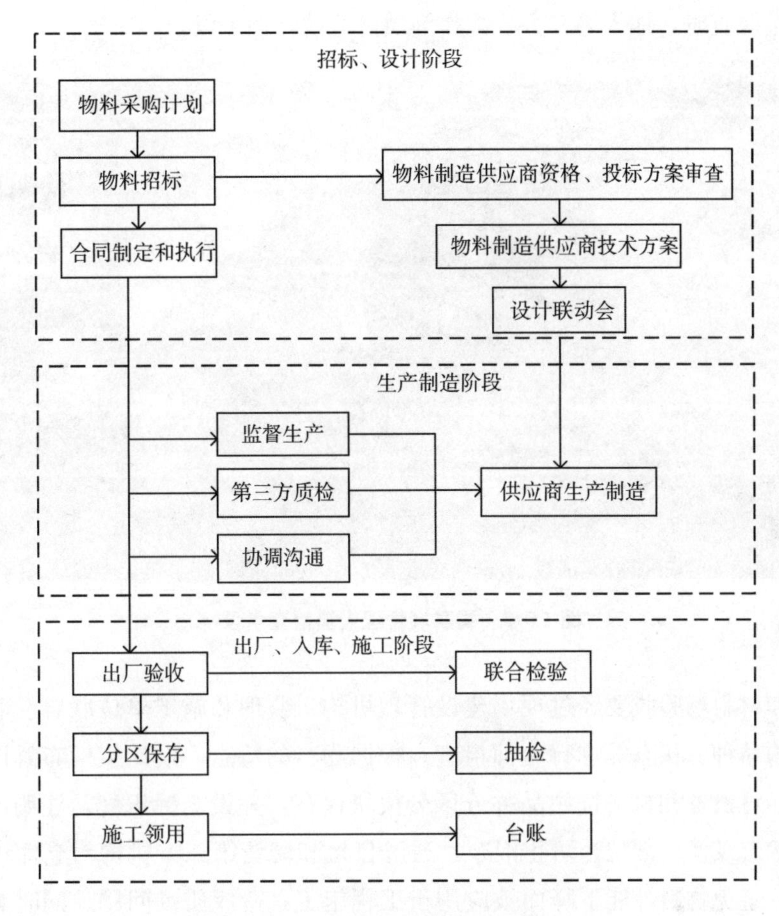

图 11-8 设备材料质量监督与控制流程

江苏水源公司非常重视招标采购阶段对物料的把控，从设备性能出发，规避可能由物料技术缺陷引起的质量问题。对单体项目的设备进行一致性管理，针对电器设备、开关柜、变压器等设备的技术、品质编写示范性招标文件，确保设备的技术要求满足工程质量和效益要求。在设备设计图纸完成后，组织召开设计联动会，对设备设计有关技术、品质进行审查。此外，招标实行预算制，控制投标人价差，不以最低价格选择中标单位，从而确保后期供货质量以及获得稳定的售后服务。

江苏水源公司通过合同严格管理设备和材料的供应，在合同中明确规定相关物材的技术要求和质量标准，并明确规定物材的转接不能免除供应商对质量问题的责任。同时积极和供应商进行联系，帮助供应商解决在生产过程中出现的资金、技术问题，避免其他因素对设备生产带来的不利影响。为进一步保证物料的材质、规格在合同规定范围内，安排监理等专业人员进场监造。例如，对生产制造物材所用原料进行质量检查时，加入第三方检测作为质量监控辅助手段。

图 11-9 蔺家坝管理人员检查水泵

设备和材料场验收要经过现场建设管理机构、监理和施工单位联合验收，对设备和材料的品种、状态等进行全面检查。根据物料的特点，设计工厂布置图，防止物料损毁，对设备和材料按照品种分区分模块保存，并设立标识牌，注明产地、规格、检测状态及使用部位，防止混杂。通过自检和聘请第三方机构对仓库中的物材定期抽检，避免物料性能下降而被应用于工程施工，造成质量问题。同时为明晰材料的用途，保证可追溯性，建立了原材料出入库管理台账制度，保证去向清楚，来源可追溯，便于后期审查。

11.4 项目法人对工程建设质量的控制协调和指导

南水北调江苏境内工程的质量管理实行项目法人（现场建设管理单位）负责、监理单位控制、设计和施工单位保证，以及政府质量监督相结合的质量管理体制，并构建了质量监督、质量检查、质量控制和质量保证的四大质量管理体系。江苏水源公司作为项目法人承担南水北调江苏境内工程建设期间的建设管理任务，与现场建设管理机构构成质量检查体系，是工程建设安全质量控制的主体。

为了保证工程安全、规范、有序、顺利地实施建设，江苏水源公司在国家基本建设法律法规、国务院南水北调办公室的指导下，结合南水北调江苏境内工程建设实际，制定了《南水北调东线江苏水源有限责任公司在建工程检查办法》。建立严格的质量检查和抽检制度（图 11-10），通过全面检查、专项检查和日常巡查等措施对安全质量问题进行协调和指导；在工程内建立了施工单位自检、监理单位复检、现场建设管理单位抽检、项目法人巡检四个层次的质量检测体系（图 11-11）；专门组建了安全生产领导小组和质量管理领导小组统筹领导各单体项目的安全质量工作，在领导小组指导下，定期举行质量管理专题会议，及时总结前一阶段的质量管理情况，分析新的质量控制形势和特点，研究制定质量保障措施。

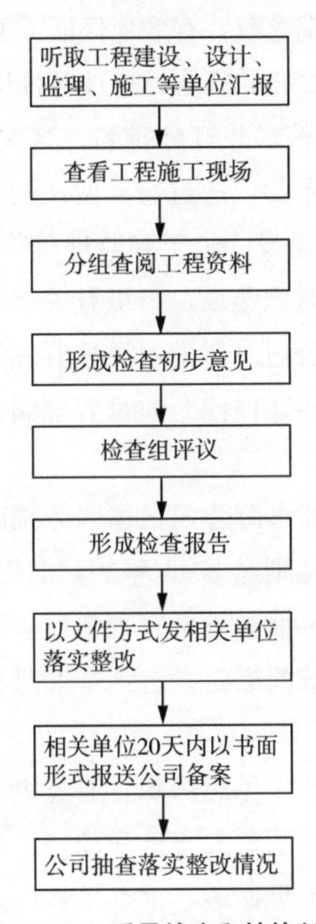

图 11-10　质量检查和抽检制度

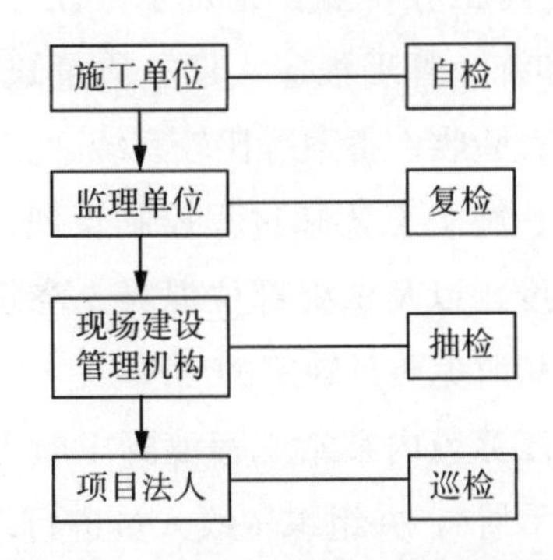

图 11-11　工程内四层次质量检测体系

江苏水源公司每年对每项工程安排定期全面检查。每季度对每项工程安排 1 次专项检查，并落实各建设监理单位每月定期组织质量专题自查。此外，江苏水源公司邀请专家和聘请具有高资质的第三方检测机构参与公司检查或展开独立抽检。通过检查及时查找施工过程中的质量缺陷，对查出的质量问题，会同建设处、监理单位和施工单位在现场研究分析原因，商定整改方案和整改措施，建立整改责任制，明确完成时间和验收程序，限期整改，有效地保证了工程施工质量。

江苏水源公司严肃处理质量相关问题，通过各种措施警示和教育相关建设单位。首先，对施工单位进行履约考核，并打分排名。其次，约谈相关参建单位负责人，并督促其进行整改，对性质严重的，通过每年两次的建管会对其进行通报警示。同时根据合同，更换问题突出的建设、施工和监理单位的主要负责人和主要责任人。江苏水源公司重视各方的质量意识建设，组织有关单位加强对参建人员的教育和培训，组织建设、监理等单位到公司总部学习质量管理制度，帮助相关建设单位加强质量意识，并通过编制多项指导文件健全质量管理制度，通过制度建立起长效的管理机制。

在质量缺陷控制方面，江苏水源公司根据国务院南水北调办公室的统一部署和相关要求规范质量缺陷管理。特别是 2011 年后，工程建设进入了高峰期和关键期，工程质量缺陷也进入了高发期，面对质量管理的严峻形势，公司加大了工程质量缺陷管理的力度，采取了切实有效的措施，进一步规范和完善了南水北调江苏境内工程质量缺陷管理，具体为：

①加大宣传力度，提高和统一思想认识。通过组织集中学习、培训和组织专项检查等方式，从思想认识上取得了重大突破和统一，帮助各参建单位确立了“质量缺陷在工程建设中客观存在，不可回避，重点是如何控制和规范处理”的认识，建立了质量缺陷管理台账制度。

②针对南水北调江苏境内工程特点，制定了《江苏南水北调质量缺陷管理办法》。明确管理要求，规范和统一管理程序，建立质量缺陷登记、检查、分类确认，方案制定与审查，缺陷处理、验收、备案等比较系统、完善的管理制度。

③加强对混凝土原材料、施工工艺和过程控制管理，建立泵站涵闸底板、流道等重要部位施工方案审查制度，以及重要部位混凝土浇筑前的督查制度。通过加强对现场的指导和督查，减少和避免质量缺陷的出现。

④编制《南水北调东线江苏境内泵站工程混凝土施工专用技术文件》和《江苏南水北调工程质量通病防治手册》，并组织一线人员进行培训和开展劳动竞赛，提高工程的“出手质量”，从根本上尽量避免和减少质量缺陷的出现。

⑤强化对重要质量缺陷的管理，特别是对混凝土裂缝等质量缺陷的管理，由公司或现场建设管理机构组织相关专家对处理方案进行审查，并由公司统一委托第三方权威检测单位对处理效果进行公正和全面的检测，保证处理效果的实体质量。

11.5 外部监督对工程建设质量的控制协调和指导

国务院南水北调办公室、江苏省南水北调办公室、质量监督部门，以及沿线社会群众构成质量监督体系的主体，对工程实施情况和工程建设安全质量进行监督检查。南水北调江苏境内工程质量的外部监督分三个层次（图 11-12）：一是国家层面工程质量监督，由国务院南水北调办公室组织实施；二是省（市）级层面工程质量监督，由江苏省南水北调办公室组织实施；三是公众监督。

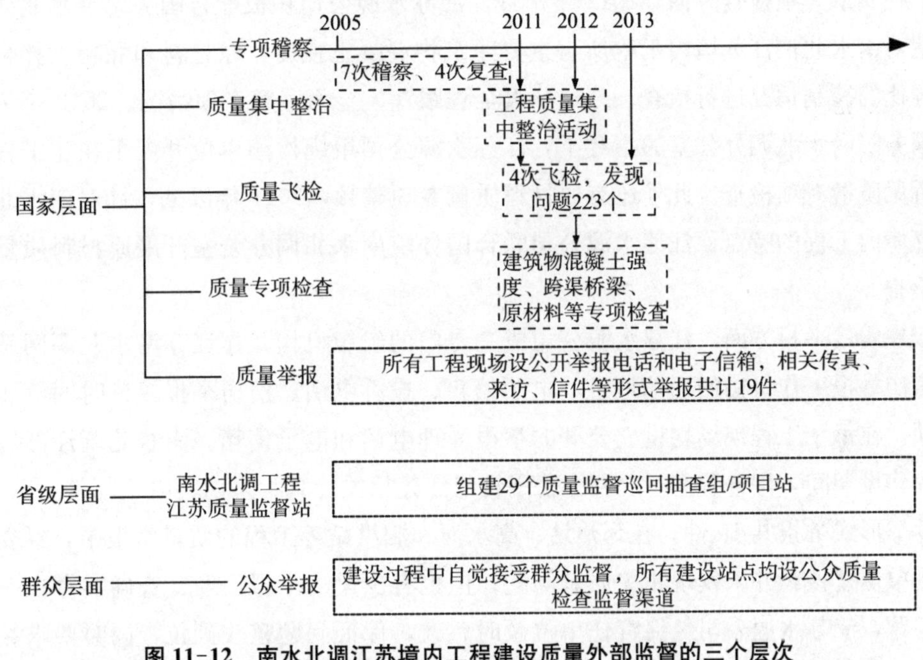

图 11-12 南水北调江苏境内工程建设质量外部监督的三个层次

(1) 国家层面：江苏水源公司积极配合国务院南水北调办公室开展质量“三查一举”等活动，具体包括专项稽察、质量集中整治、质量飞检、质量专项检查、质量举报。

在专项稽察方面，2005 年至 2011 年期间，国务院南水北调办公室针对南水北调江苏境内工程先后开展了 7 次稽察和 4 次复查。针对稽察中检查出的问题，江苏水源公司及时组织各参建单位召开专题会议，逐条进行分析，提出并落实整改措施，并将整改情况及时上报国务院南水北调办公室。

在质量集中整治方面，国务院南水北调办公室在2011年和2012年2次开展工程质量集中整治活动，江苏水源公司及各现场建设管理机构均成立质量集中整治领导小组，制定实施方案，开展质量集中整治自查自纠工作。

在质量飞检方面，2011年以来，南水北调工程稽察大队先后于2011年11月、2012年5月、2012年9月、2013年3月正式对江苏省在建的7个工程开展工程质量飞检，共发现问题223个，其中质量管理违规行为150个，实体质量问题73个。针对质量飞检发现的问题，江苏水源公司一方面组织参建单位认真落实整改，另一方面通过完善和规范管理制度、采取针对性措施等，加大质量检查和管理力度。江苏水源公司采取了与质量飞检类似的不定期质量巡检，并邀请相关专家和质量检测单位定期检查、检测，始终保持质量管理的高压态势，加强质量管理常态化措施。

在质量专项检查方面，2012年9月，江苏水源公司积极配合国务院南水北调办公室对南水北调江苏境内工程所有重要建筑物混凝土强度、原材料和混凝土拌合物配合比的控制情况进行检查，分片分组全程跟踪，全面了解专项情况。2012年7月在国务院南水北调办公室的指导下，江苏水源公司组织检测单位开展了在建工程跨渠桥梁质量专项检查。此外还有原材料质量专项整顿，2011年以来，针对南水北调江苏境内工程的特点，江苏水源公司联合国务院南水北调办公室开展原材料质量专项检查。

在质量举报方面，江苏水源公司成立专门的组织机构，在江苏南水北调网站公布信访举报工作机构的通信地址、电子信箱、投诉电话、信访举报接待时间等相关事项。在每个工程现场均设立公开的举报受理电话和电子信箱。南水北调江苏境内工程建设期间，国务院南水北调办公室转给江苏相关传真、来访、电子邮件、电话、信件等形式举报共19件。在邳州站、高水河、泗洪站等工程的质量举报中，经委托检测单位复核，并未发现相关质量问题；但也有少量的举报，经复查确实存在一定的问题，江苏水源公司督促责任单位及时整改，保证问题整改到位，同时要求相关单位举一反三，从管理层面上拿出预防措施，达到公众监督应有的效果和目的，并严肃处理相关责任主体，保证查处的警示作用。

(2) 省级层面：成立南水北调工程江苏质量监督站，先后组建29个质量监督巡回抽查组或项目站，专项负责工程质量监督工作。

省级层面工程质量监督工作内容与常规水利工程质量监督类似。针对南水北调江苏境内工程特点，监督工作重点包括：①做好工程质量监督前期准备。各设计单元工程开工后，制定工程质量监督计划，发送项目法人及现场建设管理机构。②加强工程实施过程的质量监督检查。各巡回抽查组采用定期和不定期的方式，基本按照建设高峰期每月开展 1 次质量监督巡查的频次，对工程质量管理行为和工程实体质量进行监督检查，及时掌握工程质量状况。③积极推动已完工程的质量评定验收。各巡回抽查组重点对验收范围内工程的完成情况、参建单位各项管理工作报告准备情况、质量检测情况等方面进行监督检查。④强化和规范工程质量检测。江苏省全面推行项目法人委托质量检测制，要求项目法人在工程实施期间，委托有相应资质的质量检测单位进行全过程和全方位的质量检测。为此，江苏省水利厅出台了《江苏省水利工程建设项目法人委托实施质量检测实施办法（暂行）》。⑤认真配合和开展质量集中整治，及时做好质量监督信息报送。按照南水北调工程质量集中整治工作的要求，南水北调工程江苏质量监督站认真开展自查自纠，全面梳理和认真查找质量监督工作中存在的问题和薄弱环节，及时报送质量集中整治工作信息。

在国家和省级层面及沿线群众的质量监督下，南水北调江苏境内工程参建单位的质量意识得到进一步强化，江苏水源公司的质量管理工作水平和南水北调江苏境内工程实体质量得到普遍提升。

11.6　项目成果验收管理

南水北调江苏境内工程验收分为三个层面：施工合同验收、专项验收和设计单元工程验收。不同层面验收的验收内容和责任主体不同，因此验收主体、组织方式也不同。验收流程如图 11-13 所示。

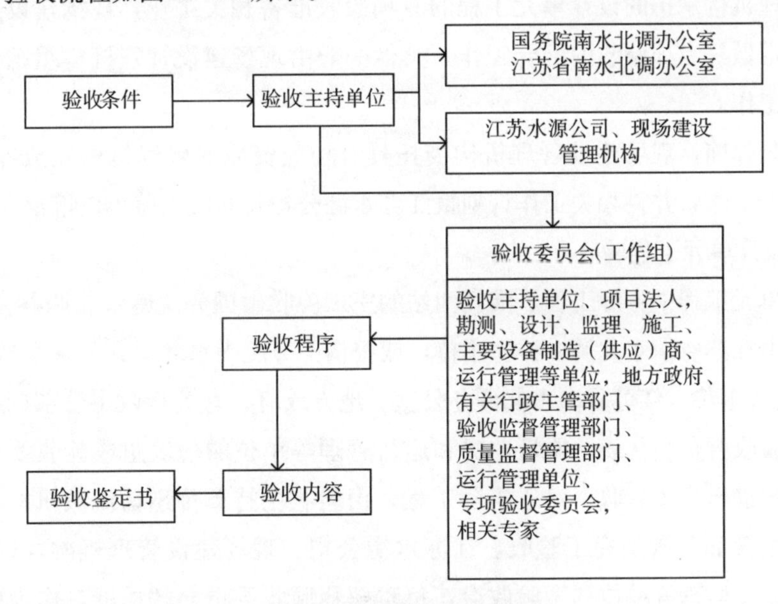

图 11-13　项目验收流程

（1）施工合同验收

施工合同项目验收内容通常包括分部工程验收、阶段工程验收、单位工程验收和合同项目完工验收（表 11-3）。分部工程验收由监理单位主持，其验收工作原则上由江苏水源公司负责，江苏水源公司根据施工合同项目的验收内容及相关规定的要求，适当委托现场建设管理机构主持，对阶段工程验收、单位工程验收，甚至施工合同项目验收，江苏水源公司派代表参加。

表 11-3　施工合同项目验收组织明细

验收类型	组织机构	主持机构	参与方
分部工程验收	监理	现场建设管理机构或监理	江苏水源公司
阶段工程验收	现场建设管理机构	江苏水源公司或现场建设管理机构	设计、质监、检测和运行管理单位、江苏省南水北调办公室及地方政府有关部门
单位工程验收	现场建设管理机构	江苏水源公司或现场建设管理机构	设计、质监、检测和运行管理单位、江苏省南水北调办公室及地方政府有关部门
合同项目完工验收	现场建设管理机构	江苏水源公司或现场建设管理机构	设计、质监、检测和运行管理单位、江苏省南水北调办公室及地方政府有关部门

（2）专项验收

南水北调江苏境内工程的专项验收主要包括水土保持、环境保护、征地补偿和移民安置、工程档案验收及国家规定的其他专项工程。江苏水源公司组织由几个现场建设管理机构承担的设计单元工程的专项验收准备相关工作，现场建设管理机构按有关规定做好专项验收的配合工作。其他一般由现场建设管理机构组织做好验收相关准备工作。

专项验收前，现场建设管理机构委托具有相应资质的咨询机构完成专项监测、评估和调查工作，并将相关工作计划报江苏水源公司转验收主持单位审批。

（3）设计单元工程验收

设计单元工程中省际工程、淮安四站的完工验收由国务院南水北调办公室主持，其余工程由江苏省南水北调办公室主持，或报请国务院南水北调办公室主持（图 11-14）。由主持单位、江苏省南水北调办公室、地方政府、有关行政主管部门、贷款银行、专项验收委员会代表、质量监督和运行管理等单位的代表组成验收委员会对设计单元工程进行完工验收。对于省际工程，由验收主持单位邀请流域机构、相关省级水行政主管部门参加完工验收。江苏水源公司、现场建设管理机构，以及设计、勘察、施工、监理等单位列席验收会，负责解释验收委员会的质疑，作为验收单位在鉴定书上签字。

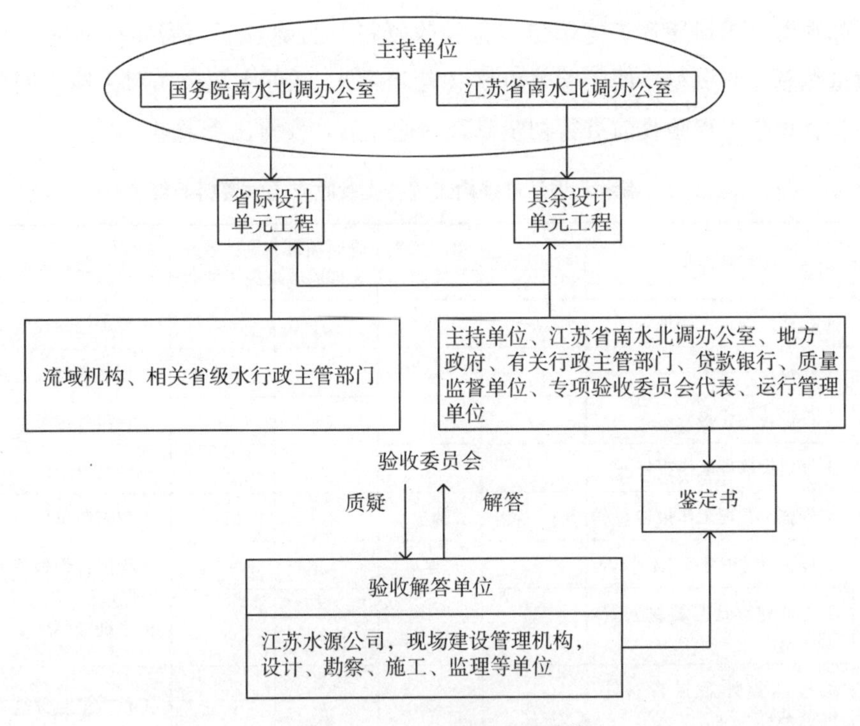

图 11-14　设计单元工程验收

南水北调江苏境内工程调水工程验收，由江苏水源公司、江苏省南水北调办公室联合组建工程验收工作领导小组（图 11-15）。南水北调江苏境内工程验收工作领导小组下设办公室，作为领导小组的日常工作机构。验收领导小组办公室分设计划、移民、工程、财务、档案、管理 6 个专业组，按照专业分工负责验收准备的具体工作。

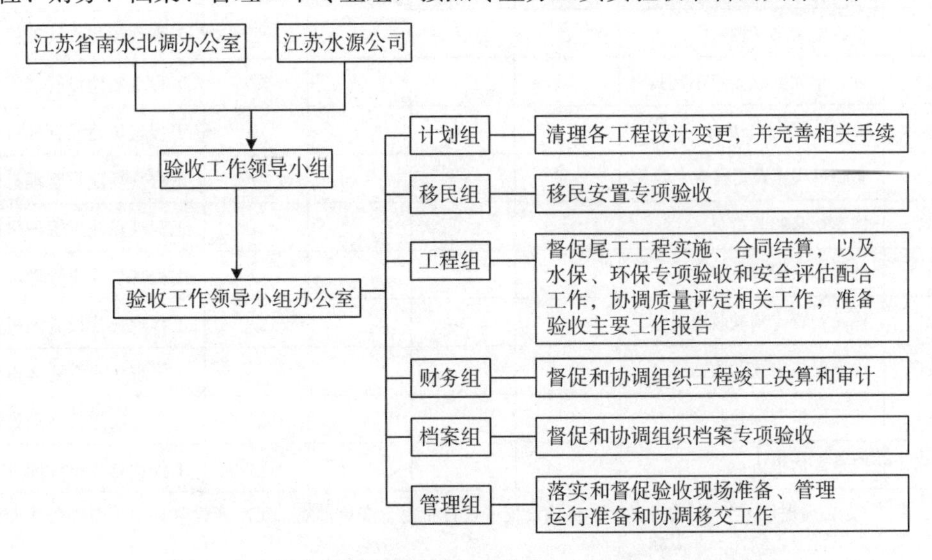

图 11-15　南水北调江苏境内工程调水工程验收工作组织架构

江苏水源公司指导各参建单位准备验收资料，明确各部门需要提交的材料，从而高质量编制验收资料，便于验收审核（表11-4）。江苏水源公司对主体工程在水下阶段验收、单位工程验收前进行初步审查，通过后，安排工程验收。

表11-4　南水北调江苏境内工程各类验收应提供资料明细表

序号	资料名称	阶段验收	单位工程验收	合同项目完成验收	设计单元完工验收	提供单位
1	工程建设管理工作报告	√	√	√	√	工程现场建设管理机构
2	工程建设大事记		√	√	√	工程现场建设管理机构
3	工程设计工作报告	√	√	√	√	工程设计单位
4	工程建设监理工作报告	√	√	√	√	工程监理单位
5	工程施工管理工作报告	√	√	√	√	工程施工单位
6	工程运行管理准备工作报告		*	√	√	工程运行管理单位
7	工程征地拆迁与移民安置工作报告			√	√	市级征迁办公室
8	工程质量评定报告（评价意见）	√	√	√	√	工程质量监督机构
9	拟验工程、未完工程清单，未完工程实施计划，存在问题和建议	√	√	√	√	工程现场建设管理机构
10	工程运用和度汛方案	√	√	√	√	工程现场建设管理机构
11	重大技术问题专题报告	√	√	√	√	工程现场建设管理机构
12	历次验收鉴定书		√	√	√	工程现场建设管理机构
13	验收鉴定书初稿	√	√	√	√	工程现场建设管理机构
14	设计单元验收鉴定书初稿			√	√	工程现场建设管理机构
15	工程移交合同初稿		*	√	√	工程现场建设管理机构
16	实施过程声像资料或专题片		*	√	√	工程现场建设管理机构
17	档案初步验收意见			√		工程现场建设管理机构
18	档案专项验收意见				√	工程现场建设管理机构
19	移民安置专项验收意见				√	工程现场建设管理机构
20	水土保持专项验收意见				√	工程现场建设管理机构
21	环境保护专项验收意见				√	工程现场建设管理机构
22	安全评估报告				√	工程现场建设管理机构

注：“√”为必须提供，“*”为宜提供。机构设置、设计批复、变更批复、历次验收鉴定书、专项验收鉴定书等应作为建管报告附件一并汇编。

11.7　质量管理主要挑战和克服措施

（1）项目建设队伍数量多、规模大、作业面广，确保项目整体质量、安全的难度极大

江苏境内工程是南水北调东线的水源工程和首开项目，具有项目点多线长、面广量大，技术比较复杂，项目管理要求高的特点。江苏境内工程共设立了 57 个现场建设管理机构进行现场建设管理工作，新建 11 座、改（扩）建 3 座、改造 4 座泵站，实施 305 项治污工程等。江苏境内工程队伍数量多、人员规模大，施工作业面极广，工期十分紧张，项目队伍的指挥协调难度极大，项目整体的安全、质量、进度和成本等的控制任务极重。

面对如此大规模的攻坚战，江苏水源公司制定《南水北调东线江苏水源有限责任公司在建工程检查办法》，每年年初制定年度质量检查计划，每季度至少安排一次质量集中检查，主要领导每月至少组织两次质量巡查。公司邀请专家参加不定期质量抽查，组织质量管理专题检查，对原材料、回填土、护坡和桥梁工程等组织专题检查。公司建立质量问题台账，实施有效的动态管理，及时通报检查结果，对检查出的质量问题，采取零容忍的态度，不合格的一律返工处理，并追踪复查，以最快速度提出切实的解决方案，保证整改到位，最终保障了南水北调江苏境内工程优质高效地建成投运。

（2）泵站规模大、结构形式复杂，膨胀土、高烈度区等地理环境问题，以及混凝土技术缺陷易造成裂缝，威胁工程质量

在长江以北地区修建大型泵站，施工期底板和上部墙体结构混凝土易开裂，且泵站结构形式越复杂，裂缝越易出现，工程规模越大，问题越突出。特别是近年来不断推广应用泵送混凝土，导致防裂问题变得更加棘手和突出。

为此，江苏水源公司紧紧围绕南水北调江苏境内工程的特点和建设需要，系统分析重大技术和关键设备的现状，与相关科研院校进行合作，开展国内外交流，有序开展新技术、新材料、新设备、新工艺等方面的研究和应用，以优化设计为出发点，加强工程施工过程中技术及施工方案研究，以提高工程施工水平为切入点，加强施工原材料及混凝土配合比优化研究，探索泵站结构防裂的解决方案。

此外，江苏水源公司加大对重点项目、关键部位、关键工序的管控力度。对新开工的泵站重要项目，实行施工方案报审制度，提前组织专家对底板、流道、墩墙等大体积混凝土结构施工方案进行重点审查。在混凝土浇筑前，再次组织专家进行现场监管和指导，检查施工方案的执行情况和关键工序的监控情况。实施泵站机组

安装条件审查制度，重点审查泵站机组安装方案，从土建和设备方面审查机组是否具备安装条件，加强对安装质量关键点的预控和指导。在安装过程中，邀请专家现场指导，避免或提前解决安装过程中可能出现的问题，保证机组安装高质量、高效和安全。

(3) 工期紧张，参建单位众多，接口复杂，质量管理协同难度大

江苏水源公司编制大量施工准则，例如质量手册，为项目内所有工程提供规范性施工指南。建立三级技术交底制度：水源公司对项目部进行技术交底、项目部对各部门进行技术交底、各部门对生产班组进行技术交底，层层解析关键环节和重要技术，使质量控制有的放矢，从重点中把握质量范围，并且通过一层层技术下沉，由公司顶端到班组成员，形成了广泛的质量控制体系，使每个人都明确自己工作所涉及的质量点。另外，江苏水源公司推行质量责任人网络，在每个项目点建立完整的主要责任信息网。通过这张网，明确了主要人员的责任，通过责任人以点带面，极大地增强了参建单位及作业人员的责任意识。最后，江苏水源公司通过质量备案，将质量问题登记造册并记录问题发生原因、解决方案，便于公司掌握项目整体质量问题和质量溯源管理，同时为其他项目部提供警示借鉴。

优质的工程离不开扎实的管理。在质量管理的高压态势下，江苏水源公司采取以上种种有特色、有针对性的质量管理措施，使工程的实体质量始终处于可控状态，未发生一起质量事故，质量缺陷逐年减少，工程质量管理取得的成绩得到外界充分肯定。目前，南水北调江苏境内工程 10 个设计单元获得“中国水利优质工程（大禹）奖”，其中，刘老涧二站工程获得“国家优质工程奖”。南水北调江苏境内工程质量走在了全国南水北调系统和项目法人单位前列，并获得水利部主要领导“质量最优”的评价。自从 2010 年国务院南水北调办公室开展质量管理先进单位评选以来，江苏水源公司连续多年被评为“质量管理先进单位”。此外，通过优良的质量管理，工程建筑物的混凝土外观、质量以及工程整体形象都得到较大提升，实现了“一泵一景”的建设目标，建筑风格也与区域特点、水利文化、自然景观相融合。南水北调江苏境内多个工程的混凝土外观和整体形象得到了国务院南水北调办公室主要领导的称赞。

第12章

项目安全管理

江苏水源公司和其他各参建方始终将“安全第一、预防为主、综合治理”作为安全生产管理的基本方针，并将“安全是最大的节约，事故是最大的浪费”作为编制安全生产计划、制定安全生产措施的基本指导性原则。在此基础上，江苏水源公司制定了一系列安全生产工作检查、考核、评比、奖惩制度，理顺安全生产监督管理体制，加强对施工单位安全生产管理，严肃整治重大事故隐患，做好事故预防工作。同时，江苏水源公司加大安全生产宣传教育和培训力度，普及安全生产知识，大力推进安全生产管理创新，从本质上保证安全施工。南水北调江苏境内工程建设过程中没有出现一起安全生产事故，而且涌现出一批先进集体和先进个人，树立了南水北调江苏境内工程良好形象。

12.1　安全管理组织架构和制度责任体系

12.1.1　安全管理组织架构

南水北调江苏境内工程项目施工实行项目法人（包括现场建设管理机构）负责、监理方控制、施工和设计方保证、政府监督相结合的安全管理体制。施工安全管理组织架构如图 12-1 所示。

江苏水源公司成立以总经理为组长、副总经理为副组长、各职能部门负责人为成员的安全施工领导小组。领导小组下设办公室，办公室设在工程建设部，承担日常工作。工程建设部为施工安全管理工作的主要职能部门，负责安全施工的具体监督、检查、协调和事故的统计及处理，部门负责人兼任安全施工领导小组办公室主任。

各现场建设管理机构成立以主要负责人为组长，分管负责人为副组长，各职能部门负责人、项目总监、项目经理及专职安全员为成员的工程安全施工领导小组。现场安全管理确定“无死亡、无重伤、无火灾、无重大设备事故、无重大交通责任事故和 JGJ 59—99 安全检查达标”（“五无一达标”）的安全生产管理目标，建立安全施工组织和安全施工检查机制，完善安全施工规章制度，落实安全施工责任制，并明确承担日常安全施工管理工作的主要职能部门。

各工程施工单位成立以项目经理为组长，项目副经理、总工程师、科室和工种队负责人为成员的安全施工领导小组，同时设立专门的安全科并配备具有相应资格和经验的专职安全员，具体负责压实安全施工责任，加强安全施工宣教，按规定配备安全施工器具，落实各项工程施工安全措施，确保施工安全。南水北调江苏境内工程实行由各参建单位主要负责人负责的工程施工安全责任制，各参建单位主要负责人对所承建工程施工安全负总责，专（兼）职安全员、工区和班组（或分公司）负责人对所承建工程施工安全负主要责任。

南水北调江苏境内工程的施工安全管理工作受国务院南水北调办公室及省安全生产监督管理局、省水利厅、省南水北调办公室、省国资委的安全监督管理；各在建设计单元工程接受工程所在地省辖市人民政府的安全监督部门对工程施工进行安全监督管理。

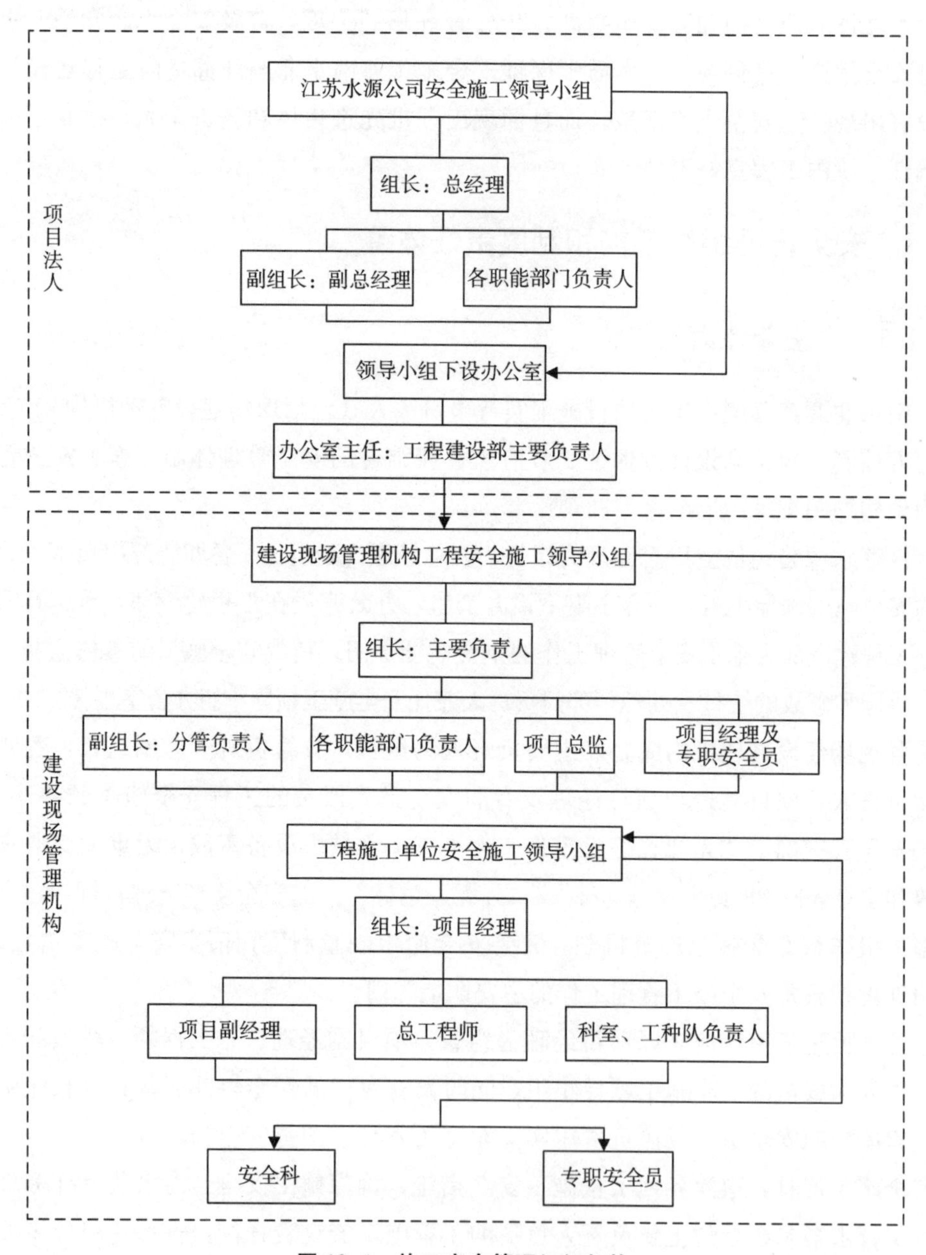

图 12-1 施工安全管理组织架构

12.1.2　安全管理制度体系

南水北调江苏境内工程建设时间紧、任务重、战线长、地点分散，安全生产不确定因素较多，麻痹大意、管理疏忽均可能造成人员伤亡和财产损失，影响工程建设进度，甚至影响工程形象及社会稳定。江苏水源公司始终按照“安全第一、预防为主、综合治理”的方针，把安全生产当作重要工作常抓不懈，着力健全安全生产管理制度体系，完善安全生产责任网络，落实各项安全生产举措，形成“制度＋体系＋责任措施”的安全管理模式，真正做到思想重视、措施落实、工作到位。

其中，健全的安全生产管理制度体系是用以规范参与工程施工及其管理相关人员的行为，考核安全生产管理的绩效，提升安全管理水平的根本规范和依据。据此，南水北调江苏境内工程建设各相关方，从国务院南水北调办公室、江苏水源公司到各施工标段的承包方，均制订了较为健全的安全生产管理制度。

(1) 国务院南水北调工程建设委员会及其办公室安全生产管理制度体系

国务院南水北调工程建设委员会及其办公室根据国家相关法律法规，从南水北调工程顶层出发，颁布了一系列安全生产管理专项制度；围绕南水北调工程建设实际，对当时安全生产法律法规和规章制度进行延伸和补充，为工程建设安全提供了有力保障。主要包括：

• 2004 年，在《南水北调工程建设管理的若干意见》中对安全生产管理作了部署；

• 2006 年，为规范南水北调工程建设重特大安全事故的应急管理和应急响应程序，提高事故应急反应和处置能力，有效预防、及时控制南水北调工程建设重特大安全事故的影响和危害，最大限度减少人员伤亡和财产损失，印发了《南水北调工程建设重特大安全事故应急预案》和《南水北调工程文明工地建设管理规定》；

• 2007 年，针对跨渠桥梁建设，印发了《关于加强南水北调工程跨渠桥梁施工质量和安全管理的通知》；

• 2008 年，为强化安全生产目标管理，落实安全生产责任制，防止和减少生产安全事故，颁布了《南水北调工程建设安全生产目标考核管理办法》。

(2) 江苏水源公司安全生产管理制度体系

江苏水源公司在安全生产管理法律法规和部门规章的指导下，结合南水北调东线江苏段工程实际，先后出台了全套成体系的项目安全生产管理制度，主要包括：

• 《南水北调东线江苏水源有限责任公司在建工程检查办法》(2006)；

• 《南水北调东线江苏境内工程年度建设目标考核办法》(2006)；

• 《工程建设管理职责（直接管理模式）暂行规定》(2006)；

- 《南水北调江苏境内工程安全生产管理办法》(2007);
- 《南水北调东线江苏境内工程施工质量及安全生产管理考核办法》(2010)。

此外，江苏水源公司还建立了安全生产身份证备案制度，将在建工程各建设、监理和施工单位安全生产责任人的姓名、职务及身份证号码公布，主动接受社会监督。

(3) 建设管理单位和施工单位安全生产管理制度体系

各现场建设管理机构在安全生产管理法律法规和部门规章，以及江苏水源公司有关安全生产管理制度的指导下，结合本设计单元工程建设实际，制订相应的安全生产管理制度。

各施工标段承包方在安全生产管理法律法规和部门规章，以及江苏水源公司、现场建设管理单位安全生产管理制度的指导下，结合施工标段施工特点，制订相应施工安全生产管理制度。

12.1.3 安全管理责任体系

江苏水源公司按照“安全第一、预防为主、综合治理”的方针，建立并完善各岗位的安全生产责任制，形成了江苏水源公司、现场建设管理机构、工程监理方和工程施工方的四级安全生产责任体系，如表12-1所示。

表12-1 南水北调江苏境内工程四级安全生产责任体系

责任单位	安全生产管理的任务和责任
江苏水源公司	•贯彻执行国家、省有关安全生产方针、政策、法律法规和行业标准；指导、调度、督查、考核各工程施工安全工作；制定和发布各类工程施工安全规定和办法；定期或不定期召开工程施工安全会议，组织安全施工检查、排查安全隐患、建立安全施工隐患档案，建立行之有效的检查、整改复查制度。 •督促各参建方建立安全施工管理体系和责任网络，完善安全施工各项规章制度，健全安全施工检查考核机制，落实安全施工责任制和工作措施；同时加强对施工现场的安全施工指导和检查，对查出的安全施工隐患责令责任单位限期整改。 •根据《南水北调工程建设重特大安全事故应急预案》等要求，结合南水北调江苏段工程实际，编制《南水北调江苏境内工程建设重特大安全事故应急预案》，规范重特大事故应急管理和响应程序，提高事故应急反应和处理能力。 •实施安全生产许可准入制度。在项目招投标阶段，项目法人对参与工程投标的施工企业进行审查，凡未获得安全生产许可证的施工企业，不得参与南水北调江苏段工程的投标活动。 •根据年度在建工程的具体情况，组织在建工程度汛预案的编制和报审工作；对在建工程进行汛前、汛期检查，落实在建工程防汛、度汛责任制，落实在建工程安全度汛措施，确保在建工程度汛安全。 •审查各在建工程施工安全管理办法，审批各在建工程重特大安全事故应急预案、安全度汛预案和重大安全技术方案。 •发生重大事故时，积极组织抢救，协助调查、处理。 •主动接受国务院南水北调办公室及省安全生产监督管理局、省水利厅、省南水北调办公室、省国资委对工程的安全监督管理，负责做好相关协调工作。

续表

责任单位	安全生产管理的任务和责任
现场建设管理机构	• 贯彻执行国家、省和项目法人有关安全生产方针、政策、法律法规、行业标准和管理办法。 • 组建现场安全施工管理机构，建立、完善安全施工管理规章制度，健全安全施工检查机制，加强施工现场监督检查，发现问题责令责任单位限期整改。 • 落实安全施工责任制，层层签订安全施工责任书，把安全施工落到实处。 • 按照《南水北调江苏境内工程建设重特大安全事故应急预案》，制订所承建工程重特大安全事故应急预案，并承担相应职责，积极做好事故预防工作。 • 加强对监理、施工方安全责任落实的监督检查，建立监理、施工方不良行为档案并及时上报，提高监理、施工方履行安全施工责任的能力。 • 按照有关规定严格控制和规范施工分包，加强对施工方分包企业安全施工情况的监督检查，对严重违反安全施工规定的，坚决予以清除出场。 • 制定在建工程安全度汛预案，落实防汛责任制，加强防汛值班和巡查工作，健全防汛组织机构，落实在建工程安全度汛措施，确保在建工程安全度汛。 • 组织对施工图设计中涉及公众利益、公众安全和强制性标准的内容进行审查，参与主要工程、关键部位的施工工艺审查，特别注重施工安全方案、措施的审查。 • 组织经常性的安全施工检查，及时掌握所承建工程安全施工状况，定期向项目法人报告工程安全施工情况，并于每年年底向项目法人报告本年度安全施工工作总结及下年度工作计划。 • 一旦发生安全事故，按有关规定及时报告，同时积极采取应急响应、后勤处置和保障措施，力争将事故损失降到最低限度；积极参加和协助事故调查及处理工作。 • 建立健全工程安全施工管理台账，及时整理汇编安全施工管理档案。 • 主动接受省级和地方安全监督机构对工程安全生产的监督管理。
监理单位	• 工程监理方按照建设部《关于落实建设工程安全生产监理责任的若干意见》（建市〔2006〕248 号）要求，明确安全监理工作内容和工作程序，加强对所监理工程的安全施工监督检查，落实安全施工监理责任。 • 健全安全施工监理责任制，完善安全施工管理制度，建立监理人员安全施工教育培训制度。 • 总监理工程师对所监理工程的安全施工工作负监理责任，同时配备专职或兼职安全监理工程师，对所监理工程的安全施工负具体监理责任。总监理工程师、专（兼）职安全监理工程师当经安全施工教育培训合格后上岗。 • 审查施工组织设计中的安全技术措施或者专项施工方案时，对其是否符合工程建设强制性标准进行审查，并负责监督检查安全技术措施的实施。 • 监督检查施工单位的安全施工责任制的落实；监督检查施工单位的安全教育和安全防护用具使用落实情况；检查施工单位施工机械设备、安全设施的验收手续，并签署意见。 • 实施监理过程中，采取多种形式实行安全监督检查，发现存在安全施工事故隐患的，书面要求施工单位整改；对情节严重的，及时下达工程暂停命令，直至施工单位整改符合规定要求后再行复工。 • 按照有关档案管理规定，将安全监理档案资料及时整编、归档。
施工单位	• 工程施工方主要负责人对本单位的安全施工工作全面负责，项目经理由取得相应执业资格的人员担任，对工程建设项目的安全施工负责。落实安全施工责任制度、安全施工规章制度和操作规程，保证安全施工。 • 项目经理部设立安全施工管理机构，按照国家有关规定配备满足安全施工管理需要、具有相应资质和管理经验的专职安全员，由专职安全员负责对安全施工进行现场监督检查。 • 建立健全安全施工责任网络，层层签订安全施工责任书，把安全施工工作落实到工程施工的各个环节。 • 确保安全施工的投入，按照相关规程规范的规定，在工程施工区和职工生活区配置安全防护设施，进入施工现场的管理和施工人员按规定配备安全帽、安全带等防护用品。 • 加强对施工环境的安全施工管理，减少工程施工对周边环境的影响；加强与工程所在地治安机关的协调，做好安全保卫、值班工作，切实做好“四防”工作；积极改善职工生活条件，做好职工防暑、防冻，饮食卫生，重要节日交通等工作。 • 加强对施工方案、现场安全施工措施的检查，形成以班组自检、作业队复检、项目部终检的安全施工“三检”制度，制止违章指挥、违反劳动纪律、违章作业等“三违”行为，及时排查安全施工隐患，落实安全施工各项措施。

续表

责任单位	安全生产管理的任务和责任
施工单位	• 按照《南水北调江苏境内工程建设重特大安全事故应急预案》，制定所承建工程建设重特大安全事故应急预案，履行相应职责，积极做好事故预防工作。 • 施工组织设计中编制专门的安全技术措施，对达到一定规模的、危险性较大的工程编制专项施工方案，包括安全稳定验算结果，经监理方审查同意后实施，由专职安全施工管理人员进行现场监督。对涉及高边坡、深基坑、地下暗挖、高大模板工程的专项施工方案，工程施工方还组织专家进行论证、审查。 • 确保从事垂直运输机械操作、安装拆卸、爆破作业、起重信号、登高架设等特种作业人员，以及电工、潜水员、电焊工等特种作业人员，按照国家有关规定经过专门的安全作业培训，特种作业人员取得特种作业操作资格证书后方可上岗作业。 • 工程施工方在实施有度汛要求的水利工程时，结合工程实际编制切实可行的度汛方案，根据防汛部门的批复落实相应防汛度汛措施，积极实现工程阶段目标，减少在建工程防汛压力，确保在建工程安全度汛。 • 主动接受上级及地方部门对工程安全施工的监督检查，并按检查意见及时落实整改到位。 • 发生安全事故时，施工单位在及时向有关部门报告的同时，积极采取有效措施，将事故损失降低到最低限度，并积极配合事故调查组进行事故调查及处理工作。 • 按照档案管理规定，建立工程安全施工管理台账，及时整理、归档安全施工管理专项档案。

12.2 安全生产保证体系

江苏水源公司、各现场建设管理单位督促施工单位制定和完善安全生产保证体系，包括安全生产规章制度和安全生产操作规程，建立正常的安全生产例会制度；对监理、施工单位的工作人员进行上岗登记，做到持证挂牌上岗；对从事高空作业、电工、起重、驾驶等工作的特殊工种人员，建立特殊工种人员档案，加强岗前培训；相关人员上岗前进行安全教育和安全技术交底，按照制定的制度和规程进行施工。

(1) 安全技术交底

①技术交底目的和任务

每批施工图交付以后，为进一步贯彻设计意图和修正图纸中的“错、漏、碰、缺”，便于施工方正确施工，确保工程质量，加快建设速度，监理单位须适时组织召开施工图技术交底会议。会议的任务主要是交代设计意图，说明设计文件的组成和查找办法，提出设计、施工应遵守的规范、标准和技术规定，介绍同类工程的经验教训，解答现场建设管理机构、监理单位和施工单位提出的问题等。施工图设计交底不涉及重大技术方案和关键设备的改变。

②技术交底的组织

技术交底会议一般在项目建设地点召开，时间一般在施工图纸提交后1—2周内。监理单位在约定的时间内，主持或与现场建设管理机构联合主持召开施工图纸技术交底会议，并由设计单位进行技术交底。会议一般由建设单位、设计单位、监理单位、施工单位参加，必要时可邀请部分设备制造单位参加。

③技术交底的程序和内容

由设计项目负责人或专业负责人介绍工程设计情况，主要应包括：贯彻执行初步设计、招标设计审查意见的情况；设计范围；设计文件的组成和查找办法；设计图纸内容介绍；与界外工程的关系和衔接要求；工程设计技术特点及对施工的技术要求；运行管理的要求；设计、施工、验收应遵守的规范、标准和技术规定。现场建设管理机构、监理单位和施工单位分别对图纸发表会审意见。设计单位广泛听取与会者的意见，及时给予解答，并反映到会议纪要中。对一时难以解答或一时难以达成一致意见的问题，可以在会后1—2周内另行召开小型专题会议或以修改通知的方式进行解答。

④技术交底会议纪要

会议纪要是技术交底会产生的最终文件，对与会各单位均有约束力。会议纪要由监理单位代表起草，设计单位代表配合，经与会各单位代表讨论、确认后，在会议上宣读。会议结束后，监理单位应在1周内将会议纪要发送有关单位，以便各单位贯彻执行。

(2) 安全生产检查

安全生产检查是安全生产监管最重要的方式之一，通过安全生产检查发现问题，解决问题，不断推动安全工作持续改进。南水北调江苏境内工程安全生产检查分以下三个层次：

①江苏水源公司组织的安全生产检查

检查对象主要是各设计单元工程现场建设管理机构。检查内容主要包括：安全生产管理组织体系是否健全、安全生产制度体系是否完善和具有针对性、安全生产管理活动是否有效开展、安全生产的经济措施是否落实，以及生产安全事故的应急救援方案、工程施工度汛方案等情况，并抽查工程施工现场。一般每季度安排组织一次。

②现场建设管理机构和监理方组织的安全生产检查

检查对象主要是各标段施工承包方。检查内容主要包括：安全生产许可证是否获得、安全生产管理组织体系是否健全、安全生产管理人员和特种作业人员持证上岗情况、安全生产管理制度是否完善、安全教育培训工作是否开展、生产安全事故应急救援及施工度汛方案情况，以及安全管理相关制度是否落实、安全生产措施是否到位，并到施工现场检查安全措施到位情况和工程施工安全现状。涉及土方和石方开挖、基坑支护与降水工程、模板工程、起重吊装工程、脚手架工程、围堰工程和其他危险性较大的工程，需要编制专项施工方案，要检查这些方案是否通过相关审查。一般每月安排一次，并在汛前等生产安全重要节点组织专项检查。

③施工承包方组织的安全生产检查

检查对象主要是施工班组、施工现场。检查内容主要包括：施工现场作业人员行为是否规范、施工安全措施是否落实、是否存在生产安全事故隐患，以及在查出生产安全事故隐患时，定人、定时间和定措施加以整改。一般要求每周至少对施工现场检查一次，在汛前等生产安全重要节点组织专项检查。

12.3 危大工程安全管理

国务院颁布的《建设工程安全生产管理条例》强调，施工单位在施工组织设计中编制安全技术措施和施工现场临时用电方案，对达到一定规模的危险性较大的分部分项工程，编制专项施工方案报监理人批准，并附具安全验算结果，涉及深基坑、地下暗挖工程、高大模板工程的专项施工方案，还应组织专家进行论证、审查。

根据上述要求，江苏水源公司进一步明确和落实各项危大工程管理责任，要求南水北调江苏境内工程施工单位在施工准备阶段组织项目部管理人员、工种队长及班组长认真学习国务院颁布的《建设工程安全生产管理条例》《中华人民共和国工程建设标准强制性条文》（水利工程部分）等管理规定，严格要求施工人员执行安全与卫生的强制性条文规定，在施工质量检查中，对强制性条文的贯彻情况进行重点督查。

为此，江苏水源公司制定了专门的危大工程安全管理流程，包括专项施工方案编制、专项施工方案审核、专项施工方案专家论证会、方案交底和安全技术交底，以及危大工程验收。其中，首要任务就是编制危大工程专项施工方案，从工程概况、编制依据、施工计划、施工工艺技术、施工安全保证措施、施工管理人员与作业人员的配备和分工、验收要求，以及应急处置措施等 8 个方面来进行编制。具体如图 12-2 及表 12-2 所示。

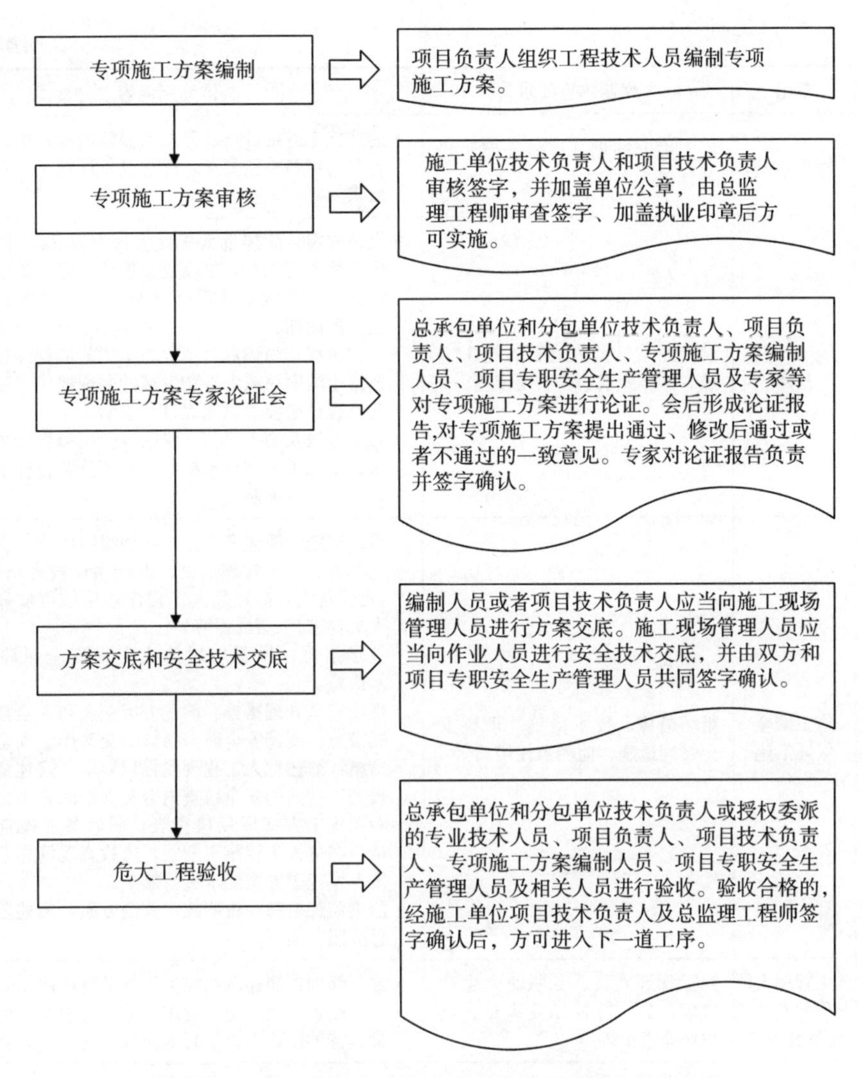

图 12-2　南水北调江苏境内工程危大工程安全管理流程

表 12-2　南水北调江苏境内工程危大工程专项施工方案编制

序号	章节	编制内容要求	具体编制内容
1	工程概况	危大工程概况和特点、施工平面布置、施工要求和技术保证条件	•简述项目概况。 •简述危大工程概况、气象水文地质条件、施工平面布置、施工准备情况、技术保证条件等。 •简述工程范围内的地下管线、建（构）筑物情况。 •简述危大工程施工对周边环境的安全影响情况。
2	编制依据	相关法律、法规、规范性文件、标准、规范及施工图设计文件、施工组织设计等	•简述依据的相关法律、法规、规范性文件、标准、规范及施工图设计文件、施工组织设计等。应注意引用标准规范的有效性。

续表

序号	章节	编制内容要求	具体编制内容
3	施工计划	施工进度计划、材料计划与设备计划	•简述施工进度计划及采取的保障措施；简述材料计划及材料性能要求，简述设备计划及设备性能要求。
4	施工工艺技术	设计方案、工艺流程、施工方法、操作要求、检查要求等	•设计方案：简述危大工程设计方案、设计要求、施工技术要求等，如高支模设计方案、脚手架设计方案、基坑支护设计方案，并附相应的平面图、剖面图。 •工艺流程：简述危大工程施工工艺流程，按照工艺发生的顺序或者事物发展的客观规律来编制工艺流程，必要时以图表进行说明。 •施工方法及施工工艺：说明各工序项目的施工方法、施工工艺和技术要求。此部分结合标准化作业要求进行编制。
5	施工安全保证措施	组织措施、技术措施、现场安全管理措施、监测监控措施等	•组织措施：简述安全生产管理组织机构、安全管理职责、安全管理制度、安全生产教育培训等。（责任落实）简述危大工程作业单位资质和作业人员要求。（资质保障） •技术措施：说明应对危大工程安全风险的技术措施。 •现场安全管理措施：简述方案交底和安全技术交底措施、现场安全防护措施、交叉作业安全管理措施，简述危大工程现场标识要求；简述危大工程施工期间的安全检查内容和参加的人员，编制专项施工方案现场检查表，明确参加检查的人员。在危大工程施工期间，应检查现场作业是否按专项施工方案要求进行施工。 •监测监控措施：说明施工监测方案，简述监测信息应用方案等。
6	施工管理人员与作业人员的配备和分工	施工管理人员、专职安全生产管理人员、特种作业人员、其他作业人员等	•施工管理：简述现场施工组织及现场作业管理。 •人员配置：简述施工管理人员、专职安全生产人员、特种作业人员、其他作业人员的配置要求。
7	验收要求	验收标准、验收程序、验收内容、验收人员等	对于按照规定需要验收的危大工程，施工单位、监理单位应当组织相关人员进行验收。验收合格的，经施工单位项目技术负责人及总监理工程师签字确认后，方可进入下一道工序。 •施工前条件验收：推荐按照相关管理规定进行施工前条件验收。 •工序安全验收：围护结构、模板支撑、脚手架、起重设备等施工安装完成后，必须验收合格后才能投入使用或进入下一道工序。 •编制内容：简述危大工程工序安全验收标准、验收程序、验收内容、验收人员。
8	应急处置措施	应急处置措施、应急抢险预案	•应急处置措施：对危大工程可能发生的险情和事故危害进行分析，提出应急处置措施。 •应急抢险预案：简述应急抢险组织机构、人员和应急物资的配备、应急响应的工作程序、救援路线、联系方式等。

12.4　应急管理体系

为做好南水北调江苏境内工程安全事故应急处置工作，加强安全生产监督管理，有效预防、及时控制和消除南水北调江苏境内工程建设重大质量与安全事故的危害，最大限度减少人员伤亡和财产损失，江苏水源公司根据相关法律、法规和有关规定建立应急管理体系，包括应急组织体系、应急管理要点和应急响应及响应解除等。

(1) 应急组织体系

南水北调江苏境内工程建立了重特大安全事故应急组织指挥体系，在国务院南水北调办公室、江苏省人民政府的统一领导下，由江苏水源公司、各现场建设管理机构以及其他相关参建方的应急管理和救援机构组成，如图 12-3 所示。

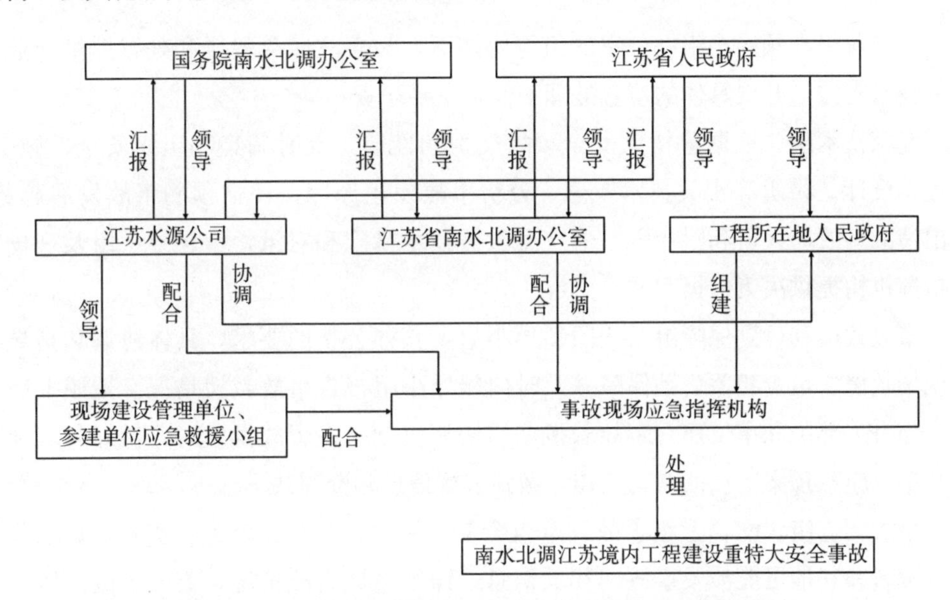

图 12-3　南水北调江苏境内工程建设安全事故应急组织体系

江苏水源公司是南水北调江苏境内工程建设安全生产的责任主体，江苏水源公司主要负责人为南水北调江苏境内工程建设安全生产的第一责任人。江苏水源公司成立工程建设重特大安全事故应急指挥机构，为事故预防及事故发生后的应急救援和处置提供组织保障，如图 12-4 所示。

领导小组下设办公室，办公室设在江苏水源公司工程建设部，主要任务为：传达领导小组的各项指令；汇总事故信息并报告（通报）事故情况；负责南水北调江苏境内工程建设重特大安全事故应急预案的日常事务工作；组织事故应急管理和救援相关知识的宣传、培训和演练；承办领导小组交办的其他事项。

根据需要，领导小组下设各专业组，包括专家技术组、事故救援和后勤保障组、事故调查组（以下统称为“专业组”），如图 12-4 所示。

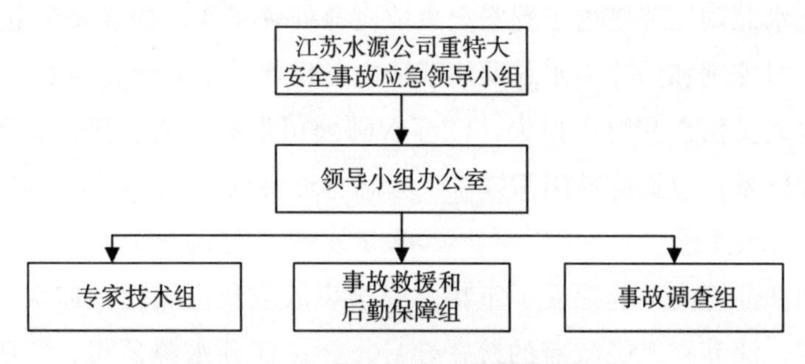

图 12-4 江苏水源公司应急组织体系

各专业组在领导小组办公室的组织协调下，为事故应急救援和处置提供专业支援和技术支撑，开展具体的应急处理工作，主要职责：

专家技术组。根据重特大安全事故类别和性质，及时调集和组织安全、施工、监理、设计、科研等相关技术专家，分析事故发生原因，评估预测事故发展趋势，提出消减事故对人员和财产危害的应急救援技术措施和对策，为领导小组及现场应急指挥机构提供决策依据和技术支持。

事故救援和后勤保障组。按照领导小组及其办公室的要求，具体协调和指导事故现场救援，负责相关后勤保障并及时向领导小组报告事故救援情况。按照上级要求，与有关部门和单位建立事故救援联络协调机制。在事故发生时，做好与其他部门和单位应急预案衔接的有关工作，做到事故信息和资源共享。

事故调查组。配合上级事故调查组全面、科学、客观、公正、实事求是地收集事故资料和其他可能涉及事故的相关信息，详细掌握事故情况，查明事故原因，评估事故影响程度，分清事故责任并提出相应处理意见，配合写出事故调查报告，提出防止事故重复发生的意见和建议。

(2) 应急管理要点

①危险源监控

按照国务院南水北调办公室相关规定要求，江苏水源公司建立南水北调江苏境内工程危险源管理制度，并实行重大危险源登记制度。各在建工程参建方均明确管理责任人，相互协作、严密排查，对存在重大安全隐患风险处进行经常性检查，消灭安全隐患。

表 12-3　应急管理机构的职责划分

机构	各机构主要职责
江苏水源公司	• 制定南水北调江苏境内工程的安全事故应急预案（包括专项应急预案），明确工程现场建设管理单位和各参建单位的责任，落实应急救援的具体措施。根据预案实施过程中发生的变化和问题，及时对预案进行调整、修订和补充。 • 事故发生后，组织相关现场建设管理单位和各参建单位按照应急预案迅速采取有效措施组织抢救，防止事故扩大和蔓延，努力减少人员伤亡和财产损失，同时按规定立即报告国务院南水北调办公室、江苏省人民政府、江苏省南水北调办公室。 • 接受现场应急指挥机构的领导和指挥。 • 组织相关现场建设管理单位和各参建单位配合医疗救护，并将抢险救援的设备、物资、器材和人力投入应急救援，做好与地方有关应急救援机构的联系。 • 配合事故调查、分析和善后处理。 • 组织应急管理和救援的宣传、培训和演练。 • 完成事故救援和处理的其他相关工作等。
现场建设管理单位	• 根据在项目委托管理合同、《江苏水源公司建设管理（直接管理模式）职责管理暂行规定》中明确的安全生产及应急处理职责，建立本单位事故应急救援组织，制订本单位重特大安全事故应急处理预案。 • 事故发生后，组织各参建单位按照应急预案迅速采取有效措施组织抢救，防止事故扩大和蔓延，努力减少人员伤亡和财产损失，同时按规定立即报告江苏省南水北调办公室、江苏水源公司、地方人民政府。 • 组织相关参建单位配合医疗救护，并将抢险救援的设备、物资、器材和人力投入应急救援，协调做好与地方有关应急救援机构的联系。 • 根据事故灾害情况，有危及周边地区和人员的险情时，协助做好组织人员和物资疏散的工作。 • 具体组织各参建单位的应急管理和救援的宣传、培训和演练。 • 完成事故救援和处理的其他相关工作等。
施工单位	• 参加项目事故应急指挥机构并承担相应职责。 • 建立本单位事故应急救援组织。 • 工程项目部结合工程建设实际和特点制定事故应急救援预案。 • 配备应急救援器材、设备和物资。 • 参加应急管理和救援的宣传、培训和演练；配合事故调查处理。 • 妥善处理事故善后事宜等。
其他参建单位	• 参加项目事故应急指挥机构并承担相应职责。 • 开展经常性的安全生产检查、事故救援和培训教育，参与组织应急救援演练，有效预防安全事故发生，提高应急救援能力。 • 充分利用现有救援资源，包括人员、技术、机械、设备、通信联络、特种作业工器具等资源，高效组织、密切配合应急救援工作，防止安全事故影响的进一步扩大和事故损失的蔓延。 • 配合事故调查处理，妥善处理事故善后事宜等。

施工方对存在的危险源实行“安全到人，专项分管，专人负责”的管理方式，派专人进行监管，派专职安全员及时检查，对不符合安全条例的行为进行严厉处罚，从源头上加强对安全隐患的控制。各现场以自查为主、互查为辅、边查边改，主要查意识、查制度、查纪律、查领导、查隐患、查台账；结合季节特点，重点查防触电、防机械车辆事故、防汛、防火等措施的落实，以及油库的管理。

监理方积极参加施工方的安全生产教育会议及安全交底会议，并加强监理人员安全监理思想教育；加强现场巡视检查，对发现的隐患问题，责令施工方立即整改，及时消除，切实履行安全监理的职责。

现场建设管理机构每月固定时间组织监理方及施工方进行现场危险源监督检查，对现场安全状况进行评价。

②预警预防信息

江苏水源公司在利用现有资源的基础上，联合各单位建立技术支持平台，及时评估、发布预警预防信息，保证信息准确、渠道畅通，反应灵敏、运转高效，资源共享、指挥有力。

江苏水源公司及其现场建设管理机构组织有关专家和建设管理、设计、施工及监理等单位，对工程建设过程中可能面临的重大风险作出评估，特别是对土石方坍塌、施工围堰坍塌、结构坍塌、特种设备或施工机械、火灾、爆炸、环境污染、道路交通、工程质量等可能引起重特大安全事故的风险作出评估，准确识别危险源和危险有害因素，做好对工程建设过程中的事故监测和预防，并妥善处理和发布相关信息。

③预警预防行动

施工方应当根据建设工程的施工特点和范围，加强对施工现场易发生重大事故的部位、环节的监控，配备救援器材、设备，并定期组织演练。

对可能导致重大质量事故与安全事故的隐患和险情，现场建设管理机构和施工方等知情单位应当按项目管理权限立即报告江苏水源公司和工程所在地人民政府。

江苏水源公司和工程所在地人民政府接到可能导致南水北调工程建设重大质量事故与安全事故的信息后，密切关注事态进展，及时确定应对方案，通知有关部门和单位采取相应措施预防事故发生，并按照预案做好应急准备工作。

(3) 应急响应及响应解除

按照事故的严重程度和影响范围，将南水北调工程建设质量与安全事故分为Ⅰ、Ⅱ、Ⅲ、Ⅳ四级；根据相应事故等级，采取Ⅰ级、Ⅱ级、Ⅲ级、Ⅳ级应急响应行动。南水北调江苏境内工程建设安全事故应急预案体系如图12-5所示。

根据预案要求，安全事故现场应急救援活动事故完成，现场得以控制，导致次生、衍生、耦合等事故的隐患消除，环境符合相关标准，调查取证完成后，由事故现场应急指挥机构宣布应急救援结束，并通知有关部门和公众。

Ⅰ、Ⅱ级事故应急处置工作其应急状态解除按照《南水北调工程建设重特大安全事故应急预案》执行；Ⅲ、Ⅳ级事故应急处置工作由江苏水源公司宣布解除应急状态。应急状态解除后，应急救援队伍撤离现场。

启动国家突发公共事件总体应急预案或专项预案实施应急处置的，其应急状态解除按相关预案规定办理。

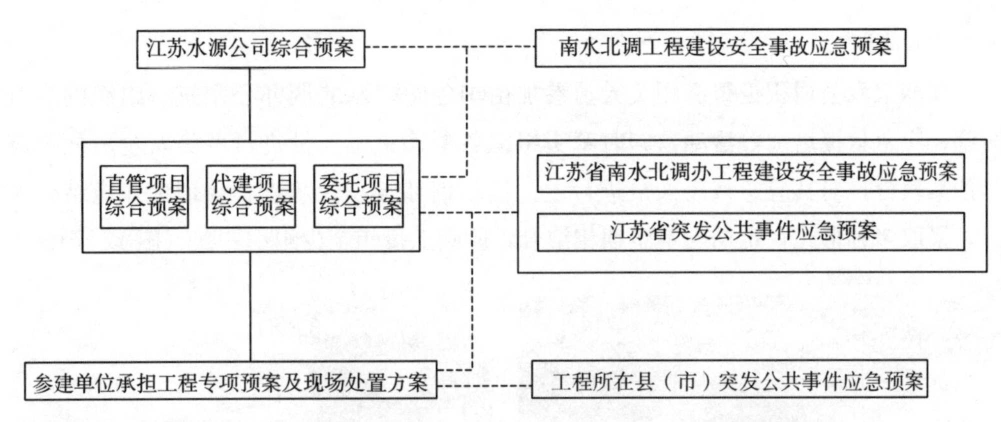

图 12-5　南水北调江苏境内工程建设安全事故应急预案体系

12.5　安全文化建设

在南水北调江苏境内工程建设过程中，江苏水源公司制订了“加强施工现场的安全管理，杜绝重大安全事故，确保在建工程安全度汛，确保人身安全和国家财产安全，工程实施期间不发生国家规定的等级安全事故”的安全生产目标，并将这一目标贯彻在施工合同有关安全生产条款、安生生产计划安排、安全生产检查、安全生产考核，以及评比和奖惩等各项工作之中。为此，江苏水源公司通过宣传、培训和演练相结合的措施，使得安全生产观念深入人心。

（1）宣传

江苏水源公司联合各现场建设管理单位经常性组织应急法律法规和工程建设事故预防、避险、避灾、自救、互救常识的宣传工作，并根据工程建设实际和事故可能影响范围，与工程所在地人民政府建立互动机制，采取多种形式向工程参建单位、人员或公众宣传相关应急知识（图 12-6）。

图 12-6　安全管理宣传

(2) 培训

江苏水源公司积极组织相关人员参加由国务院南水北调办公室统一组织的应急演练、应急救援培训等活动，同时牵头组织各参建单位人员进行各类安全事故及应急预案教育，对其应急救援人员进行上岗前培训和常规性培训。培训工作应结合实际，采取多种形式，定期与不定期相结合，原则上每年至少组织一次（图 12-7）。

图 12-7　安全培训会

(3) 演练

江苏水源公司联合相关现场建设管理单位根据工程进展情况和总体工作安排，针对关键工程，组织相关单位进行重特大安全事故应急救援演练（图 12-8）。领导小组根据工程具体情况及事故特点，组织工程参建单位进行突发事故应急救援演习，必要时邀请工程所在地人民政府及有关部门或社会公众参与；演练结束后，组织单位总结经验，完善事故防范措施和应急预案。

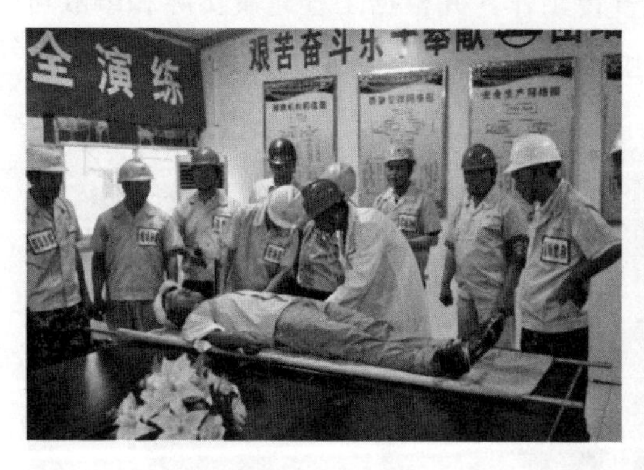

图 12-8　安全事故应急演练

12.6　安全生产目标考核

安全生产是贯穿于工程建设全过程的头等大事，建设处认真贯彻“安全第一、预防为主、综合治理”方针，高度重视，多措并举，实现了安全生产零事故的建设目标。根据国务院南水北调办公室《南水北调工程建设安全生产目标考核管理办法》（以下简称《考核办法》）文件要求，建设处全面落实安全生产目标考核责任制，成立以建设处主任为组长的考核小组，认真开展建设处安全生产年度目标考核的自查工作，并对监理、设计、施工单位的安全生产工作进行考核。

施工安全考核工作由各现场建设管理机构牵头，具体工作可由监理方负责，现场建设管理机构会同监理方组成考核组进行考核。江苏水源公司视情况参加，需要时也可邀请安全监督部门参加。考核组人数一般以不少于 7 人为宜。一般情况下，自工程正式开工后每季度考核一次；特殊情况下，考核周期由考核组确定。考核的一般程序为：查看工程施工现场；听取施工单位汇报；监理单位介绍日常管理情况；查阅相关资料；考核组评议；考核组成员独立赋分；形成考评报告；交换意见。

在考核前，施工单位应对考核期施工安全等进行自我考核并形成自我考核报告，同时按照考核内容提出自我考核意见，供考核组审查。日常施工安全管理工作中，现场建设管理机构、监理方应加强对相关工作的监督和检查，并做好相关记录，建立健全相关台账，为考核工作打好基础。考核过程中，考核组成员对照考核标准并结合平常施工方管理情况进行独立赋分，经查实发现赋分明显有失公正的，其评分作废并取消其考核资格。

其中，考评内容包括：第一，安全保证体系，分为制度建设、人员分工、责任制落实和施工组织等方面；第二，工程施工，分为施工交底、施工与设备、危险源管理、投入情况、环境安全和安全自检六个方面；第三，度汛安全，分为制度及组织和防汛度汛两个方面；第四，文明工地创建，分为组织、生活区文明和生产区文明三个方面；第五，检查及整改，分为监理单位检查、现场建设管理机构检查和上级单位检查三个方面；第六，安全情况，主要是综合评价现场施工安全情况。

此外，若施工方安全管理存在下列情况，经监理方举证，在考核结果中再行扣分：安全施工责任制不落实，或未层层落实责任制；未按规定对职工进行岗前培训，作业前未进行安全教育；现场场面混乱、不整齐，安全防护不到位，经费投入不足；职工宿舍、食堂等场所不整洁、不卫生，存在“脏乱差”现象；建筑材料、施工机具未按规定堆放、排列较乱；现场建设管理机构、监理方等查出的安全隐患未及时得到整改或整改不彻底。

为激励施工方严格控制工程施工安全，江苏水源公司根据工程特点设立施工安全措施费，其中50%为目标费，用于实现施工安全目标奖励；50%为管理费，用于日常安全管理工作状况考核奖励。根据以下奖惩措施严格执行：第一，安全管理考核得分达到70分为合格，低于70分为不合格，考核不合格的必须限期整改达到合格且不得支付目标措施费。第二，安全管理连续两次考核不合格的，监理方应要求施工方撤换质量或安全管理人员，连续三次考核不合格的，监理方应报告现场建设管理机构要求施工方撤换相关责任人乃至项目经理。第三，因施工方安全管理不力，导致工程发生等级或以上安全事故的，考核为不合格并没收全部安全措施费。第四，现场建设管理机构、监理方在现场指证施工方现场管理存在问题需罚款的，其费用不得在相关工程措施费中开支，按照罚款性质分别由责任单位或责任人另行承担。第五，考核组考核报告和考核结果是相关措施费支付的直接依据，考核工作结束后由监理方整理，报现场建设管理机构归档。第六，施工方应对各项措施费进行严格的管理，并将相关费用使用情况报现场建设管理机构、监理方备案。原则上除一部分用于增强措施投资外，一般应将不少于30%的措施费奖励给尽责尽力为本工程服务的现场技术骨干和管理人员。

实践证明，安全生产目标考核的应用极大地推动了南水北调江苏境内工程的安全管理。例如，睢宁二站工程建设处自查安全生产目标考核，通过健全安全生产规章，明确安全生产规程规范；定期召开安全生产会议，组织安全生产检查；落实安全技术措施，保障工程施工安全；审查施工单位资格，严格“三类人员”考核；加强调控监管，落实安全措施费用；根据工程实际，制定安全应急预案；结合工地例会，布置安全生产工作；建立安全网络，落实安全生产责任；严格进场报验，禁用国家公布的淘汰产品；规范管理行为，带头执行强制性标准；认真履行合同，按时提交技术资料；做好防汛工作，保证工程安全度汛。通过以上举措，睢宁二站工程建设处为工程建设营造了良好的安全氛围，自2011年3月15日开工以来，睢宁二站工程未发生一起安全生产事故。

12.7 安全管理主要挑战和克服措施

南水北调工程是国家战略性工程，是国家水网的主骨架和大动脉，做好安全稳定工作任务艰巨、责任重大。在工程建设过程中，江苏水源公司始终高度重视安全生产，通过开展安全生产专项整治、安全隐患排查治理、劳动竞赛等各种活动，有效遏制和防范了各类事故的发生。

(1) 南水北调江苏境内工程跨越北亚热带和南暖温带，具有明显的季风气候特征，经常受到台风、暴雨、雷电等极端天气影响，这些极端天气成为工程施工的安全隐患。

针对上述工程建设环境特点，江苏水源公司注重建立突发性自然灾害应急预案体系。为切实做好南水北调江苏境内工程建设安全事故应急处置工作，加强安全生产监督管理，有效预防、及时控制和避免南水北调工程建设重大质量事故与安全事故，江苏水源公司组织编制了《南水北调江苏境内工程建设安全事故综合应急预案》和《南水北调东线江苏境内在建工程防汛预案》等多项应急管理预案，形成突发性自然灾害应急预案体系。各现场建设管理单位在每项工程开工前，开展常态化应急演练，同时组织监理单位对安全措施落实情况进行监督和检查，建立健全安全生产管理台账。对受极端天气影响较大的坍塌、高空坠落、高脚手架、起吊机械等重要施工风险，编制专项预案并开展专题安全检查，发现隐患和问题时，及时整改落实，把极端天气可能造成的安全影响消灭在萌芽状态。

此外，江苏水源公司还建立了联防联动机制以确保安全度汛。南水北调江苏境内工程新建工程均位于现有水利工程的防汛关键部位，在不影响工程原有度汛、排涝和灌溉等功能的同时，需统筹工程建设安排，确保在建工程安全度汛，是保证工程建设的主要内容。江苏水源公司每年都及时下文要求各建设处根据工程具体进展情况，编制各工程年度防汛预案，在此基础上编制完成了《南水北调东线江苏境内在建工程年度防汛预案》，同时根据新开工项目施工导流方案对原有水系可能产生的影响，积极主动向江苏省防汛防旱指挥部、江苏省水利厅及地方水行政部门进行了汇报和沟通，修改完善防汛预案后报送江苏省防汛防旱指挥部办公室审批。

(2) 由于项目工期紧张，施工人员长期高强度工作，导致安全生产意识降低，现场作业存在不严格执行安全操作规程的可能性，容易出现安全问题。

对此，江苏水源公司首先加强安全生产培训，提高施工人员的安全生产意识和自保能力。宣传教育是做好安全工作的重要措施，江苏水源公司及各现场建设管理机构利用工程例会强调安全生产重要性，安全生产“逢会必谈”，广泛加强安全生产方针、政策、法律、法规的宣传，按照“安全第一、预防为主、综合治理”的方针，做到“警钟长鸣，常抓不懈”。同时，组织安全生产知识培训，进行考试评价，创造性开展安全生产知识竞赛，多方面、多方式普及安全知识，不断提升全体员工安全生产意识，提高参建人员的自保能力。公司还组织开展了“安全生产月”“安全生产年”和“预防坍塌事故专项整治工作”等活动，深化宣传发动，大力营造深厚的安全生产工作氛围。在工程建设期间，建设工地悬挂与生产安全相关的过路横幅，张贴“安全第一、预防为主”“责任重于泰山”等大幅标语，树立生产安全警示标牌，营造浓厚安全氛围，以克服部分员工麻痹思想，提升全体参建人员安全生产自觉性。

其次，加强安全生产检查，防范重点环节安全风险。根据国家基本建设法律法规、国务院南水北调工程建设委员会《南水北调工程建设管理的若干意见》等规定，结合南水北调江苏境内工程建设实际，江苏水源公司制定了《在建工程检查办法》，明确全面检查、专项检查和日常巡查三种形式，建立了正常的工程安全生产巡查制度，采取定期和不定期、不定点、随机抽检相结合的方式，每逢汛前、冬季事故多发期，以及“春节”“五一”“国庆”等节假日，对所有在建工程进行专项和节前安全检查，针对每项工程每年安排1～2次全面检查。在建设高峰期，还加大重点项目、关键部位、重要方案、关键工序的管控力度。对新开工的泵站和河道工程中的重要项目，实行施工方案报告制度，根据不同施工阶段安全生产的特点，及早采取预防措施，提前组织专家重点对底板、流道、墩墙等大体积混凝土结构施工组织和安全生产方案进行审查。在混凝土浇筑前，再次组织专家现场监管和指导，检查执行情况和关键工序的监控情况，减少安全事故的发生。从执行情况看，建设工程的安全生产管理水平明显好转。

(3) 项目范围广，施工单位及协作队伍较多，各种设备、预制构件、建筑材料的运输、存放、保管等管理工作繁琐，且管理人员水平参差不齐，可能造成现场管理不善，影响施工安全。

针对现场管理，江苏水源公司高度重视并建立完善安全生产的各项规章制度。规章制度是规范管理工作、提升管理水平的基本保障。为切实加强南水北调江苏境内工程建设的安全生产管理工作，根据《中华人民共和国安全生产法》《建设工程安全生产管理条例》和国务院南水北调办公室有关规定，江苏水源公司研究制定了《南水北调东线江苏境内工程安全生产管理办法》，对安全生产组织、安全生产具体措施和要求做出了明确规定。同时还制定了《工程建设管理职责（直接管理模式）暂行规定》和《江苏南水北调工程年度建设目标考核办法》等，进一步对安全管理进行细化和规范，从制度和组织形式上有力地保证了江苏省南水北调工程安全生产各项工作的开展。同时各现场建设管理单位结合各自工程的特点，也都制定了相应的安全生产管理办法，确保安全生产工作有章可循、有据可查。

此外，江苏水源公司还注重创新建设管理手段，加大安全生产经费投入。为进一步加强对工程现场施工的安全生产管理，提高工程建设水平，鼓励施工单位争创优质工程、安全工程和文明工程，江苏水源公司在招标文件中特别设立了安全生产及文明工地措施费；同时为加强对施工单位安全生产日常管理工作的考核，配套出台了《南水北调江苏境内工程施工质量和安全生产考核办法》；组织开展了“我为率先通水立新功”劳动竞赛活动，以安全生产为重要内容，确保了年度建设目标的完成。管理手段的创新，既保证了工程建设质量，提高了工程投资效益，又充分调动了施工单位优质施工、安全施工、文明施工，以及争创优质工程的积极性。

在建设过程中，江苏水源公司积极探索实践南水北调江苏境内工程安全管理体制机制，着力加强管理创新，积累了丰富的经验。安全生产形势整体平稳，没有出现一起等级安全生产事故。优秀的安全管理确保了有防汛要求的项目按照节点工期完成建设任务，保证了在建工程安全度汛。金湖站、洪泽站挡洪闸、邳州站刘集南闸在汛前完成了水下工程阶段验收，洪泽湖抬高蓄水位影响处理、金宝航道Ⅰ标段、高水河大部分及沿运闸洞漏水处理工程在汛前完成了水下工程任务，保证了工程安全度汛。

项目资源管理

南水北调江苏境内工程项目建设涉及庞大的人力、物质资源，项目整体具有复杂性高、任务重的特点，需要通过有效的资源管理，对项目资源利用进行高效的计划、组织、指导和控制，以实现项目资源全过程的动态管理和项目目标的综合协调与优化。江苏水源公司采用创新性措施对人力资源进行管理，根据不同项目进度，不断优化资源的配置和协调，合理统筹不同设计单元工程的资源，以保证项目在各个阶段得到有效的资源支持。江苏水源公司周密细致的资源管理工作，确保了整个项目推进过程中对资源的科学有效利用，为项目建设的进度、质量、成本和安全管理提供了坚实有效的保障。

13.1　资源识别、获取和管理基本情况

由于南水北调江苏境内工程项目类型多、战线长、涉及面广，江苏水源公司对人力资源和物质资源的种类、数量、获取方式做了精细的筹划安排，与各承包商和供应商就项目建设所需的主要资源、获取方式和各自责任等进行合理划分，如表13-1 所示。

表 13-1　南水北调东线一期江苏境内工程所需主要资源的责任分配

	江苏水源公司	承包商
人力资源	• 总体管理人员 • 高级技术人员 • 高级专家 • 现场建设管理机构	• 建设管理人员 • 技术人员 • 施工人员 • 各类辅助人员
物质资源	• 主电机及附属设备导线 • 主水泵及附属设备 • 钢筋、水泥、柴油等主材 • 电气及自动化设备 • 清污设备 • 高低压电缆及相关设备、液压启闭机设备	• 其他燃油 • 粗细骨料及外加剂 • 辅材及辅机设备 • 施工所需的工器具、运输工具等

南水北调东线一期江苏境内工程建设所需的物质资源主要包括：主水泵及附属设备、主电机及附属设备、电气及自动化设备、清污设备、高低压电缆及相关设备、液压启闭机设备，以及水泥、钢筋、柴油、粗细骨料、粉煤灰、外加剂、碎石等原材料。由于核心建设工程在于泵站，因此水泵等主要机电设备的获取和及时供应由江苏水源公司负责，并由江苏水源公司统一负责泵站工程建设所需钢筋主材的供应；小型设备和其他原材料由施工方在现场管理机构和监理方监督审查下自行采购，施工所需的工器具、运输工具等都由施工承包商自行负责获取、管理和使用。

在项目建设所需的人力资源方面，江苏水源公司主要负责招募、管理公司层面的各职能部门人员和负责项目技术把关、指导的高级技术人员，主要集中在江苏水源公司和现场建设管理机构人员，其他需要临时支持的高级专家或队伍则由江苏水源公司统一聘请调拨；参与工程建设的各承包商负责工程建设所需的其他所有技术、管理、施工等人员的招募、组织和管理。

因此，在整个南水北调东线一期江苏境内工程建设过程中，江苏水源公司负责获取和管理的主要物质资源是主水泵及附属设备、主电机及附属设备、电气及自动化设备、清污设备，以及钢筋水泥、柴油等主材。其中主水泵、主电机等重要设备的采购实施一般要与主体土建施工同步，且多采用新技术，因此如何按计划进度建造、检验和保障供应成为难题。江苏水源公司组织相关人员驻场监造，并与厂家积极联系，帮助厂家解决在生产制造中遇到的问题。

对于由承包商负责的人力资源和物质资源，主要由承包商自行负责获取和管理使用，但是江苏水源公司对此并不是采取完全放任不管的态度，而是通过合同约定对其中的若干关键事项进行延伸管理，并通过定期报告和会议等方式及时掌握各类资源配置现状，如项目建设进度、质量、安全等不符合建设计划，则根据实际情况要求承包商加强人力、设备等各类资源的投入或进行更合理的配置，以避免风险、帮助决策和控制质量。

13.2 人力资源管理

13.2.1 项目关键人力资源招募调配

在南水北调江苏境内工程的业主层面，即江苏水源公司层面，进行项目总体管理、技术审核和指导的高级技术人才队伍的组建，充分依托南水北调总体统筹、江苏省政府支持组建优势，由江苏省水利系统相关单位选派具有丰富水利建设管理经验的专业技术人才、管理人才组建江苏水源公司。在现场建设管理机构层面，江苏水源公司针对公司直接管理模式、委托管理模式和代建管理模式三种机构组建方式，采取不同方法：公司直管型现场建设管理机构，采取内部选派为主、外聘部分有水利工程建设管理经验的人员为辅的方式；委托管理型现场建设管理机构，由国务院南水北调办公室直接指定相关流域机构负责相关人员招募调配；代建管理型现场建设管理机构，由江苏水源公司择优选择建设管理专业化程度较高的设计、咨询公司自行组建。

对于在整个项目的设计、采购、建设过程中所需的各类高级专家和团队，由江苏水源公司根据项目的建设进度和需要，通过水利系统专家库或其他途径调集聘请各相关领域专家和单位参与、支持南水北调东线一期江苏境内工程建设。

13.2.2　公司人力资源管理

(1) 根据项目特点合理选择人员招募方式，提高项目队伍综合能力

江苏水源公司根据各工程建设特点，采取不同方式组建现场建设管理机构。泵站工程建设协调量相对较小，工程技术相对复杂，江苏水源公司尽量从内部选派主要人员，因为内部人员主人翁意识强，专业化程度较高，能够满足泵站工程管理建设需求。河道工程、省界工程技术相对简单，但是需要处理地方不同部门、群体间的关系，熟悉施工环境和建设条件。因此，公司委托地方水行政主管部门，从地方选拔优秀人才组建现场管理机构。

(2) 建立年度责任状制度，明确管理责任，促进建设目标实现

江苏水源公司通过与职能部门和现场建设管理机构签订责任状，以目标为导向，将总体目标划分为各个部门及其人员的目标，并转化为指标，从而实现权力下放，培养一线职员主人翁的意识，唤起他们的创造性、积极性、主动性。江苏水源公司从关键业绩指标和主要工作任务两方面制定每个职能部门责任状，从管理职责履约情况方面制定现场建设管理机构责任状。其中，部门目标管理考评成绩占部门负责人年度考评成绩的 40%，占科级员工年度考评成绩的 20%，占科级以下员工年度考评成绩的 10%。

以工程建设部为例，其在 2011 年度的主要业绩指标和主要任务被详细地列在责任书中，这对建设部人员起到了良好的激励和督促作用，有效提高了建设部对工作的认知，以指标化内容加强了对建设部人员工作的考核，如图 13-1 所示。

公司综合部根据各部门年度工作目标管理责任书或各建设管理机构建设管理责任状的有关内容，以月报或周报的形式适时公布各部门或各建设管理机构日常工作开展情况，以示督促或以资鼓励。年终根据责任状对各工作团队进行考核，对工作优秀的给予奖励，以压力促进员工能力提升，同时充分调动了各现场管理人员的积极性。

(3) 加强职工教育，邀请相关技术人员对管理人员进行技术培训

江苏水源公司定期开展安全知识培训，严格执行每个部位工程开工前安全技术交底，通报和解剖全国各地发生的各类重特大事故，增强落实各项安全措施的自觉性和主动性。指导现场建设机构定期组织政治学习，提倡工地的党员同志自觉做到吃苦

在先、履行职责在先、敬业奉献在先，带动全体同志努力工作，积极发挥工地党组织的战斗堡垒作用和党员先锋模范作用，推动工程建设顺利进行。通过会议、板报等形式对职工进行职业道德、职业纪律的教育，结合工程实际开展现场练兵等岗位培训，提高职工思想道德和技术素质，工地现场干部职工形成良好的精神风貌。加强廉政建设，组织参建各方管理人员观看党风廉政专题教育影片，自觉做到警钟长鸣。

江苏水源公司工程建设部2011年工作目标管理责任书

为切实加强公司规范化、制度化管理，促进公司各部门认真履行工作职责，保证顺利完成2011年各项工作任务。根据公司内设机构具体职责及公司确定的2011年工作思路和工作重点，特制订公司职能部门目标管理责任书。

一、目标考核人与目标管理责任部门

(1) 南水北调东线江苏水源有限责任公司（以下简称“甲方”）为工作目标考核人，工程建设部（以下简称乙方）是目标管理责任部门，为被考核人。

(2) 甲方负责对乙方完成目标情况进行检查考核，乙方对甲方负责，认真完成目标任务，接受甲方考核。

二、目标责任期限

目标责任期为一年，从2011年1月1日起至2011年12月31日止。

三、关键业绩指标

(1) 2011年江苏南水北调全面开工。设计单元工程招标设计（实施方案）批复后，2个月内完成主体工程监理、施工单位的招标和合同签订并开工建设；力争使泗洪站、洪泽站、邳州站、睢宁二站、金宝航道、里下河水源调整、徐洪河影响处理、洪泽湖抬高蓄水位影响处理、管理设施专项、调度运行系统等10项控制性项目，削减为4项。

(2) 完成年度调水工程28亿元建设任务，年内全面完成刘老涧二站工程，全面推进泗洪站、泗阳站、皂河一二站、金湖站、金宝航道、高水河整治、淮安二站改造、里下河水源调整、骆南中运河影响处理等在建工程进度，实现节点工期，确保各工程按计划完成年度建设目标。

(3) 加强工程施工质量管理，杜绝重大质量事故，积极争创优质工程。工程质量经评定：年内完成的所有单元工程全部合格，单元工程优良率80%以上（特殊行业除外），重要隐蔽单元工程和关键部位单元工程优良率90%以上（特殊行业除外）。

(4) 安全生产工作目标：加强施工现场的安全管理，确保人身安全和国家财产安全，杜绝群死群伤等重特大安全生产事故，力争避免和减少较大安全生产事故，工程建设百亿元产值伤亡率在国家规定范围内。

(5) 按计划完成在建工程施工合同验收，按计划完成10项完建工程验收准备工作：年内完成三阳河潼河宝应站、刘山站、解台站、淮安四站及输水河道、蔺家坝站、骆马湖水资源控制等8项完建工程除征地拆迁专项外的所有验收准备工作，完成江都站改造、淮阴三站等2项完建工程所有专项验收及部分专项工作。

(6) 按工程实施计划的要求，及时完成招标工作。通过招投标和合同管理，在批复初设概算基础上节省投资不低于6%，或在招标设计基础上不低于3%。

四、主要工作任务

(1) 2011年实现江苏南水北调工程全线开工建设的局面。按计划开工建设洪泽站、邳州站、睢宁站及徐洪河影响处理、洪泽湖抬高蓄水位影响处理等5项工程，根据前期工作进展情况，年内开工建设南四湖下级湖抬高蓄水位影响处理、沿运闸洞漏水处理、血吸虫北移、管理设施专项及调度运行管理系统等5项工程。

(2) 严格执行南水北调规定的基本建设程序，对工程报建、招标评标、工程施工质量、安全、工程验收等建立或完善相应的规章制度，规范建设管理行为。

(3) 及时完成新开工项目现场建设管理机构组建，完成实施方案编制，并做好年度建设目标责任书签订准备。加强工程建设管理，完善动态管理系统建设，对工程建设质量、安全、进度和投资实行有效控制，确保工程质量、进度和安全。开展劳动竞赛，树立建设管理典型，组织建设单位互相交流和学习，努力提高项目管理水平。

(4) 建立健全质量、安全管理责任体系，加强督促检查。成立检查组，制订年度检查工作计划，形成检查工作制度。每季度对工程现场检查一次，年内组织建设单位互查一次，同时对在建工程开展汛前检查，确保工程质量和安全生产。

(5) 围绕公司年度工程建设目标，分解和明确各工程完成形象进度和投资计划，积极协调工程进展。根据进展情况，按月召开进度协调会，着力解决影响工程建设的突出问题和主要矛盾，根据工程完成情况，进行按月测评、按季考核。加强工程建设有关问题的分析研究，编制应对方案和处置预案。在建工程全面推进，新开工项目如期开工建设。

(6) 年内按计划完成在建工程各施工合同验收，重点把握重要阶段和单位工程验收。完成宝应站等8项完建工程验收准备工作，初步完成淮阴三站等2项完建工程验收准备工作。按季召开验收工作协调会，积极推动验收工作进程。

(7) 根据前期工作进展情况，适时做好各项目的招标工作，进一步提高招标投标工作规范性，确保工程如期、顺利开工。

(8) 强化合同管理工作。按照公司合同管理办法，加强合同管理信息系统运用，合同规划管理和处理合同变更，建立和完善主要建筑材料、合同执行等动态管理台账，有效监督质量、安全措施费的管理。组织开展合同执行情况检查，及时纠正或处理相关事项。

(9) 组织年度各在建工程参建单位积极开展文明工地创建活动，配合综合部完成不少于2个省级以上文明建设工地。

(10) 严格执行工程建设信息报告制度，及时、准确报送工程建设信息并对所报信息负责；每月25日前报送月度工作小结和下月工作要点，平均每月信息专报省南水北调网站不少于2篇。

(11) 认真履行职责，加强配合协调，加大对现场机构的指导、服务，充分发挥职能作用。

(12) 完成领导交办及需配合开展的其它任务。

五、责任追究

在贯彻落实《目标管理责任书》过程中，不履行或不认真履行职责，在年终考核中不合格的，对其负责人采取及时谈话提醒，限期改正，不能胜任或不称职的及时调整。

六、考核与奖惩

(1) 乙方应于考核期满15日内对年度工作目标完成情况进行总结，并向甲方报告。

(2) 甲方成立年度工作目标考核领导小组，依据《目标管理责任书》及《目标管理责任考核办法》，对乙方进行考核评分，考核结果与薪酬挂钩。

七、责任书的变更或终止

(1) 考核期内，因重大政策规定调整等不可抗力原因导致本责任书无法完全履行或无法履行的，甲方可以根据情况变更责任书相关内容；

(2) 本责任书规定考核期满，责任书自行终止。

图13-1 江苏水源公司工程建设部2011年工作目标管理责任书

表13-2 现场建设管理机构年度责任状考核内容

管理职责履约情况
•综合管理：基本建设执行情况、工程现场党风廉政建设情况、工程财务和信息档案管理等
•质量管理：工程创优、工程质量事故控制、工程优良品率等
•安全管理：重大安全事故控制、工程现场安全措施落实等
•进度管理：工程进度控制措施、工程年度形象进度实现、主要工程量和投资任务的完成情况等
•投资计划管理：实施方案优化、工程合同变更/索赔管理、实际投资控制等

13.2.3 公司项目人力资源管理主要困难和克服措施

(1) 江苏水源公司成立初期人力资源配置相对不足，与工程建设需求不匹配

江苏水源公司建立初期人力资源较少，但南水北调江苏境内工程共包括40个设

计单元，工程量大、分布广，江苏水源公司的人力资源难以支撑整个项目的建设管理；由于工程类型多，涉及的技术知识广，相关干系人员复杂，公司人员难以具备所有管理技能和专业知识，难以面面俱到。例如在省界工程中，与地方协调工作量大且工作复杂，而公司建立不久，建设管理经验尚在摸索、积累中，若单单依靠公司力量管理，不具优势。为此，江苏水源公司合理统筹内部管理能力，充分利用社会管理人才，借鉴江苏省水利工程建设管理积累的经验，采用三种现场管理人员队伍组建模式，大力依托市场化合作方式，充分吸引调动各界优秀人才，来弥补江苏水源公司内部管理力量不足的劣势。

(2) 委托管理型和代建管理型的现场建设管理机构人员部分由外部机构、部门派遣，如何统筹对其进行有效管理存在挑战

虽然委托管理型与代建管理型现场建设管理机构有效缓解了江苏水源公司人力资源短缺问题，但由于委托管理型和代建管理型的现场建设管理机构里的外部人员，是由与江苏水源公司签订合同的外部专业机构直接派遣人员所组成的，江苏水源公司没有直接与这些人员签订劳务合同，因此难以直接对这部分人员的工作进行监督和管理。对此，一方面，江苏水源公司与各现场管理机构签订责任状，将工程目标与相关责任落实到现场管理机构，通过责任状约束和督促外部机构，进而加强外部人员对工作的负责态度；另一方面，江苏水源公司不是完全依赖委托管理和代建管理，而是以其为辅助，将公司内部人员安排在现场管理机构的重要岗位，从而加强对现场机构人员的监督和管理。

13.3 对施工承包商负责的人力资源和物质资源关键事项管理

(1) 江苏水源公司对现场施工人员进行延伸管理

江苏水源公司依托现场建设管理机构，进场前对工程现场建设人员进行安全教育培训，并在后期建设中，定期举办教育培训，要求特殊作业人员必须持有相关资质证书。依据合同严格对工人日常建设行为进行监督，及时发现建设过程中的违规违章活动，并督促工人进行整改。同时举办活动，加强工地文化建设。例如，泗洪站建设管理机构积极开展工程安全培训专题会，邳州站建设管理机构积极开展篮球、乒乓球、扑克牌比赛；邀请当地水务局举行“文化进工地”慰问演出等文体活动，活跃文化生活，凝聚各方力量。

(2) 江苏水源公司参与管理重要设备和原材料的采购、保存、使用全过程（设备的供货计划、调配计划，对供应商、施工单位的指导和监督）

部分物资的采购虽然由施工方负责，但是江苏水源公司通过建立多方监督机制，

对物资的招标过程、质量进行控制。江苏水源公司要求现场建设管理机构会同监理方对黄砂、石子、水泥等大宗材料的源头进行考察，考察供货厂家的用料来源、产能、工艺水平及稳定性和产品材质等情况，并形成考察报告。检查物材有无质保书、出厂合格证等书面资料，资料齐全后统一进场，材料进场后，施工单位按照有关规范规定的频率进行取样检测，监理人员见证取样并跟踪送检。在后续保存、使用过程中，监理人员还会对施工单位原材料保管行为的规范性进行检查，检查原材料出库、入库工作是否按规章操作，确保原材料去向清楚、来源可追溯，并聘请第三方机构对相关物资进行定期检查、检测。

13.4 资源管理主要挑战和克服措施

南水北调江苏境内工程在资源管理过程中遇到的最大困难在于如何在各个专项工程、设计单元之间构建起有效的资源协调机制。南水北调东线一期江苏境内工程项目涵盖多个地级市，有效工期短，工程复杂程度极大，同时涉及多个不同类型施工建设项目，如河道工程会牵扯不同行政区间的管理问题，同一个河道沿岸可能存在数个管理机构。因此，如何有效实现资源在项目推进过程中的协同利用，不仅关系到项目的有序推进，同时也会影响到突发事件发生时资源的应急调配效率。对此，江苏水源公司采取了以下措施提高资源管理效率：

（1）依据建设工程特点，选择三种不同的现场建设管理机构组建方式

对建设条件相对简单，而建设技术相对复杂的泵站工程，大多采用公司直管方式，即江苏水源公司自已组建工程现场建设管理机构，对工程建设进行管理；或采用代建管理方式，即选择有能力的咨询机构对工程建设进行管理。对于省界工程、征迁移民等建设管理条件协调复杂，而建设技术相对简单的工程，江苏水源公司将工程建设管理任务委托给淮河水利委员会、江苏省南水北调办公室等专业机构，受委托方作为某单项工程的建设管理单位，须负责项目建设的工程质量、工程进度、资金管理、工程招标、合同签订等工程实施全过程管理工作。实践表明，根据建设工程特点选择建设管理方式对降低工程建设交易成本、实现工程建设目标均产生重要影响。上述三种现场建设单位的组织方式，充分利用了行业、社会资源，缓解了江苏水源公司团队人手不足的难题。

（2）采用信息化管理系统，提高资源管理效率

一是借助财务信息化系统，江苏水源公司可以减少现场财务人员数量。针对某一个建设处，现场只保留一个财务人员，根据公司总部财务人员的分配职责范围，对接现场管理机构财务工作。这一方面提高了财务效率，加强了对资金的监管和利

用效率，另一方面精简了江苏水源公司的财务部门，加强了对财务人员的统一管理和监督。二是建立资产管理平台，对资产进行分类并编码，实现对资产的全生命周期管理，可以有效了解资产的使用情况、位置等信息。同时，各建设处之间在资源方面积极共享，通过沟通机制促进资源在不同建设现场之间的流转，提高资源利用效率。

（3）通过加强对监理的管理，强化对各工程的监管

江苏水源公司按照合同文件和监理规范要求，督促监理单位认真履行监理合同，进一步规范监理工作行为，达到“抓监理、监理抓”的效果。一方面，通过检查，查补监理方应具备的必要资源是否齐全。另一方面，给现场监理充分授权，明确监理的责任，即要求监理方检查施工单位进场的人员、机械设备等，联合考察主要原材料的货源并进行确认，从而协助江苏水源公司实现日常监管。公司同时展开检查活动，对监理的履约情况进行考察，进而实现不同工程资源的协同管理。

项目沟通与信息管理

作为举世瞩目、关系到国计民生的宏伟工程，南水北调江苏境内工程点多、线长、面广，生产关系复杂，涉及调水、治污、征迁移民等多方面工作，协调难度大，同时面临各种跨行政区、跨部门的沟通、审批，沟通与信息管理工作复杂程度高且重要性强。在项目推进中，领导直接沟通是江苏水源公司十分重视的沟通策略。并且，针对不同沟通主体及工作情况、项目各类干系人的需求和特点，江苏水源公司分别制定了不同的沟通策略和工具，并通过建立完善的档案管理组织体系和制度流程，保证了工程档案的完整、准确、系统、安全，为南水北调江苏境内工程实施营造了良好的沟通环境，取得了显著成果。

14.1　沟通与信息管理策略

江苏水源公司对南水北调江苏境内工程所涉及的主要干系人的类型、作用及其对项目的诉求等进行了深入分析，并根据项目各类干系人的需求和特点，分别制定了不同的沟通策略和工具，以提高项目沟通的效率和效果，如表 14-1 所示。

表 14-1　项目沟通策略

干系人类型		代表机构和群体	沟通策略
1	立项决策审批机构	国家发展改革委 水利部	• 确保立项决策审批机构对本项目有关事项的及时掌握，不断增强各机构对项目的支持力度； • 严格遵守各项立项决策审批规定，及时报送项目的各种技术、经济、管理、质量等专业报告、统计报告、年报等； • 与各立项决策审批机构建立定期的正式沟通机制，确保相互之间足够的沟通密度； • 鼓励与各立项决策审批机构业务相关者之间进行各种正式或非正式的个人直接沟通； • 围绕各专题事项，策划举办各种专题会议； • 策划展开学术交流； • 高层领导之间建立直接联系； • 必要时当面沟通，邀请来访，实地考察； • 必要时提升沟通层级，加大沟通频率和力度。
2	项目上级主管机构	国务院南水北调办公室 江苏省南水北调办公室	• 确保项目上级主管机构对公司情况全面、真实、及时的掌握，确保上级主管机构对公司的全面领导； • 确保及时落实上级主管机构发布的工作部署、决策、政策、制度等； • 所有重大决策事项必须按规定以正式的书面公文形式向上级主管机构请示，得到正式批复后按批复执行； • 所有重大事件进展必须第一时间以口头或书面形式向上级主管机构汇报及沟通，并在规定时间内补充正式书面报告； • 按规定定期向上级主管机构报送各种例行报告和统计资料，全面、真实、及时反映公司运营各方面的进展情况；

续表

干系人类型		代表机构和群体	沟通策略
2.	项目上级主管机构	国务院南水北调办公室 江苏省南水北调办公室	• 各专题事项应按规定在事前、事中和事后及时向上级主管机构书面报送专项进展报告； • 所有重要会议应向上级主管机构正式报送会议纪要； • 鼓励积极应用视频会议、电话会议等远程通信技术与上级主管机构相关人员举行各类例行或专项会议； • 鼓励与上级主管机构业务相关者之间进行各种正式或非正式的个人直接沟通； • 必要时，向上级主管机构领导进行当面报告和沟通，或上级主管机构领导来公司当面听取汇报，进行实地考察和沟通。
3	水利监管部门	江苏省水利厅 水利部淮河水利委员会	• 确保各水利监管部门对本项目有关事项的及时掌握，不断增强各部门对项目的支持力度； • 严格遵守各项监管规定，及时报送项目的各种技术、统计、审查、管理等专业报告、统计报告、年报等； • 与各监管部门建立定期的正式沟通机制，确保相互之间足够的沟通密度； • 鼓励与各监管机构业务相关者之间进行各种正式或非正式的个人直接沟通； • 围绕各专题事项，策划举办各种专题会议； • 策划展开学术交流； • 高层领导之间建立直接联系； • 必要时当面沟通，邀请来访，实地考察； • 必要时提升沟通层级，加大沟通频率和力度。
4	环保监管部门	江苏省生态环境厅	• 确保环保监管部门对本项目有关事项的及时掌握，不断增强监管部门对项目的支持力度； • 严格遵守相关法律法规，及时按规定报送项目相关的各种环评、项目进展、统计报表等报告和资料； • 与监管部门建立定期的正式沟通机制，确保相互之间足够的沟通密度； • 鼓励与监管机构业务相关者之间进行各种正式或非正式的个人直接沟通； • 围绕各专题事项，策划举办专题会议； • 策划展开学术交流； • 高层领导之间建立直接联系； • 必要时当面沟通，邀请来访，实地考察； • 必要时提升沟通层级，加大沟通频率和力度。
5	国家财政部门	财政部	• 确保财政部门对本项目有关事项的及时掌握，不断增强财政部门对项目的支持力度； • 严格遵守相关法律法规，及时按规定报送项目相关的统计报表等资料； • 与财政部门建立定期的正式沟通机制，确保相互之间足够的沟通密度； • 鼓励与财政部门业务相关者之间进行各种正式或非正式的个人直接沟通； • 围绕各专题事项，策划举办专题会议； • 高层领导之间建立直接联系； • 必要时当面沟通，邀请来访，实地考察； • 必要时提升沟通层级，加大沟通频率和力度。

续表

干系人类型		代表机构和群体	沟通策略
6	地方纪检监察部门	江苏省纪委	• 确保各纪检监察部门对本项目有关事项的及时掌握，不断增强各部门对项目的支持力度； • 严格遵守各项监管规定，及时报送项目的各种纪检监察报告等； • 与各纪检监察部门建立定期的正式沟通机制，确保相互之间足够的沟通密度； • 围绕各专题事项，策划举办各种专题会议； • 高层领导之间建立直接联系； • 必要时当面沟通，邀请来访，实地考察； • 必要时提升沟通层级，加大沟通频率和力度。
7	征迁对象	需要征迁的居民、企业等	• 确保征迁对象对项目的理解和必要的支持，保证项目的顺利建设； • 江苏省南水北调办公室及工程沿线市、县、乡将国家和江苏省南水北调有关征地补偿和移民安置方面的规定、文件、补偿标准等层层印发并宣传到征迁对象； • 根据工作需要及时召开征地拆迁工作协调会议； • 组织编制征地补偿和移民安置实施方案； • 坚持按照征地补偿和移民安置程序办事； • 监理单位发挥移民监理作用，协助调解市、县、乡在征地补偿和移民安置实施进程中所发生的一系列矛盾； • 江苏省南水北调办公室职能部门实地考察，与征迁对象直接沟通，掌握其真实需求和状况，策划解决方案； • 联系当地政府有关机构协调，促进沟通。
8	受建设工作影响的机构和个人	项目沿线居民，受影响的水、电、交通、通信等相关主管单位	• 确保受影响的相关单位和居民对项目的理解和必要的支持，保证项目的顺利建设和长久安全运行； • 根据工作需要及时召开征地拆迁工作协调会议； • 施工现场设置专门的接访站，负责施工扰民和民扰事件的协调处理； • 施工期间及时准确地公告施工状况和第三方监测数据，让受影响的相关单位和居民了解工程进展和安全状况； • 江苏省南水北调办公室职能部门实地考察，与相关单位和居民直接沟通，掌握其真实需求和状况，策划解决方案； • 联系当地政府有关机构协调，促进沟通； • 对于不可避免的损失，积极主动与受损方充分沟通，依法依规进行赔偿。
9	地方政府	沿线省市政府和有关部门	• 确保各相关地方政府部门了解并支持本项目； • 严格遵守相关法律法规，及时按规定做好各项沟通工作，包括举办工作报告会等； • 严格遵守相关法律法规，及时按规定报送地方政府要求的工程相关的各种报告和资料； • 常规情况下，由公司相关业务责任人与地方政府相关部门进行沟通协调，公司通过定期报告和专项报告，以及项目周会等掌握情况； • 复杂情况下，必要时公司各级管理人员直至高层领导亲自出面与地方政府各级负责人直至高层领导等直接沟通协商。

续表

干系人类型		代表机构和群体	沟通策略
10	受水对象	农业、工业、交通、生活、生态五大类受水户	•确保受水对象对项目的理解和必要的支持，保证项目的顺利建设和长久安全运行； •联系当地政府有关机构协调，促进沟通； •实地考察，确保水价在能接受的范围。
11	参建单位	监理、设计、施工单位，设备材料供应商，环保、征地、法律、咨询等专业公司 ……	•确保各参建单位安全、按时按质地完成项目合同任务； •增进对各参建单位能力、信誉等方面的了解，促进与各参建单位的相互信任，加深与各参建单位长期合作伙伴关系； •常规情况下，按照项目管理各领域正式管理制度进行沟通； •复杂情况下，必要时公司各级管理人员直至高层领导亲自出面与各参建单位各级负责人直至高层领导等直接沟通协商； •与各参建单位建立高层定期沟通机制，确保高层沟通密度； •鼓励与各参建单位各层次业务责任人之间进行各种正式或非正式的个人直接沟通； •高层领导之间建立直接联系； •必要时加大各类、各级沟通的频率和力度。
12	水利系统内支持单位	各规划设计院	•确保各支持单位按时按质完成项目分配任务； •促进与各支持单位的相互信任，加深与各支持单位之间的友谊； •常规情况下，按照项目管理各领域正式管理制度进行沟通； •复杂情况下，必要时公司各级管理人员直至高层领导亲自出面与各支持单位各级负责人直至高层领导等直接沟通协商； •与各支持单位建立正式的定期沟通机制，确保足够的沟通密度； •鼓励与各支持单位各层次业务责任人之间进行各种正式或非正式的个人直接沟通； •高层领导之间建立直接联系； •必要时加大各类、各级沟通的频率和力度。
13	金融机构	银团	•确保项目融资方案和进度目标的达成，保证项目建设资金需求； •确保各金融机构对本项目有关事项的及时掌握，不断增强各金融机构对项目的支持力度； •增进对各金融机构实力、信誉等方面的了解，促进与各金融机构的相互信任，加深与各金融机构的长期合作伙伴关系； •严格按照各金融机构要求，及时报送融资方案所需的各种相关统计资料等； •常规情况下，由公司各级财务负责人与各金融机构相关领导和部门进行沟通协调，公司通过定期报告和专项报告，以及项目周会等掌握情况； •在融资业务推进的重要节点，公司高层领导亲自出面与各金融机构高层领导直接沟通协商； •鼓励与各金融机构各层次业务责任人之间进行各种正式或非正式的个人直接沟通； •高层领导之间建立直接联系； •必要时当面沟通，邀请来访，实地考察； •必要时加大各类、各级沟通的频率和力度。

续表

干系人类型		代表机构和群体	沟通策略
14	项目团队员工	江苏水源公司及现场建设管理机构的员工	• 确保所有员工完全掌握与本职工作有关的所有业务信息，有足够的能力和信息完成本职工作； • 确保所有员工对公司和项目等相关进展情况有足够的了解，增强员工对公司和项目的认可度，增强自豪感和归属感； • 确保所有员工对自身能力和工作业绩情况有清晰正确的认识，有助于提高自身能力和改善工作业绩； • 常规情况下，按照公司各项管理制度进行正式沟通； • 必要时，所有员工都可与各级领导进行正式或非正式的直接沟通，但必须遵守如正常情况不得越级汇报等公司沟通制度； • 鼓励各类、各级员工之间进行各种正式或非正式的个人直接沟通； • 鼓励创新能提高沟通效率的各类工作方式； • 鼓励开展健康向上、增进沟通和了解的各类文体、团队建设活动。

14.2　沟通与信息管理的流程和工具

14.2.1　项目主要沟通与信息管理工具

为确保南水北调江苏境内工程实现多干系人间沟通的有效性，针对不同干系人及工作情况选取恰当的沟通工具，包括正式公文与报告等各类文件资料沟通、信息系统沟通、会议沟通、直接沟通、工程现场沟通、社会宣传、员工沟通等类型，具体参见表 14-2。

表 14-2　主要干系人沟通工具

干系人类型		代表机构和群体	沟通工具
1	立项决策审批机构	国家发展改革委、水利部	• 符合立项决策审批要求的各种正式的定期例行报告和各种专项报告、文件和资料等； • 各种专题会议； • 学术、技术交流会议； • 电话、视频、即时通信工具、邮件等方式，口头或书面直接沟通； • 面对面沟通、访问、实地考察； • 网站新闻与公告。
2	项目上级主管机构	国务院南水北调办公室、江苏省南水北调办公室	• 符合要求的正式公文和报告，包括各种定期的例行报告和专项报告，如水利工程建设安全事故月报、南水北调信息专报等； • 电话、视频、即时通信工具、邮件等方式，口头或书面直接沟通； • 视频会议，电话会议； • 面对面会议； • 面对面个别报告和沟通，实地考察。

续表

干系人类型		代表机构和群体	沟通工具
3	水利监管部门	江苏省水利厅、水利部淮河水利委员会	•符合各项水利监管法规的正式定期例行报告和各种专项技术、统计、审查、管理等报告、文件和资料等； •各种专题会议； •学术、技术交流会议； •电话、视频、即时通信工具、邮件等方式，口头或书面直接沟通； •面对面沟通、访问、实地考察； •网站新闻与公告。
4	环保监管部门	江苏省生态环境厅	•符合各项环保监管法规的正式定期例行报告和各种环评、项目进展等报告、文件和资料等； •各种专题会议； •学术、技术交流会议； •电话、视频、即时通信工具、邮件等方式，口头或书面直接沟通； •面对面沟通、访问、实地考察； •网站新闻与公告。
5	国家财政部门	财政部	•符合各项财政法规的正式定期例行报告和各种统计报表、年报等； •各种专题会议； •学术、技术交流会议； •电话、视频、即时通信工具、邮件等方式，口头或书面直接沟通； •面对面沟通、访问、实地考察； •网站新闻与公告。
6	地方纪检监察部门	江苏省纪委	•符合各项纪检监察法规的纪检监察报告等； •各种专题会议； •电话、视频、即时通信工具、邮件等方式，口头或书面直接沟通； •面对面沟通、访问、实地考察； •网站新闻与公告。
7	征迁对象	需要征迁的居民、企业等	•网站新闻与公告； •征地补偿和移民安置实施方案； •报纸媒体报道、纸质宣传材料、户外广告、广播、宣传车等； •业务月报和专项报告； •实地考察，面对面直接沟通； •各种专题会议； •电话、视频、即时通信工具、邮件等方式，口头或书面直接沟通。

续表

干系人类型		代表机构和群体	沟通工具
8	受建设工作影响的机构和个人	项目沿线居民，受影响的水、电、交通、通信等相关主管单位	• 符合要求的正式要求协调事项的公函和相关技术方案、施工计划、测算报告和资料等报告； • 施工现场专门的接访站； • 网站新闻与公告； • 报纸媒体报道、纸质宣传材料、户外广告、广播、宣传车等； • 业务月报和专项报告； • 实地考察，面对面直接沟通； • 各种专题会议； • 电话、视频、即时通信工具、邮件等方式，口头或书面直接沟通。
9	地方政府	沿线省市政府和有关部门	• 符合相关规定的各种正式书面通知、文件、技术方案、施工计划、测算报告和资料等沟通工具； • 业务月报和专项报告； • 实地考察，面对面直接沟通； • 各种专题会议； • 电话、视频、即时通信工具、邮件等方式，口头或书面直接沟通。
10	受水对象	农业、工业、交通、生活、生态五大类受水户	• 正式报刊公告； • 网站新闻与公告； • 实地考察，面对面直接沟通； • 电话、视频、即时通信工具、邮件等方式，口头或书面直接沟通。
11	参建单位	监理、设计、施工单位，设备材料供应商，环保、征地、法律、咨询等专业公司 ……	• 工程建设管理月报、水利工程建设安全事故月报、南水北调信息专报和专项报告； • 现场日会、周会； • 各种现场宣传工具； • 项目公司和各参建单位会议； • 安全质量情况分析会； • 项目公司与各承包商分别召开的质量专题月度会议； • 例行检查，各种飞行检查； • 项目公司管理人员实地考察，面对面直接沟通； • 电话、视频、即时通信工具、邮件等方式，口头或书面直接沟通。
12	水利系统内支持单位	各规划设计院	• 水利工程建设月报、南水北调信息专报和专项报告； • 实地考察，面对面直接沟通； • 电话、视频、即时通信工具、邮件等方式，口头或书面直接沟通； • 项目公司对各支持单位的感谢信； • 内部正式的公文。

续表

干系人类型		代表机构和群体	沟通工具
13	金融机构	银团	•符合各金融机构规定的各种正式相关专业报告、统计资料、年报等； •业务月报和专项报告； •项目公司例会； •各种专题会议； •实地考察，来访，面对面直接沟通； •电话、视频、即时通信工具、邮件等方式，口头或书面直接沟通； •网站新闻与公告。
14	项目建设团队员工	江苏水源公司及现场建设管理机构的员工	•公司内部信息系统； •项目公司例会； •各种专题会议； •绩效沟通； •电话、视频、即时通信工具、邮件、面对面等方式，口头或书面直接沟通； •公司年会； •各种企业文化建设、团队建设活动。

14.2.2 项目沟通与信息管理制度和流程

为保证南水北调江苏境内工程沟通的高效有序进行，国务院南水北调工程建设委员会办公室、江苏省南水北调办公室、江苏省水利工程建设局，以及江苏水源公司建立了多项沟通与信息管理相关的制度，具体如表 14-3 所示。

表 14-3 沟通管理相关制度文件一览表

序号	文件名称
1	《水利工程建设质量与安全事故月报制度》
2	《关于进一步加强南水北调信息工作的通知》
3	《关于建立我省南水北调工程建设安全事故月报制度的通知》
4	《工程建设管理月报工作》
5	《水利工程建设安全事故月报制度》
6	《南水北调东线江苏境内工程质量管理办法》
7	《南水北调东线江苏水源有限责任公司合同管理办法》
8	《南水北调东线江苏境内工程施工质量责任网络和落实质量责任人》
9	《南水北调东线江苏水源有限责任公司工程建设管理职责（直接管理模式）暂行规定》
10	《南水北调东线江苏境内工程验收管理实施细则》
11	《南水北调江苏境内工程招标投标工作细则》

续表

序号	文件名称
12	《关于切实加强南水北调江苏境内各设计单元工程验收报告编制质量的通知》
13	《南水北调东线一期江苏境内设计单元工程设计变更管理办法》
14	《南水北调东线江苏水源有限责任公司投资计划管理暂行办法》
15	《南水北调江苏境内工程安全生产管理办法》
16	《南水北调工程移民安置监测暂行办法》
17	《南水北调工程建设征地补偿和移民安置验收暂行办法》
18	《南水北调东线一期江苏境内工程建设征地补偿和移民安置验收暂行办法》
19	《江苏省南水北调工程征地补偿和移民安置资金财务管理试行办法》

月报、信息专报和江苏南水北调网站是南水北调江苏境内工程的重要沟通工具，具体内容和流程如下：

（1）工程建设管理月报

江苏水源公司制定工程建设管理月报制度。各现场建设管理机构首先须明确工程建设管理月报责任人，每期月报编报内容包括：①工程概况。概述工程位置、工程规模等级，主要建筑物结构形式，主要设备型号及相应参数。②工程当月进展情况。共分两部分，第一部分为工程批复总投资、主要工程量、分年度投资计划，当月累计完成工程投资、工程量以及占年度计划比例，征地拆迁等；第二部分为工程形象进度。③当月主要完成工作。包括节点工程施工情况、图纸审查、工程验收、重要接待等工程建设过程中重要活动和事件。④次月工作重点及工作计划。⑤存在问题及建议。⑥工程建设大事记。⑦工程建设图片。

每期月报编制内容截止到当月 28 日，并须于当月 30 日前发至江苏水源公司工程建设部。

（2）工程建设安全事故月报

江苏水源公司根据江苏省水利工程建设局要求，制定南水北调工程建设安全事故月报制度。各现场建设管理机构须确定专人作为工程建设安全事故月报工作联络员，负责有关工作。月报工作联络员与安全生产联络员最好由同一个人担任。月报主要内容包括：①工程建设安全事故总体情况。主要包括当月发生的特别重大、较大、一般工程建设安全事故概况，采取的应对措施等。②工程建设安全事故的详细情况。③特点分析。深入分析并总结特点和规律。④趋势预测。依据当月情况对下个月工程建设安全事故的发展趋势进行预测分析。⑤对策建议。针对工程建设安全事故的发展趋势及工作中的薄弱环节，提出针对性的应对措施、意见和建议，及时总结分析，并以专题形式及时报送。

月报须于每月 28 日报送至江苏省水利工程建设局安全监督处。

（3）南水北调信息专报

江苏省南水北调办公室建立南水北调信息专报制度。信息专报的主要内容包括：①各单位、部门贯彻国务院南水北调工程建设委员会、江苏省南水北调工程建设领导小组决策的情况，落实国务院南水北调办公室、江苏省南水北调办公室、江苏水源公司工作部署的情况，包括具体的工作思路、安排和措施。对领导同志视察南水北调工作时作出的重要指示的贯彻落实情况等。②工程建设中出现的重大社会动态情况，特别是影响工程建设顺利进行的苗头性动态情况，情况出现后采取的对策、效果和有关建议。工程征地拆迁和移民安置情况，特别是影响工程建设的问题、建议、措施、效果等。③各单位、部门的重要工作，包括工作中采取的重要措施、进展和成效等情况。④其他须报送的重要情况。

当出现以下情况时，应严格遵循相关要求及时上报：

①凡涉及影响南水北调江苏境内工程建设顺利进行的群体性突发事件，以及重大事故和重大灾情，在事件发生后 4 小时内报送有关情况，并及时续报事件进展、处理情况、事件原因和相关后果。

②工程建设中出现的其他重要情况，在当日内报送，并及时续报事件进展和处理情况等。

③贯彻南水北调上级机关重要决策和领导同志的重要指示的情况，及时组织报送。

（4）江苏南水北调网站

为了利用网络及时向社会发布准确信息，加强宣传、沟通社会、营造氛围，江苏省南水北调办公室和江苏水源公司联合创建江苏南水北调网站，从 2006 年元月起正式开通，作为江苏省向社会及时发布南水北调江苏境内工程情况的主渠道，满足社会各界对南水北调江苏境内工程建设的信息需求。各单位、各部门须及时向江苏南水北调网站和江苏水利网站提供相关信息和稿件。

14.3 主要沟通事项的管理

南水北调江苏境内工程的建设管理中，沟通任务十分繁重和复杂，主要的沟通事项管理有以下几类：

（1）征地补偿和移民安置

征地补偿和移民安置涉及相关单位和征迁群众的切身利益，是一项政策性强且十分复杂的系统工程。江苏省南水北调办公室结合江苏省实际情况，先后研究制定了多项征地补偿和移民安置相关管理制度，实施多项沟通举措。

① 通过编制征地补偿和移民安置实施方案，与当地群众沟通

为了征地补偿和移民安置工作的有序开展，江苏省、市、县南水北调领导机构严格执行国家有关政策，组织编制征地补偿和移民安置实施方案，奠定良好的沟通环境。依据工程征地移民初步设计批复，围绕工程建设进度，江苏省南水北调办公室及时组织各市、县（区）南水北调办公室和有相应资质的征地移民设计单位，进一步复核征地范围、地面附着物、农村（城镇）移民安置、企事业迁建、专项设施复建等实物量，在地方政府征求群众代表安置意愿基础上，编制征地补偿和移民安置实施方案。

② 积极开展宣传发动工作

为推动征地补偿和移民安置工作开展，使被征地拆迁的单位和群众了解征地补偿和移民安置实施相关程序、政策、标准和有关要求，江苏省南水北调办公室积极开展宣传发动工作，向各市印发了国家和省南水北调有关征地补偿和移民安置方面的规定、文件、补偿标准等，各市、县、乡又层层印发并宣传到被征地补偿和移民安置单位及个人。同时充分利用市、县（区）报纸、电台、电视及宣传提纲、标语等多种形式，大力宣传南水北调江苏境内工程的重要意义和有关征地补偿和移民安置政策文件规定，增加工作透明度。

③ 及时沟通解决征地拆迁工作中遇到的困难

首先，通过招投标确定的监理单位按照“三控制”（投资、质量、进度）、“两管理”（合同、信息）、“一协调”的方法进行监理，着重协助调解市、县、乡在征地补偿和移民安置实施进程中所发生的一系列矛盾。其次，省、市签订征地补偿、移民安置任务与投资包干协议后，江苏省南水北调办公室职能部门深入一线调查研究，及时了解掌握征地移民工作中出现的问题，加强对有关市、县征迁安置工作的督促、指导和管理，并根据工作需要及时召开征地拆迁工作协调会议，协调解决征地拆迁方面遇到的问题。

（2）水污染防治

在南水北调江苏境内工程建设前，沿线河湖水污染状况比较严重。能否处理好水污染防治问题，关系到南水北调东线工程的成败。江苏省各有关部门和工程沿线党委、政府主动配合，全力支持，为水污染防治工作的顺利推进提供了重要保证。

江苏水源公司加强与省有关部门和地方政府的工作协调，在水污染防治方面，建立起有效的协调联络机制，及时解决水污染防治过程中的矛盾和问题。

（3）社会纠纷

江苏水源公司与公安机关建立多层次的联席会议制度，成立工地警务室，及时化解因征地补偿、移民安置、工程施工等引发的社会矛盾纠纷；与当地街道办、居民、单位及其他相关部门联系，告知施工中可能存在的问题、危险源及突发事件。施工现场设置专门的接访站，负责施工扰民和民扰事件的协调处理。施工期间，施工现场及时准确地公告施工状况和第三方监测数据，让居民了解工程进展和安全状况。对于不可避免的损失，江苏水源公司与施工现场积极主动与受损方充分沟通，依法依规进行赔偿。发生危及公共安全或正常社会秩序的事件时，施工单位第一时间通报辖区政府部门和江苏水源公司，即时采取措施控制事态发展，化解矛盾纠纷，维护工程建设的良好氛围和环境。

（4）临时用地

施工单位负责工程施工进度，负责总进度计划、施工场地、道路利用时间，以及项目法人所提供的临时工程和辅助设施的利用计划等。为确保土地及时交付施工，开工前，施工单位和现场建设管理机构就积极配合江苏省南水北调办公室征迁办，会同地方征迁部门，做好红线放样、交桩和土地移交手续。临时用地征迁工作的及时完成保证了工程施工场地的及时交付，保证了工程的及时开工，为完成建设任务赢得了时间。

（5）工程受阻

当发生阻工情况时，相关部门到现场判定阻工类型并进行现场劝阻。阻工一般包括阻工人有一定合理理由、阻工人无正当理由，以及工程与劳务分包方面纠纷三种。无法通过现场劝阻结束阻工时，直接报警，并配合警务部门进行阻工的现场调解。在此过程中，收集阻工现场影像图文资料，作为阻工所造成损失的证明，并将阻工情况及时上报相关上级部门。

（6）交通疏解

南水北调江苏境内工程调水工程分为河道工程和泵站工程两大类，相较于泵站工程而言，河道工程的交通问题更为复杂。施工单位和建设处提出交通疏解方案，编制交通施工图纸后，上报至交警中队和大队会审，根据交警中队、大队意见进行优化。会审通过后，施工单位和建设处整理临时占道资料上报交警大队，取得占道许可，进而安装围挡，封闭施工现场，完成交通疏解。

14.4　档案管理

14.4.1　项目档案管理组织体系

南水北调江苏境内工程档案工作实行“统一领导、分级管理”（图 14-1）。江苏水源公司为南水北调江苏境内工程档案管理的责任主体，负责档案工作的统筹规划、组织协调，并研究制定档案工作制度和发展规划，负责档案工作的监督、指导和检查。公司内设档案馆，主要负责组织公司各类档案的归档、保管、利用，工程建设、运行等各类档案的检查、指导、验收，以及档案数字化与信息化建设工作。

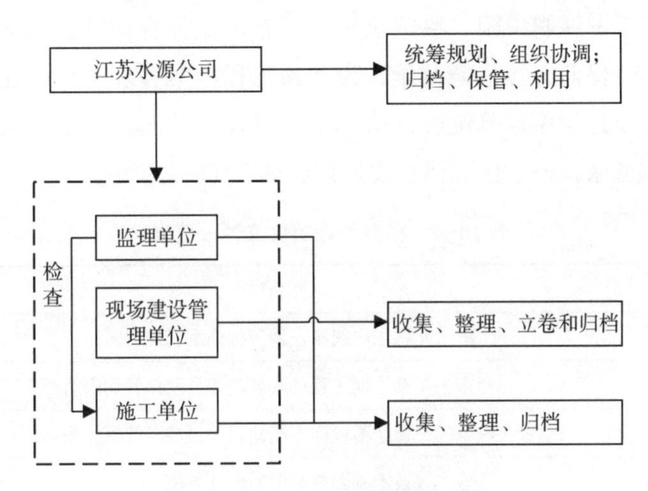

图 14-1　项目档案管理组织体系

各现场建设管理机构具体负责工程档案的收集、整理、立卷和归档工作，并对工程各参建单位档案工作进行监督和指导。施工、监理单位按照“谁形成、谁收集、谁归档”的原则，做好工程档案收集、整理、归档工作。监理单位对施工单位的文件材料形成和管理工作质量进行检查管理，确保工程档案数据真实准确。在项目法人的组织领导下，形成了由项目法人、现场建设管理机构、施工单位和监理单位等有关领导和专（兼）职档案管理人员组成的档案管理组织体系。

14.4.2　项目档案管理组织制度和流程

档案是工程建设管理和运行管理的重要组成部分，是不可再生的宝贵资源，保持档案管理与工程建设的同步性至关重要。在国务院南水北调办公室、国家档案局发布南水北调档案管理规定之前，江苏水源公司就先行制定了档案管理规范和制度，确保了工程档案的完整性。国务院南水北调办公室、国家档案局印发《南水北调东中线第一期工程档案管理规定》和《南水北调东中线第一期工程档案分类编号及保管期限对照表》后，江苏水源公司结合南水北调江苏境内工程建设管理的实际，进一步制定了《南水北调东线一期江苏境内工程建设项目档案管理实施办法》，规范了南水北调江苏境内工程档案管理工作，确保了档案的完整、准确、系统和安全，充分发挥了档案在工程建设、管理和运行中的作用。

在具体操作上，工程档案、图纸档案、照片档案等都分别依据国务院南水北调办公室或推荐性国家标准整编归档。由于工程各参建单位档案管理水平不一，对档案管理规定的理解易产生偏差。据此，江苏水源公司对档案案卷分类、排序、案卷题名的拟写、竣工图编制说明、鉴定意见、档案工作报告，以及档案统计表格式内容均进行了统一，保证案卷整编质量。为加强工程档案管理工作，在工程建设过程中，公司组织建设处与参建单位进行认真学习与贯彻落实，保证档案管理各项工作规范有序、有章可循。公司相关档案管理制度如表 14-4 所示。

表 14-4　档案管理制度文件一览表

序号	制度名称
1	《南水北调东中线第一期工程档案管理规定》
2	《南水北调东中线第一期工程档案分类编号及保管期限对照表》
3	《南水北调东线一期江苏境内工程建设项目档案管理实施办法》
4	《技术制图复制图的折叠方法》
5	《照片档案管理规范》
6	《科学技术档案案卷构成的一般要求》
7	《国家重大建设项目文件归档要求与档案整理规范》
8	《档案馆工作职责》
9	《档案保密管理制度》
10	《档案库房管理制度》
11	《档案统计制度》
12	《档案鉴定制度》
13	《档案销毁制度》
14	《档案借阅管理制度》
15	《档案复制制度》

14.4.3　项目档案管理实施

(1) 项目档案管理队伍建设

江苏水源公司除建立档案管理组织体系、制定相关制度规范外，多次组织培训活动，学习贯彻档案管理文件精神，进一步提高了档案管理人员的业务水平和工程参建人员的档案意识。在档案整编、整改阶段，江苏水源公司邀请有关档案专家现场指导，这对工程档案的规范整编起到了关键作用。公司还组织工程各参建单位人员参加江苏省档案局开设的“档案人员远程教育平台”课程，其中多人参加并通过了考试，获得“江苏省档案人员上岗资格证书”。

(2) 项目档案形成、监督、立卷

江苏水源公司始终坚持“三同步”与“三纳入”的原则，注重档案过程控制。首先是坚持“三同步”：工程开工建设与建档工作同步；工程施工与资料积累工作同步；工程验收与档案验收同步。在国务院南水北调办公室的质量飞检、安全生产目标考核、质量集中整治、质量专项整治、质量评价，以及江苏省南水北调办公室和公司组织的各项检查、考核和验收中，工程档案客观全面地反映了工程建设过程，为评价工程建设的规范管理发挥了重要的作用。其次是“三纳入”：把档案管理纳入到合同管理范畴，在合同中明确参建各方的档案管理职责、义务和具体要求；把档案管理纳入到质量管理中去，坚持管工程必须懂档案，管档案必须懂工程，加强对档案工作的过程控制；把档案检查纳入到工程检查中去，开展质量、安全检查的同时检查资料归档情况，注重档案管理的过程控制。公司和各参建单位在工程档案形成、监督、立卷中的工作包括：

①公司档案管理部门负责督促指导各工程项目的档案管理工作；

②现场建设管理机构除完成本单位形成的档案外，督促指导监理单位的档案管理工作；

③监理单位除完成本单位档案外，督促指导施工单位的档案管理工作；

④施工单位档案资料的真实性、完整性、规范性，由监理单位检查、把关。

(3) 档案整理和归档

江苏水源公司进一步把握在建工程重要节点，着重狠抓档案检查督促、评比工作，取得了较好效果：

①通过互查、抽查与督查强化检查督促

江苏水源公司每年邀请专家，组织各现场建设管理机构，从组织管理、设备设施、业务建设、利用服务 4 个方面，对各工程档案管理情况开展为期一周量化考评互查活动，与现场建设管理机构主要负责人及时沟通检查结果，争取主要负责同志对档案工作的重视。另一方面，公司档案管理人员经常到工地一线检查指导档案工作，发现问题及时与有关部门和领导汇报、沟通。

②评比结果与奖惩挂钩

对档案管理先进工作单位及个人予以表彰和奖励，调动参建单位和档案管理人员的积极性。量化考评的结果与年度目标考核结果挂钩，强化了各参建单位的档案管理责任心，对提高各参建单位档案管理水平起到较好的促进作用。

江苏水源公司通过互查、抽查、督查等措施，跟踪监督工程资料的归档情况，并把工程档案资料的归档情况作为工程是否具备分部、单位工程验收的先决条件，保持工程建设档案和工程建设进度同步；同时要求监理单位在负责档案整编的基础上，监督、检查施工单位，确保档案管理有序、措施到位，保证工程档案的完整、准确、系统、安全。工程档案经专项验收后，统一移交现场建设管理机构。经对照检查，南水北调江苏境内工程能严格执行有关规定，档案收集基本齐全完整；文件材料形成程序规范、签署完备、制作质量良好；竣工图编制准确、清晰、规范；案卷质量、档案编目符合规范化、标准化的要求；档案管理运用计算机进行辅助；档案库房和档案保护设备符合要求，档案管理工作取得了较好的成效。

江苏水源公司也在持续完善档案管理系统，档案的信息化水平不断提升。档案管理系统的应用和数字化工作的开展，将使档案管理工作通过计算机和互联网远程进行，逐步实现在线全文检索、借阅利用和档案统计等功能。

14.5 沟通与信息管理主要挑战和克服措施

南水北调江苏境内工程点多线长、面广量大，跨多个行政区域，施工涉及范围广、时间长，对项目的沟通和信息管理提出了较大挑战。综合起来，主要挑战分为以下两个方面。

(1) 南水北调江苏境内工程建设过程中需沟通协调的单位众多，如江苏省各级政府、水利部门、街道、社区等地方政府机构，以及多个工程现场建设管理机构等等。在各种因素影响下，项目建设中，尤其是建设现场，有大量问题需要多方面的共同沟通处理和协调解决，往往导致沟通协调时间漫长，影响项目正常推进。为此，江苏省南水北调工程建设领导小组充分发挥领导和协调作用，组织督促领导小组成员单位根据各自职责加强沟通、协调配合、搞好服务。其中，江苏省南水北调办公室认真履行工程建设监管和服务职责，充分发挥协调、联系作用，及时了解、协调建设中的有关问题。江苏水源公司充分发挥项目法人的责任主体作用，与地方、业主、设计、监理等单位形成有效沟通机制，积极与各级单位、部门沟通，协调维护对外关系，极大加快了工程协调事项的解决；同时，积极组织各设计单元主动对接相关部门和单位，针对每个部门的职责权限，把项目需要协调的问题一一对应，逐个解决；此外，在施工过程中积极跟进社区的意见，减少扰民，施工完进行回访，总结经验。

(2) 南水北调江苏境内工程技术要求高，工程建设时序长，档案管理也具有相应的特点：一是档案涉及行（专）业多，涉及泵站、涵（船）闸、水保绿化等各领域，工程资料从专业用表形式到档案组卷分类形式多样；二是工程规模差异大，既有亿元级项目，如泵站等主要建筑物，也有万元级项目，如影响配套工程等，形成的工程档案规模也大小不一；三是工程运行管理单位多，除项目法人外，还有交通部门、电力部门、地方水利部门及各委托合同管理单位，每个运行管理单位所接收的档案都要力求系统、完整，对工程建设期形成档案归档套数要求不尽一致；四是工程建设进度跨度大，南水北调江苏境内工程总体建设时序长，档案管理同时涵盖项目前期立项、建设施工、完（竣）工验收和运行管理等工程建设各阶段；五是档案管理检查指导难度大，工程建设线长点散面大，档案现场检查、培训难度较大，管理成本也比较高。为此，江苏水源公司认真贯彻执行国家档案局、国务院南水北调办公室档案管理各项法律法规及各项规章制度，紧密结合工程实际，因地制宜，建立档案管理组织机构、明确工程档案整编技术标准、制定档案管理办法、加强专兼职人员业务培训、强化检查督促、开展评比和表彰活动、保障购置档案管理设备经费、提高档案信息化水平等，在档案管理工作上取得了优异成果。

总之，南水北调江苏境内工程建设的沟通与信息管理任务极其繁重艰难，工程有效的沟通与信息管理帮助江苏水源公司克服了无数的外部协调难题和障碍，保证了工程建设的总体进度，为南水北调江苏境内工程高质量建成投运提供了有力的保障。

项目风险管理

南水北调江苏境内工程本质上具有项目群特有的不确定性和模糊性，规模大、实施时间长，无论是在商业上，还是在项目实施上，风险都远大于一般项目。江苏水源公司为此制定了全方位的、贯穿项目实施始终的全面风险管理体系，在项目实施过程中，尽可能详尽地对各种风险点进行及时识别、分类和分析，有针对性地制定各种应对措施和应急预案，将各类风险事件对项目实施的负面影响降到最低，有效保障了项目实施全过程的平稳有序，确保了工程考核所有关键进度目标的达成，以及工程质量优异、实施全程无重大事故优异绩效的实现。

15.1 主要风险

南水北调江苏境内工程是在经济发达、水域复杂地区开展实施的复杂项目群，在此之前，我国缺乏此类大型梯级调水和多类型综合施工的建设管理经验，这对项目实施的技术和管理提出了很高的要求，项目建设过程中也面临大量的风险因素，例如：工程周期长、经济不确定性带来成本变动；沿线线路长且跨越不同行政区，沿线社会群体复杂，土地权属分散，产权所有者极多；难以避免的各种自然环境风险，包括地质条件复杂、暴雨汛期等等。因此，南水北调江苏境内工程的建设过程中存在较多工程、社会、自然环境等多方面不确定性所带来的风险。

在整个项目建设过程中，南水北调江苏境内工程从前期规划到工程投产全过程，前后共识别出大约8类风险（图15-1），其中多数风险得到了有效处理和应对，未实际发生或未对项目建设造成影响；对于少数无法避免的风险，例如汛期强降水、台风等自然灾害，不良复杂地质等环境，项目管理团队对每个风险都预先制定了相应的应对方案，将风险对项目的影响降低到最低程度，并确保不会产生其他风险，从而未对项目建设造成重大影响。

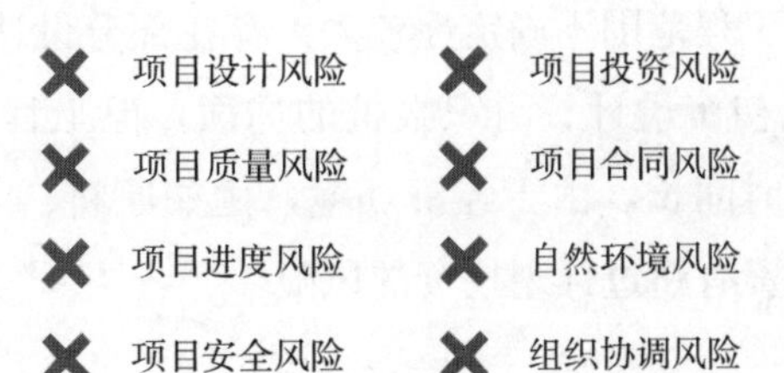

图15-1 南水北调江苏境内工程主要风险类型

（1）项目设计风险

南水北调江苏境内工程本身是一项包含多种类型工程的系统性工程，必须采用系统化的设计和建设方案，但在设计之初，我国尚无完备的设计经验、标准和技术体系。因此，南水北调江苏境内工程虽然论证多年，但设计工作仍较难全面详尽考虑，设计风险较大。而且，随着项目的推进，新的环境和需求等因素的加入对项目设计提出了动态响应的要求，从而导致设计变更，进一步增加项目进度、质量和成本等各方面的不确定性，给项目顺利完成带来额外的衍生风险。

（2）项目质量风险

南水北调江苏境内工程包含多种类型的工程，但我国当时许多技术和工艺水平难以满足工程建设需求，比如较为重要且多场合应用的混凝土工艺、泵站工程曲面模板安装工艺等。施工材料、施工方法和施工标准等的选择面临很多不一致性和不确定性，工程质量风险较大。此外，由于后期建设时间紧、任务重，项目进度压力较大，必须采取一系列抢工期措施，这些措施可能会导致工程施工工序不合理、工程未按照质量规范施工等，从而造成工程质量风险。

（3）项目进度风险

南水北调江苏境内工程点多面广、工程量大，而且地处东亚季风气候区，夏季降水具有短时瞬时强降水的特点，工程建设进度易受天气影响。并且，项目面临的利益相关方众多、协调难度较大等各种复杂环境因素，都会对项目实施的正常推进造成障碍，具有一定的进度风险。

（4）项目安全风险

南水北调江苏境内工程施工环境复杂，存在各类危险作业，如在泵站工程中存在高空作业、深基坑作业等施工安全风险；河道工程中存在涉水作业安全问题；新挖河道、土方开挖中也存在施工安全风险。除此之外，不论是泵站工程还是河道工程，在汛期施工作业都会存在一定的安全风险。

（5）项目投资风险

南水北调江苏境内工程范围不确定性较大，存在部分设计单元工程已开始施工，部分设计单元仍在组织初步设计、组织报批的局面，但工程总投资计划已经确定，并且工程建设期间持续时间长，由于经济环境，例如原料、人工等价格上涨和其他因素变化，实际工程投资有超过计划投资的风险。

（6）项目合同风险

南水北调江苏境内工程的合同风险来自多方面，主要有市场风险、工程风险、政策法规变化风险等，具体可表现为劳动力、施工设备、建筑材料等市场价格波动所引起的风险，工程范围不确定性所引起的工程量变化的风险，国家政策法规的变化使合同某一方的利益受到影响的风险。除此之外，还存在合同本身即合同文件条款、合同管理等带来的风险。

（7）自然环境风险

江苏夏季降水集中，且常具有短时强降水的特点，容易发生洪涝灾害，发生超标准洪水现象，使汛期建设存在一定隐患。此外，南水北调江苏境内工程途径郯庐断裂带，沿线存在膨胀土地基，复杂地质条件给工程施工带来潜在威胁。

（8）组织协调风险

南水北调江苏境内工程征迁范围涉及多个城市的众多居民和企业。虽然征迁工作由江苏省南水北调办公室负责，但江苏水源公司在建设工程中难以避免与相关干系人进行沟通。河道工程等涉及城市交界处的建设审批程序需要多个政府部门审批配合，协调工作十分复杂，组织协调风险较大。此外，南水北调东线工程串联多省，江苏境内工程还需与其他省份进行协调，具有一定的协调风险。

15.2　风险识别和管理规划

南水北调江苏境内工程风险来源途径多（图 15-2），江苏水源公司在工程规划前对项目整体风险进行综合考量，将风险细分，在此基础上把风险管理职责一一对应分配给各部门和各参建单位，对其所负责的领域分别实施相应的风险管理工作。各部门和单位在日常工作中及时发现问题，寻找对应策略，并在有关台账中登记发生的事项，对原因、解决方案、责任人等进行记录，便于对风险事件管理。

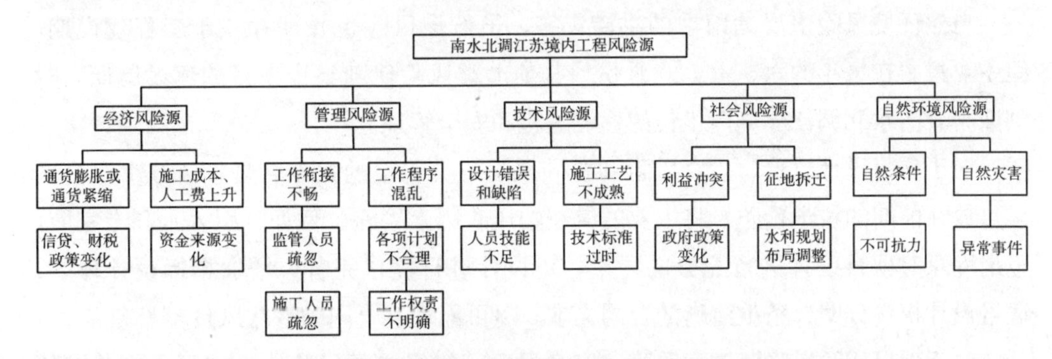

图 15-2　南水北调江苏境内工程主要风险来源

在项目前期，江苏水源公司组织各部门，联合相关专家，在设计阶段就对潜在风险进行分析，挖掘可能会对工程建设带来隐患的风险，并分析该风险发生的原因、风险的危害，最后把对相关风险的识别和监测转化为日常工作的控制目标。在其后项目实施的过程中，江苏水源公司各部门对各自业务范围内的项目环境和项目本身风险点开展持续监测工作，包括对原有未解决风险的进展情况的监测，以及对新风险点的辨识。一旦发现有新的风险点出现，或原有风险已经消除或者解决，则及时更新有关台账。

同时，江苏水源公司设计详尽的风险调查问卷，主要从自然环境风险、社会风险、经济风险、管理风险、技术风险五个方面，对项目实施过程中潜在风险重要程度进行排序，明确不同参建单位在风险管理环节存在的薄弱点，以及需要重点管控的风险点。

例如，江苏水源公司及其现场建设管理机构组织有关专家和建设管理、设计、施工及监理等单位，对工程建设过程中可能面临的重大自然灾害风险作出评估，特别是对土石方坍塌、施工围堰坍塌、结构坍塌、特种设备或施工机械、火灾、爆炸、环境污染、道路交通、工程质量等可能引起安全事故的灾害风险作出评估，准确识别危险源和危险有害因素，做好对工程建设过程中的事故监测和预防，并妥善处理相关信息。

15.3 风险分析和应对

南水北调江苏境内工程所面对的风险种类复杂多样，风险来源不一，因此风险管理的侧重点有所不同。江苏水源公司根据风险危害性的大小、发生的可能性、时间的持续性等因素，合理划分不同级别的风险等级，对待不同的风险采取不同的管理和应对措施。

自然环境风险主要是雨季的洪涝灾害，虽然该风险也长期存在于工程建设期，但主要集中在每年的六、七、八月份。其他七类风险伴随整个项目的建设周期，时刻威胁着南水北调江苏境内工程的建设进程和安全管理。

对于项目设计风险、投资风险和合同风险三类风险的控制管理，江苏水源公司重点放在前期的科学预防，将主要的潜在的风险因素剔除。例如，引入水利专家库，邀请专家对项目设计进行充分的讨论，对设计进行优化完善，增加招标设计环节，通过设计权责分明、条款清晰的合同文本，尽可能规避合同的潜在风险，等等。

对于项目质量风险、进度风险、安全风险、组织协调风险，一方面做好前期的规划和预防方案；另一方面，由于该类风险是否发生在于日常的管理工作是否到位，是否按照相关规定履行程序。因此，对于该类风险，江苏水源公司更加注重将风险管理意识贯穿于整个管理活动。例如，质量风险可能会由混凝土的现场施工工艺不标准、施工人员对施工图的理解不准确引起，安全风险可能由检查力度不够、相关培训较少等现场建设过程中的因素引起，这些都需要在整个管理活动中加强风险管理意识。

自然环境风险多发于 6—9 月的梅汛期和台汛期，在其他季节发生的可能性较小，因此主要的管控活动集中在雨季。在度汛期间，其他管理工作，如进度管理、安全管理等都应以安全度汛任务为主，防范自然环境风险成为这一时间的重点工作内容。

风险的应对策略，主要分为“规避”“转移”“减轻”和“接受”四种，这四种策略在南水北调江苏境内工程的风险应对方案中都有实际应用，如图 15-3 所示。

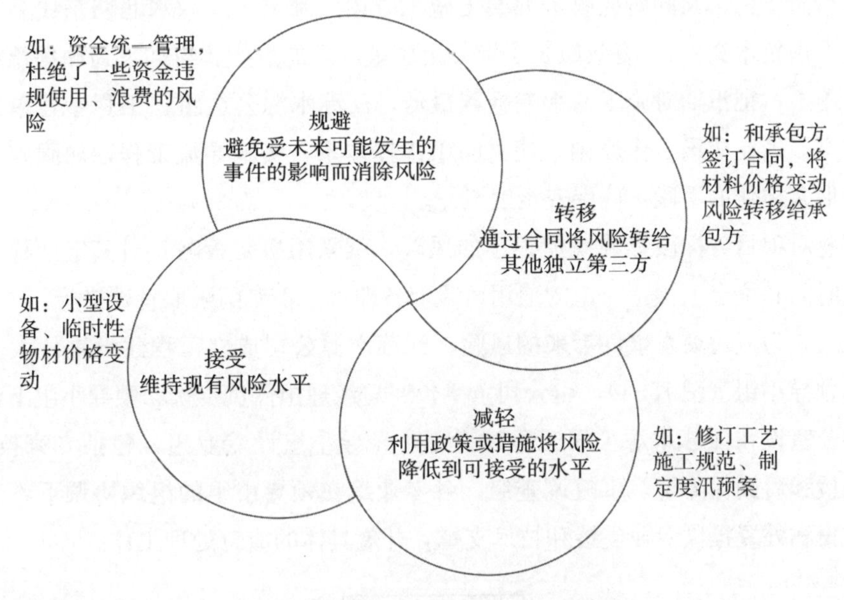

图 15-3 江苏水源公司风险应对策略

规避是常见的风险应对手段。例如，传统工程建设中，通常将工程资金放到现场管理机构的账户中，由现场管理机构进行资金管理。但这种模式下，一方面会造成资金闲置，产生资金违规使用的风险；另一方面，各现场机构可能疏于对资金的合理规划，过度使用，造成不必要的浪费，进而可能引发工程总投资超过规划设计的风险。江苏水源公司采取准集中管理制度，将资金放在总部统一管理，从根本上杜绝了一些资金违规使用、浪费的风险。

转移，即通过合约将风险转移给其他方。例如，南水北调江苏境内工程承包商包括设计单位、施工单位，江苏水源公司通过设定有关合约，将需要特别注意的设计风险、质量风险等通过约束性条款转移给承包商，详细列明其在相关风险防范中应承担的职责。例如，设计方需要对工程设计、施工图设计的质量负责，同时要制定准确的设计供应计划，保证设计供应的进度满足建设需求。又如，江苏水源公司与施工单位的合同采取单价合同，将市场风险（即多数价格变动风险）转移给施工单位。此外，江苏水源公司还采取保险等措施，将部分风险转移出去。

大多数风险既不能完全规避，也无法完全转移，只能通过采取一定的措施来降低风险发生的概率和减轻风险的影响。江苏水源公司通过建立完善的制度体系、制定应急预案等方式，有效减轻项目风险。一般首先考虑的是降低风险发生概率的各种应对方案，如为预防混凝土表面气泡、裂缝等常见质量问题的发生，江苏水源公司牵头科研机构，共同研究改进混凝土施工方案，制定了《南水北调东线泵站混凝土施工专用技术文件》，有效减少了混凝土质量风险的发生。再如，为确保汛期正常的生产施工，把汛期对施工的影响降到最低，江苏水源公司组织工程参建单位编制度汛方案，确立防汛工作原则，建立防汛指挥体系，实施导流工程，加固施工围堰等，采取多样化的手段，确保安全度汛。

那些对项目各标段影响规模很小的风险，就采用接受策略，对其定期检查、监测，在时间和资金上预留一定的通用风险储备即可，不专门采取特殊措施。

此外，为应对突发事件带来的风险，江苏水源公司成立工程建设重特大安全事故应急领导小组（图 15-4），由公司董事长、总经理担任负责人。领导小组下设办公室，办公室设在江苏水源公司工程建设部。领导小组设专业组，包括专家技术组、事故救援和后勤保障组、事故调查组。各专业组在领导小组的组织协调下，为事故应急救援和处置提供专业支援和技术支撑，开展具体的应急处理工作。

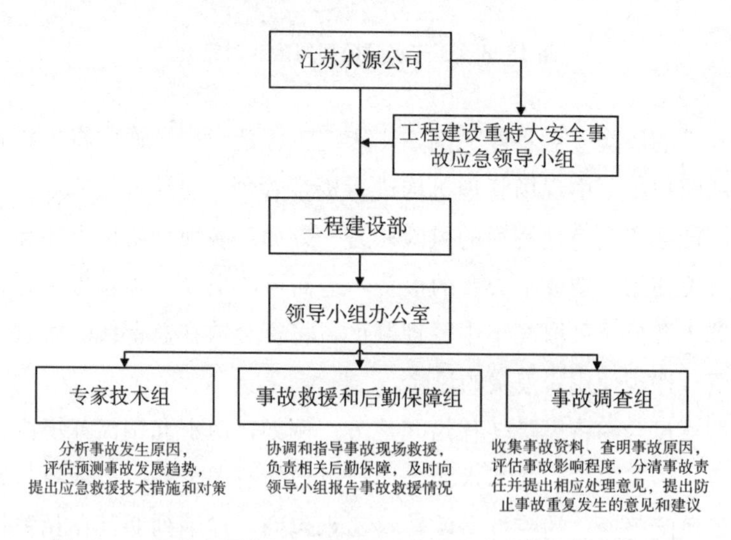

图 15-4　江苏水源公司工程建设重特大安全事故应急处理体系

在风险应对的具体实施中，江苏水源公司根据风险的重要性和类别的不同，把风险管理作为日常工作的一部分，用优质的工作效果，应对各项风险。安排不同的专业部门或领导负责，必须做到每个风险点都有专人负责管理，包括组织实施应对方案和持续监测应对方案的实施效果和风险本身的进展变化情况，评估实施效果，根据评估结果和最新情况提出应对方案调整建议，更新相关台账等等，确保每个风险点的应对方案实施都能闭环落实。

15.4　风险管理主要挑战和克服措施

南水北调江苏境内工程规模大、时间紧，参建单位多，风险监管难免出现疏漏，从而留下各类风险事故隐患。江苏水源公司主要通过管理创新，采取以下措施加以弥补克服：

(1) 增加招标设计环节

增设的招标设计环节，一方面对初步设计阶段的遗留问题进行梳理，对审批中提出的意见和问题进行补充研究和一一落实，将之前已经发现的隐患排除，规避风险。另一方面，做好下一步工程实施的规划，确定关键技术方案、施工组织安排等重要内容，为工程招标及施工图设计提供可靠依据，降低实施风险。此外，在这一步做好工程合同规划，梳理、拟定工程建设涉及的各类合同内容、承包方式、金额，在本阶段工作中将可能发生的风险通过合同设计进行有效分摊。

(2) 进行更严格详细的合同管理

在与施工单位等相关单位的合同上进行更详细的管理，对合同管理中的职责分工、合同立项、合同签订、合同履行、合同验收、合同档案管理等各方面问题做出规定，将各个环节的风险与施工单位进行合理分摊，以合同责任约束承包方的行为，督促其进行有效的风险管理。

(3) 建立风险责任网络制度

江苏水源公司积极落实责任网络制度，将建设过程中有关进度、质量、安全生产等方面的责任层层落实，在各级管理层抑制风险产生和传染，建立各项工作档案，对工程建设过程中的各项问题如实记录，同时对各工程建设情况进行定时评比，激励相关方加强风险管理意识。

(4) 强化风险预警和应急救援机制和演练

由于工程建设地处于经济发达、水系复杂的地区，所面临的环境也较为复杂，易发生突发情况和潜在事故，进而对工程建设带来冲击。针对此问题，江苏水源公司采取以下措施：一是建立预警支持系统，江苏水源公司在利用现有资源的基础上，建立相关技术支持平台，通过搜集相关信息，实现多风险源的信息资源共享，保证信息准确，传达渠道畅通，进而帮助应急小组有力指挥。二是与省级、市级相关部门建立长效快速的沟通渠道，构建重大风险的联合应对机制，日常定期举办应急法律法规和工程建设事故预防、避险、避灾、自救、互救常识的宣传、演练等工作，并根据工程建设实际和事故可能影响范围，与工程所在地人民政府建立互动机制，采取多种形式向工程参建单位、人员或公众宣传相关应急知识。对于重要时间点，进行风险专项检查，例如每逢汛前、冬季事故多发期，以及春节、五一、国庆等节假日，对所有在建工程进行专项和节前安全检查。

总之，江苏水源公司十分重视项目风险管理，在项目前期主动识别风险、分析风险来源、对风险加以归类，在此基础上针对不同风险特征，采取多样化手段和措施应对风险，将多数风险隐患遏制在产生阶段，把出现的风险控制在可控范围内，总体上消除了风险对项目建设的负面影响。基于以上风险管理体系建设及执行到位，南水北调江苏境内工程建设中的绝大部分风险事件都得到了有效的管理。

第16章

项目干系人管理

南水北调江苏境内工程规模大、时间长，包含设计单元多，所涉及的包括项目法人在内的项目干系人数量庞大、地点分散、利益各异，致使项目干系人的争取和管理非常复杂，因此，对主要干系人的精准识别和管理极为重要。江苏水源公司在项目启动之前就仔细梳理出14类项目干系人，分析其对项目的主要作用，并分别制定了有效的管理策略。本章以本项目具有代表性的3类主要干系人为例，介绍南水北调江苏境内工程项目干系人的管理流程和工具，最后总结本项目在项目干系人管理中遇到的主要挑战和采取的克服措施。

16.1 干系人类型及其对项目的作用

南水北调江苏境内工程的项目干系人十分繁多，主要可分为14类，其各自对项目的作用如表16-1所示。

表16-1 南水北调江苏境内工程主要干系人及其对项目的作用

干系人类型		代表机构和群体	对项目的主要作用
1	立项决策审批机构	国家发展改革委 水利部	•对南水北调工程建设中的重大技术、经济、管理及质量等问题进行咨询； •对南水北调工程建设中的工程建设、生态环境、移民工作的质量进行检查、评价和指导； •有针对性地开展重大专题的调查研究活动等。
2	项目上级主管机构	国务院南水北调办公室 江苏省南水北调办公室	•决定南水北调工程建设的重大方针、政策、措施和其他重大问题； •贯彻落实国家和省关于南水北调的工作部署和决策； •对南水北调主体工程建设实施政府行政管理； •研究提出南水北调工程建设的有关政策和管理办法，起草有关法规草案； •协调国务院有关部门加强节水、治污和生态环境保护； •负责工程规划、总体可行性研究等前期工作； •负责征迁安置、治污环保、文物保护等组织协调和督促检查工作； •负责组织和协调区域内的工程建设，及时解决工程实施中的矛盾和问题等。
3	水利监管部门	江苏省水利厅 水利部淮河水利委员会	•管理南水北调江苏境内工程利用的现有河道、湖泊及江水北调等水利工程； •管理沿线的部分湖泊水库、河道和泵站等； •调查与测算南水北调供水水价的成本，以及分析计算近几年灌区资产及运行费用； •加强技术指导，审查、论证遇到的技术难点，抓好工程质量等。
4	环保监管部门	江苏省生态环境厅	•负责综合整治项目的监督指导工作； •负责污水处理厂的监督、指导和管理工作； •负责工业点源项目的建设、指导工作等。

续表

干系人类型		代表机构和群体	对项目的主要作用
5	国家财政部门	财政部	•规范水费使用管理； •审核重大水利工程建设基金年度支出预算； •设立大中型水库库区基金，并筹集资金用于支持征地移民等。
6	地方纪检监察部门	江苏省纪委	•成立驻南水北调工程纪检监察工作派驻组； •履行纪检监察派驻制，对工程建设加强全方位监督，确保工程安全、资金安全和干部安全； •制定相关制度，对征地拆迁和移民安置提出具体监督检查内容和要求，并组织相关市县纪检监察机关组建的纪检监察工作组加强征地移民资金纪检监察等。
7	征迁对象	需要征迁的居民、企业等	•配合征地移民等工作，不反对项目通过他们的居住区，不阻挠项目建设，不破坏项目设施，确保项目长久正常运行。
8	受建设工作影响的机构和个人	项目沿线居民，受影响的水、电、交通、通信等相关主管单位	•配合工程建设，不阻挠项目建设，不破坏项目设施，确保项目长久正常运行； •加强沟通协调机制，配合项目法人、设计单位和施工单位的工作等。
9	地方政府	沿线地方政府和有关部门	•审核批准项目建设需要地方政府审批的有关工作； •确定相应的主管部门，承担本行政区域内南水北调工程建设征地补偿和移民安置工作； •帮助协调解决地方居民的阻工等各种事件。
10	受水对象	农业、工业、交通、生活、生态五大类受水户	•加强节约用水意识，恢复和改善地下水环境； •改善受水区的生态自然环境，促进水资源的合理配置； •主导学习环境安全知识，尤其是应急响应知识等。
11	参建单位	监理、设计、施工单位，设备材料供应商，环保、征地、法律、咨询等专业公司……	•可行性研究报告、初步设计和施工图等阶段主要设计工作； •对工程实体、设备质量进行检验并出具报告； •供应钢材、水泥、水泵及其附属设备、电器成套设备、变压器等材料； •协助解决施工、设备制造中的技术问题； •土建施工、设备安装等工作。
12	水利系统内支持单位	各规划设计院	•安全、按质地完成合同任务，确保项目成功建成投运，项目按时完成、管理各项目标完成情况良好。
13	金融机构	银团	•共同组建南水北调主体工程贷款银团； •提供银团贷款等。
14	项目团队员工	江苏水源公司及现场建设管理机构的员工	•项目管理的核心团队按专业进行项目的业主管理工作，确保项目成功安全建成投运，项目管理各项目标完成情况良好，项目各项战略目标圆满实现。

16.2 主要干系人管理

南水北调江苏境内工程社会影响力大，项目干系人众多，确保所有干系人对项目的支持和参与是项目能够成功建成的基础，而让项目干系人对项目感到满意则是项目成功的标志。南水北调江苏境内工程高度重视对项目干系人的管理，在项目成立之初就确定了项目成功的标志是：在满足所有项目干系人期望的前提下，安全、优质、高效地完成工程建设，保证工程的有效运行，确保输水目标的实现。

为此，江苏水源公司首先梳理、识别对项目影响较大的和受项目影响较大的干系人，共整理出 14 类项目干系人；然后，深入分析各项目干系人对项目的需求和对项目建设及长期运营可能产生的主要作用，根据其作用和重要性分别制定不同的管理策略和工具，保证项目干系人管理的规范和有效；最后，对项目主要干系人，重点加强沟通协调和管理，保证项目主要干系人对项日的顺利实施发挥关键作用。除此之外，为了及时应对干系人管理过程中的突发事件，江苏水源公司专门制定了纠纷预防与处理方案。

16.2.1　与沿线地方政府和部门协调管理

南水北调江苏境内工程影响到的其他专业项目主要有：交通设施中的等级公路、机耕路、渡口、码头、船闸和桥梁，电信设施中的光缆和电缆，广播电视设施中的传输线路和地面卫星接收设备，输变电设施中的输电线路和变压器，水利水电设施中的抽水站、灌溉渠道和涵闸，等等。

因此，南水北调江苏境内工程根据复建规划设计的一般原则，向这类干系人提出对沿线水、电和道路等设施进行复建或补偿的管理策略，主要包括：第一，工程影响的交通、电力、电信、广播电视、供水工程等专业项目，需复建的按原规模、原标准或恢复原功能的原则，提出补偿投资；因扩大规模、提高等级标准需要增加的投资，由有关单位自行解决。第二，对于工程影响的水电站、泵站、灌溉干渠、水文站、较大的桥梁等设施，将其作为主体工程的一部分列入主体工程中。第三，对工程影响的文物古迹，由省级文物主管部门组织有资质的单位，提出地下文物勘探、发掘方案，地面文物搬迁、留取资料、原地保护的方案。第四，工程影响的机耕道、渡口、小型桥涵、供水、供电等，结合居民点的布局，完成相关设施复建规划设计。

16.2.2　征地移民管理

妥善处理征地拆迁及构造良好的外部环境是工程建设的基础。南水北调江苏境内工程延绵 400 多公里，建设条件复杂，包括征地、拆迁、道路改道、电力通讯线路改线，以及工程沿线其他与村民/居民生产生活相关的搬迁或改造的项目，如管理不善，十分容易产生各种影响项目正常实施的意外事件。例如，泗阳站因施工引起附近民房产生裂缝，导致群众阻工事件发生。

在工程建设过程中，江苏水源公司及其下属现场建设管理机构紧密依靠地方政府支持，严格执行国家征地拆迁等方面的相关政策，深入细致地做好相关群众的工作，构建了良好的工程建设环境，最大限度地避免出现阻工、上访等事件的发生，确保了工程施工的正常进行，进而保证了工程能按计划完成。主要包括以下管理策略和原则：

（1）建立征地移民管理体制，保障工作有序开展

南水北调江苏境内工程建设征地补偿和移民安置工作，实行“国务院南水北调工程建设委员会领导、省级人民政府负责、县为基础、项目法人参与”的管理体制。有关地方各级人民政府确定了相应的主管部门，承担本行政区域内南水北调工程建设征地补偿和移民安置工作。江苏省南水北调办公室负责工程建设中征地拆迁、移民安置工作的组织协调、监督检查等。扬州市、淮安市、徐州市、宿迁市，江苏省农垦集团，以及相关县（区）、乡（镇）人民政府先后成立了相应的南水北调工程建设办公室和征地补偿及移民安置实施办事机构，下设综合、财务、征地拆迁安置、宣传报道、纪检监察、工程建设、信访等相关工作组，在各级政府的领导下具体负责组织本行政区域内的移民安置实施（图 16-1）。

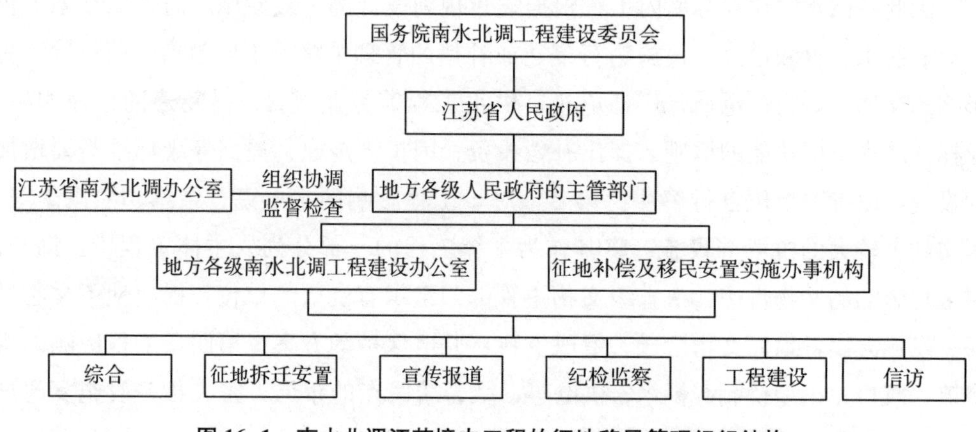

图 16-1　南水北调江苏境内工程的征地移民管理组织结构

（2）坚持以人为本、规范操作

征地补偿和移民安置涉及相关单位和征迁群众的切身利益，是一项政策性强且十分复杂的系统工程。江苏省、市、县南水北调领导机构严格执行国家有关政策，坚持以人为本、依法办事，做到政策、标准、实物量、补偿资金“四公开”，实行“阳光操作”，充分发挥群众的监督作用。

①组织编制征地补偿和移民安置实施方案

征地补偿和移民安置实施方案是规范征地补偿和移民安置工作的需要，是省与市或县（区）签订征地补偿和移民安置任务和投资包干协议的基础，是实施单位实施征地补偿和移民安置的依据，也是各级政府抓好征地补偿和移民安置相关监督、管理工作中的重要环节和依据。此方案由地方政府认可后上报省南水北调办公室审核批准实施。实践证明，征地补偿和移民安置实施方案既提高征地拆迁工作的可控性和科学性，达到节约用地、控制投资、规范操作的目的，同时又能较好地与新农村建设和群众的意愿相结合，达到维护群众合法权益目的，保证了征地移民和移民安置实施质量。

②抓好市、县征地补偿和移民安置相关人员业务能力培训

为保证实施单位征地补偿和移民安置工作有条不紊开展，江苏省南水北调办公室多次邀请有关大专院校征地移民专家，会同征地移民设计、国土、水利等有关部门，组织市、县（区）南水北调办公室及实施单位相关人员，先后举办征地手续办理、征地补偿和移民安置实施方案编制、征地移民验收、档案管理、财务和信访等相关知识培训及考察学习活动，不断提高各级征地移民实施单位工作人员政策水平和业务能力。

③坚持按照征地补偿和移民安置程序办事

一是实物量公示。对工程涉及的个人和集体的地面附着物（包括永久征用土地、临时占用土地、拆迁房屋、树木、设施等）补偿项目、数量、补偿金额和安置方案，按村或组进行公示，公开、公平、公正，接受社会和群众监督。城市征地拆迁和安置需要根据国家征地补偿和安置政策，并结合省、市、县城市拆迁有关规定进行，超出标准的部分由地方政府负责。二是实物量复核。公示后，群众对补偿范围、补偿标准和公示结果提出异议的，由县、乡征迁办公室会同移民监理及乡、村干部及时复核，对原统计调查不准确的事项实事求是地进行变更，经核实无误的或不符合补偿政策规定的，及时向群众解释。三是建立到户卡。建立征地补偿和移民安置一户一卡表，由县征地移民办公室统一填写，在卡上明确每一户的补偿项目、数量、补偿标准和兑付金额。四是补偿资金兑付。通过公示并经群众认可补偿项目和金额后，请当事人签字，然后进行兑付；对于专项设施迁建、企事业单位复建项目补偿资金的兑付，应与有关单位签订投资与任务包干协议，协议中明确拆迁、复建完成时间等具体要求。

④公众参与管理和监督管理

南水北调江苏境内工程移民管理工作十分注重公众的全程参与，主要采取以各行政村主任为联络员的参与形式，负责听取群众意见，并有责任向上级主管部门反

映群众的呼声。

有关执法监督机构对工程涉及区县指挥部的移民安置工作进行执法监察；市、县纪检监察机关对本市组织实施的移民安置工程进行执法监察，成立相应的移民监督机构（由政府、银行、财政、监察、审计部门联合成立），负责监督移民安置实施中的政策执行、补偿、安置等问题，一旦发现问题及时汇报，由政府负责处理，必要时由上级政府处理，违法乱纪由司法部门处理。

图 16-2 移民新居一角

（3）积极推行移民监理，发挥移民监理作用

由于南水北调工程征地移民工作的社会特性，其涉及面广、政策性强、矛盾突出，牵涉到各相关部门和老百姓的切身利益，实施工作难度大。江苏省南水北调办公室根据国务院南水北调办公室《南水北调工程建设征地补偿和移民安置监理暂行办法》及《南水北调工程移民安置监测暂行办法》，在工程初步设计批准后，通过招投标确定监理单位来负责监理工作的组织实施，市、县主管部门和实施单位配合监理单位开展工作。监理单位按照监理合同进行监理，监理项目实行总监理工程师负责制，按照“三控制”（投资、质量、进度）、“两管理”（合同、信息）、“一协调”的方法进行监理。

①三控制

一是对投资的控制。主要对工程建设、征地和移民地面附着物数量（包括房屋、树木等相关补偿项目）、企事业单位迁建、专项设施复建补偿项目的复核、认定，以及补偿项目变更情况的了解、证明，以达到按标准控制的目的。二是对质量的控制。主要是按实施方案批复质量要求对移民生产生活安置、企事业单位迁建、专项设施复建实施情况进行控制和了解，以保证实施品质。三是对进度的控制。主要对征地拆迁、移民安置，包括企事业单位的迁建、专项设施复建的实施进度进行控制。一方面督促实施单位按时进驻现场，保证按期施工，另一方面督促实施单位按要求完成征地补偿和移民安置任务。

②两管理

重点是对合同执行和信息收集、归档进行管理。在合同管理中，主要按照相关法律法规和江苏省南水北调有关政策、规定及相关文件（包括经批准的实施方案）对实施单位实施情况（包括合同传达情况）开展全面监督和管理，维护群众合法权益。在信息管理中，主要是对实施单位实施征地移民的组织、宣传、管理等相关的文件、通知、资金兑付程序等相关资料及影像进行收集、整理、归档。

③一协调

着重协助调解市、县、乡在征地补偿和移民安置实施进程中所发生的一系列矛盾，做好对相关单位和南水北调工程建设征地移民相关政策、规定、标准的宣传、解释。协调、处理安置工作中出现的一般性问题，收集、整理、处理、存储、传递相关信息，实现征地拆迁和移民安置工作规范化运作和有效管理，使征地拆迁和移民安置按质按期完成。

(4) 加强行政和财务监督，确保征地移民补偿政策落实到位

①行政监督

江苏省南水北调办公室在组织开展征地移民工作中，对征地移民实施进度，质量控制，政策法规贯彻落实，征地移民资金到位、使用和管理，组织本级和下级行政监管部门切实加强行政监管，坚持依法办事，既保证了工程建设顺利进行，又保证了被拆迁群众的合法利益，使拆迁群众做到了搬得出、稳得住、能发展。

②财务监督

财务管理是南水北调征地拆迁和移民安置工作实施中的重要环节。为规范南水北调工程建设征地补偿和移民安置资金的管理，提高资金使用效率，江苏省南水北调办公室根据南水北调工程建设征地补偿和移民安置资金管理办法有关政策文件，先后制订了《南水北调三潼宝工程征地拆迁安置会计核算办法》和《江苏省南水北调工程征地补偿和移民安置资金财务管理试行办法》，对征地拆迁和移民安置补偿资金存储、使用、支付、管理、审计、监督、科目设立等均作了具体规定，对征地拆迁和移民安置补偿资金使用情况进行内审，充分发挥财务监督管理作用。江苏水源

公司为提高资金使用效率，统筹安排资金使用，经与江苏省南水北调办公室协商，提出该项资金使用的顺序为：个人→集体→土地→税费，资金按需要分次分项拨付。另外还应根据国务院南水北调办公室《关于控制南水北调系统各单位账面资金余额有关事项的通知》(综经财函〔2011〕170 号) 的规定，要求各用款单位在提交用款申请时，提供银行存款余额材料，将征地拆迁和移民安置补偿资金的余额控制在国务院南水北调办公室规定的额度内。

③纪检监察

为保证征地移民资金各项政策法规和制度真正贯彻落实到基层，落实到移民资金使用的各个环节，维护被征地拆迁群众合法权益，保证工程顺利实施，江苏省纪委、监察厅派驻南水北调东线江苏段工程纪检监察工作组制定《南水北调东线江苏段工程建设项目监察工作办法》，对征地拆迁和移民安置方面提出具体监督检查内容和要求，并组织相关市县纪检监察机关组建的纪检监察工作组加强征地移民资金纪检监察，保证工程建设“三个安全”。

16.2.3 纠纷预防与处理方案

在南水北调江苏境内工程建设过程中，建设条件、建设管理环境等多方面均在发生变化。而这些变化对工程建设进度会产生不利影响。江苏水源公司积极开展协调，理顺各方关系，加强与省有关部门和地方政府的工作协调，重点预防项目内部劳资纠纷、群体事件事故，以及与工程周边单位和居民的纠纷，提前制定管理办法以及解决措施，维护工程建设的良好环境。

(1) 项目内部劳资纠纷预防和处理措施

①提高劳资纠纷预防控制意识，健全劳资管理制度

各级管理人员认真学习和严格执行各项劳动法律法规及政府有关规定，增强社会责任感和劳资纠纷预防意识，切实维护劳动者权益；建立健全行之有效的劳资管理制度，并在实施过程中不断总结、补充和完善，公司各部门、各项目、各级管理人员要分工合作，负责到人，齐抓共管，共同努力，严格防范劳资纠纷的发生。

②选择正规劳务企业，签订有效劳务合同

选择具有相应资质和工程业绩、信誉口碑良好及人员充足、稳定的劳务企业，依法签订有效的劳务承包合同，明确劳务工管理与工资发放等有关条款，并按政府规定履行备案手续。

③依法发放工资，做好工资发放记录

严格按照劳动法律法规的要求，每月及时、足额发放员工工资。所有工资发放

必须有完整、详细、规范的工资表，并经相关人员审核批准。工资发放由江苏水源公司劳资管理人员监督、财务人员直接发放到劳动者本人手中，由劳动者本人签字确认。此外，还要对每个人拍摄影像资料，收集和保存齐全有效的工资发放证据，减少不必要的劳资纠纷隐患。

④加强施工合同管理，及时结算

积极筹措资金，保持适当的流动资金，确保资金安全。设立保障金账户，及时进行工程款拨付、农民工工资结算。劳资双方签订有效协商调解协议，预防劳资纠纷的发生。

⑤迅速采取积极有效措施，控制事态，化解矛盾，避免事态扩大

一旦发生劳资纠纷，项目负责人和劳资管理人员应立即赶到现场协调解决。在协调解决劳资纠纷时，应优先稳定劳动者的情绪，倾听劳动者的诉求，防止劳动者采取过激行为。对于劳动者的合理要求，要迅速果断地答应并尽快向劳动者兑现，切实保障劳动者权益，彻底化解矛盾；对于劳动者的不合理要求，应尽可能地先缓和气氛，待劳动者情绪和行为处于可控状态时，再寻求一个合理的解决方案；如果企业内部协调解决不成，应及时寻求政府有关部门的帮助或者直接申请劳动争议仲裁；如果劳动者已经采取或者无法避免其采取极端危险行为，或者是恶意讨薪、敲诈等情况，在努力控制事态不扩大的同时，应立即报警或者寻求政府有关部门的帮助。

（2）群体事件事故预防和处理措施

①群体斗殴事故处理措施

首先，做好施工人员的入场教育工作，施工过程中发现纠纷及时处理，彻底化解矛盾，防止打架斗殴事件的发生；其次，对于轻度斗殴事件，先将双方分开，做好施工人员的思想教育工作，防止事态扩大；最后，对于严重的斗殴事件，立即将涉事人员移送当地公安局，说明地点、时间、人数、是否使用器械，请求马上支援。如有人受伤，对受轻伤者进行简单处理后送项目公司医务室包扎；若伤势较严重，立即采取急救措施，第一时间将受伤人员送附近医院进行救治。

②聚众闹事事故处理措施

对于施工单位施工人员引发的群体性闹事事件，施工单位立即向江苏水源公司报告，并组织人员迅速赶赴现场，维护现场秩序、开展沟通对话、稳定工人情绪、做好政策解释和劝阻疏导等工作。当劝阻无效、事态恶化，聚众闹事者继续煽动群众冲击公司、政府相关部门办公场所时，要立即报告有关部门，采取果断措施处置，对带头闹事者，可以适当形式将其带离现场处理。当现场不具备将首要分

子或组织者带离的条件时，做好录像、拍照和调查取证工作，为公安机关善后处理提供证据。

③群体上访事件处理措施

江苏水源公司制定切实可行的规范施工单位的用工和工资支付行为及保障农民工合法权益的措施和办法，要求施工单位缴纳农民工工资发放保证金，每月要求施工单位报送农民工工资发放情况简报，对施工单位与农民工签订劳动合同和工资按月支付情况进行监督检查，对拖欠农民工工资的施工单位责令补发并采取处罚措施。发生农民工群体上访事件后，江苏水源公司提前介入，积极引导，将无序的群体上访纳入有序的法律渠道解决，积极配合政府有关部门展开调查和取证工作。当遇到上访人数较多、工人行为激烈的情况，江苏水源公司领导立即赶赴现场，做好解释工作，及时化解矛盾，并展开调查，维护农民工的合法权益，避免大规模的群体性冲突事件发生。

(3) 与工程周边单位和居民的纠纷预防和处理措施

对于施工期间可能发生的问题和突发事件，江苏水源公司及施工单位事先做好预防工作，并主动与工程周边的居民、企业和相关部门联系，以便施工过程中取得当地居民、单位及有关部门的理解和支持，为施工创造一个良好宽松的外部环境，确保施工和生产的顺利进行，主要包括以下一些措施：

• 施工现场必须设置专门的接访站，负责施工扰民和民扰事件的协调处理。

• 施工期间及时准确地公告施工状况和第三方监测数据，让居民了解工程进展和安全状况。

• 严格遵守法律、法规、地方性政策和相关政府部门文件的规定，合法合理组织施工，避免对周边环境及居民造成影响和损失。对于不可避免的损失，应积极主动与受损方充分沟通，依法依规进行赔偿。

• 发生危及公共安全或正常社会秩序的事件时，施工单位应第一时间通报辖区政府部门和江苏水源公司，并及时采取措施控制事态发展，化解矛盾纠纷，维护社会稳定，并采取录像、拍照、记录等方式保存信息，以便发生纠纷后进行取证及协商解决。

16.3 干系人管理主要挑战和克服措施

南水北调江苏境内工程项目干系人繁多，虽然已事先制定了较多有针对性的管理策略和措施，但在项目实际实施过程中还是遇到了一些新的挑战。江苏水源公司主要采取了以下一些措施：

（1）由于用地批复、环评、水保批复、项目土地移交等外界不确定因素较多，导致项目前期进展缓慢。为此，江苏水源公司及项目相关单位定期召开一次前期协调会，梳理进展情况及存在问题，并形成问题清单，针对问题特点采取适当的解决办法，通过协调会等方式协同多方主体在现场将影响项目建设的各项难点、堵点问题逐一解决。对于协调会现场无法解决的问题，则由江苏水源公司申请需要协调事项，向上级机构申报议题，由上级机构决定重点决策，通过层层推进，确保项目建设进度和质量等进展情况符合项目计划要求。

（2）工程施工会对沿线社区居民、企业、商户等主体造成影响，当地民众对项目的支持十分重要。江苏水源公司采取多种方式做好宣传工作，取得当地民众支持。江苏水源公司监督施工单位禁止向河道管理范围倾倒垃圾、排放污水等污染水环境行为，加强水质与水环境的保护，配合查处水事案件和协调处理水事纠纷，确保工程完好。同时，江苏水源公司组队参加了省水利厅组织的青年志愿者服务队，清理水边杂物、垃圾，同时沿途为市民发放节水宣传材料和环保袋，用实际行动为美化环境做出了努力。

图16-3　节水护水主题活动、“清水廊道”志愿服务活动

（3）南水北调江苏境内工程沿线，特别是河道工程，十分漫长，导致施工过程中不断遇到各种因素的干扰，防不胜防。针对这一挑战，江苏水源公司委托工程所在地水利行政管理部门组建现场建设管理机构，充分利用它们对建设环境熟悉、与建设协调对象关系密切等优势，以有效解决工程施工中可能遇到的问题。这一做法取得了很好的效果。施工过程中的一些简单、琐细，但数量繁多的矛盾，通过这一层次就能得到解决，较大程度上降低了对工程进度影响的程度，也降低了业主方的管理成本。对施工过程遇到的较大的冲突，如较大范围的征地拆迁、跨行政区划或跨行业的建设条件的协调，江苏水源公司则及时与相关政府部门沟通，争取他们的支持，通过现场协调会等方式，联合多方，包括各级政府机关、各参建方和相关干系人，友好协商解决建设过程中遇到的各种问题。实践表明，采用这些措施后，最大限度地降低了各种因素对工程进度的干扰，取得良好的干系人管理效果，为项目建设和今后的长期运营创造了良好的外部环境条件。

南水北调江苏境内工程全面、深入、细致的干系人管理工作不仅确保了项目各方干系人对项目的参与和支持力度，还极大地提升了各方干系人对项目的满意度。一方面，良好的干系人管理促进了征地移民工作的顺利进行，极大程度上保障了工程进度。自建设以来，南水北调江苏境内工程进度在南水北调系统组织的年度进度考核中一直表现优秀，2013 年 5 月提前半年实现通水目标。另一方面，良好的干系人管理有利于长效协调机制的构建，促进了工程的建设效率。南水北调江苏境内工程涉及政府、项目法人、现场施工单位、设计单位和监察单位等多方干系人，通过进行良好的干系人管理有效了解了各方的需求，协调了各方的矛盾，促进工程顺利实施，更为工程运行的长治久安奠定了良好的基础。

第17章

项目收尾管理

南水北调江苏境内工程 2013 年 11 月 15 日正式通水运行，将半个世纪的设想变为现实，在国内外赢得广泛盛誉，项目开始全面进入收尾工作阶段，主要包括验收、生产准备和运维移交，以及项目评价和总结等工作。

17.1　验收管理

南水北调江苏境内工程的验收工作包括多个阶段的各类验收，贯穿工程施工全过程，包括施工合同验收、专项验收、设计单元验收，等等。如图 17-1 所示。

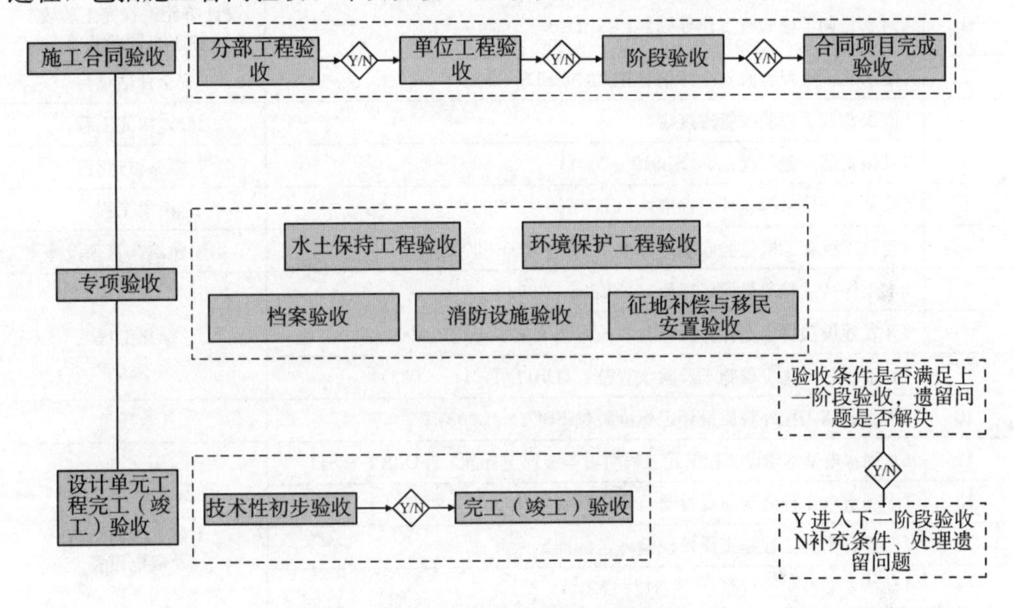

图 17-1　南水北调江苏境内工程验收工作

17.1.1　验收管理相关制度

验收管理的主要依据包括由国务院南水北调工程建设委员会办公室颁布的《南水北调工程验收工作导则》等在内的国家有关法律、法规、规章、技术标准，主管部门颁布的有关文件，经批准的设计文件及相应的设计变更、修改文件和施工合同，监理单位签发的施工图纸和说明、设备技术说明书、相关具体工程的质量评定标准和验收准则等，如表 17-1 所示。

17.1.2　验收条件和程序

由于南水北调江苏境内工程的大量设计单元工程集中在后期上马，工程开工时间接近完工验收节点，因此项目验收工作也存在时间紧、任务重的压力，为了有效把控验收相关的各项工作，有必要明确主要验收阶段的验收条件，如表 17-2 所示。例如，验收条件对工程投资、建设情况、质量评定，以及相关资料的整理做了规定，使相关单位和建设人员提前了解验收需要达到的条件，在建设开始就以此为标准为工程验收做准备。

表 17-1　南水北调江苏境内工程验收相关制度

序号	名称	适用范围
1	《南水北调工程验收工作导则》(NSBD10—2007)	设计单元工程完工验收、施工合同验收等
2	《南水北调工程验收安全评估导则》(NSBD9—2007)	安全评估项目
3	《南水北调工程验收管理规定》	设计单元工程
4	《泵站安装及验收规范》(SL317—2004)	泵站试运行
5	《公路工程质量检验评定标准》(JTG F80/1—2004)	桥梁工程
6	《建筑工程施工质量验收统一标准》(GB50300—2001)	房屋建筑、管理设施
7	《水土保持工程质量评定规程》(SL336—2006)	绿化工程
8	《开发建设项目水土保持设施验收技术规程》(GB/T22490—2008)	
9	《城市园林绿化工程施工及验收规范》(DB11/T 211—2003)	
10	《南水北调工程外观质量评定标准》(NSBD11—2008)	外观质量
11	《水利水电基本建设工程单元工程质量等级评定标准》(SDJ249—88)	土建、金属结构及机电设备
12	《水利水电工程施工质量检验与评定规程》(SL176—2007)	
13	《江苏省水利工程施工质量检验评定标准》	
14	《泵站安装及验收规范》(SL317—2004)	
15	《电气装置安装工程质量检验及评定规程》(DL/T5161—2002)	
16	《开发建设项目水土保持设施验收管理办法》(第 16 号令)	水土保持专项验收
17	《建设项目竣工环境保护验收办法》(第 13 号令)	环境保护专项验收

表 17-2　设计单元和施工合同验收主要验收条件

	施工合同验收	设计单元验收
1	工程主要建设内容已按批准设计全部完成	建设资金已全部到位
2	工程投资已基本到位，各合同结算工作已完成，初步具备财务决算条件	工程项目已全部完成
3	各单位工程已经验收合格，验收时遗留问题已由责任单位处理完毕	已通过施工合同验收，且验收遗留问题已处理完毕
4	已基本完成工程档案资料整编，并经档案管理部门初步验收	有关专项已完成验收和安全评估
5	有关验收报告已准备就绪	工程已通过竣工审计，并出具审计决定

续表

	施工合同验收	设计单元验收
6	初步验收已经完成，并形成了初步验收意见	已完成工程质量评定
7		验收提供资料和备查资料已准备就绪
8		管理相关问题已落实
9		征地遗留问题已处理完毕，建设用地手续已经获得批准

施工合同验收内部可分为阶段验收、单位工程验收和合同项目完成验收，江苏水源公司对这三类验收进一步明确了验收程序。通过有序的验收程序，一步一步确保验收工作符合相关制度的要求，工程符合规划设计，达到预计建设目标。阶段验收、单位工程和合同项目完成验收的一般程序如图 17-2 和图 17-3 所示。

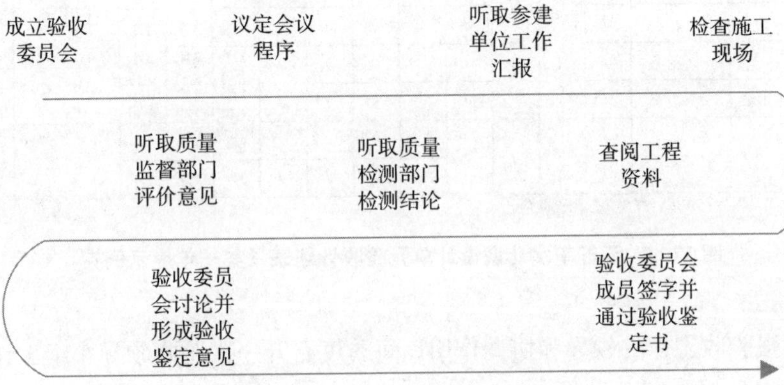

图 17-2　阶段验收、单位工程验收程序

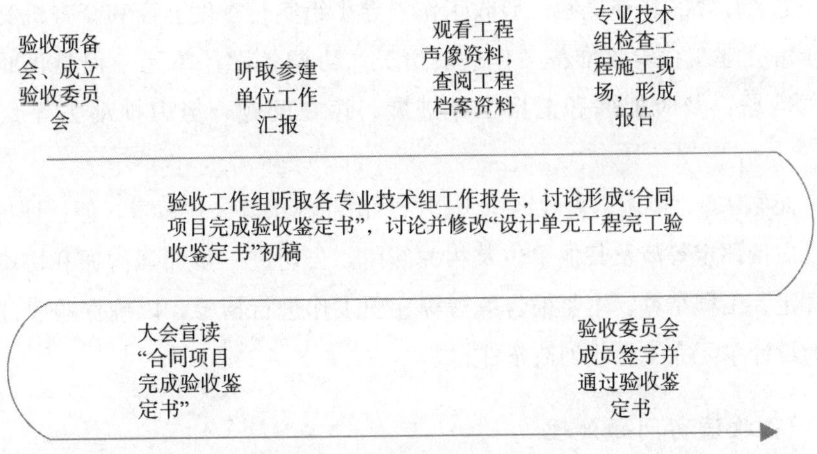

图 17-3　合同项目验收程序

按照上述验收管理流程，江苏水源公司主要采取了以下一些管理措施，来确保工程验收顺利完成：

（1）编排切实可行的验收工作计划（图 17-4）。根据工程实际情况，编制在建工程和完建工程验收工作计划，并下发相关单位认真落实，加快设计单元工程验收各项准备工作，力争按时完成验收计划，确保重点项目验收及时完成。

<table>
<tr><th colspan="16">江苏南水北调完建工程设计单元验收计划表</th></tr>
<tr><th rowspan="3">序号</th><th rowspan="3">设计单元名称</th><th>施工合同验收</th><th colspan="5">专项验收</th><th colspan="6">专项工作</th><th rowspan="3">设计单元具备完工验收条件</th><th rowspan="3">职责分工</th></tr>
<tr><th rowspan="2">合同项目完成验收</th><th rowspan="2">消防</th><th rowspan="2">水保</th><th rowspan="2">环保</th><th rowspan="2">档案</th><th rowspan="2">征迁</th><th rowspan="2">安全评估</th><th colspan="2">竣工决算</th><th rowspan="2">报告汇编</th><th colspan="2">质量评定</th></tr>
<tr><th>决算</th><th>审计</th><th>质量自评</th><th>监督报告</th></tr>
<tr><td>1</td><td>三阳河、潼河</td><td>√</td><td>×</td><td rowspan="2">√</td><td rowspan="2">√</td><td rowspan="2">√</td><td></td><td>×</td><td>√</td><td>√</td><td rowspan="2">8月</td><td>√</td><td rowspan="2">8月</td><td rowspan="2">四季度</td><td rowspan="8">1、环保验收：工程部；
2、征迁验收：征迁办；
3、质量总评：工程部、建管处、质监站；
4、报告汇编：工程部、建设处；
5、质量监督报告：质监站。</td></tr>
<tr><td>2</td><td>宝应站</td><td>√</td><td>√</td><td></td><td>×</td><td>√</td><td>√</td><td>√</td></tr>
<tr><td>3</td><td>江都站改造</td><td>√</td><td>√</td><td rowspan="4">√</td><td rowspan="4">3月</td><td>√</td><td>×</td><td>√</td><td>√</td><td>2月</td><td>4月</td><td>4月</td><td>4月</td><td rowspan="2">二季度</td></tr>
<tr><td>4</td><td>淮阴三站</td><td>√</td><td>√</td><td>√</td><td></td><td>√</td><td>√</td><td>√</td><td>4月</td><td>4月</td><td>4月</td></tr>
<tr><td>5</td><td>淮安四站</td><td>√</td><td>√</td><td>√</td><td>√</td><td>√</td><td>√</td><td>√</td><td>3月上旬</td><td>3月上旬</td><td>3月中旬</td><td rowspan="2">3月下旬</td></tr>
<tr><td>6</td><td>淮安四站输水河道</td><td>√</td><td>×</td><td>√</td><td>√</td><td>×</td><td>√</td><td>√</td><td>3月上旬</td><td>3月上旬</td><td>3月中旬</td></tr>
<tr><td>7</td><td>刘山站</td><td>√</td><td>√</td><td rowspan="2">√</td><td rowspan="2">√</td><td rowspan="2">√</td><td></td><td>√</td><td>√</td><td>√</td><td>7月</td><td>7月</td><td>7月</td><td rowspan="2">三季度</td></tr>
<tr><td>8</td><td>解台站</td><td>√</td><td>√</td><td></td><td>√</td><td>√</td><td>√</td><td>7月</td><td>7月</td><td>7月</td></tr>
<tr><td colspan="16">注：表中打“√”为已完成，打“×”为无此项。</td></tr>
</table>

图 17-4 江苏南水北调设计单元验收计划表（某一年度示例）

（2）加强验收工作的领导和协调作用。每季度召开一次验收领导小组工作协调推进会，分析前一阶段验收准备工作存在的问题，进一步落实相关单位和部门工作责任，协调解决工作过程中出现的问题和困难，积极推进验收工作的进度。

（3）建立有效的督查机制。验收工作领导小组实行季度会商和督查机制，定期检查和了解完建工程验收准备工作进展情况，协调各设计单元工程验收准备过程中出现的问题，及时把握和汇报工作进展、存在问题，努力推动工程验收工作进度。

（4）加强沟通、协调。验收组织工作虽然由江苏水源公司负责，但征地拆迁、财务决算、质量评定等涉及其他单位及相关部门，公司进一步加强沟通和协调，加强对质量评定、工程结算、主要报告编写等专项工作进行指导，以确保验收准备工作质量，为设计单元完工验收创造条件。

17.1.3 验收遗留问题处理

江苏水源公司对阶段性和部分工程完工验收出现的问题进行严格排查和处理，

认真对待验收委员会提出的问题，及时解决问题，遗留的问题在通水或完工验收前都已解决。对南水北调江苏境内工程总体通水或完工验收阶段提出的问题，江苏水源公司应高度重视，认真对待验收委员提出的各项建议，加强对存在问题的整改，在每次验收后，由公司分管领导组织相关部门和现场各参建单位，就整改工作与相关部门进行沟通协调，落实责任单位和人员、明确实施时间，安排和布置问题的整改。

根据设计单元工程通水（完工）验收鉴定书，南水北调江苏境内工程参验的25个设计单元工程共提出50个问题，其中涉及质量问题8个。这8个质量问题在设计单元工程通水（完工）验收前已全部整改完毕。

根据南水北调东线全线通水验收鉴定书显示，涉及南水北调江苏境内工程的问题共有4个，其中与质量相关的有3个。这3个质量问题也在南水北调东线全线通水验收前全部整改完毕。

17.2　生产准备和运维移交

17.2.1　南水北调江苏境内工程运行组织框架

为确保南水北调江苏境内工程长期良性运行，江苏构建了“省政府统一领导、省水利厅统筹调度、南水北调办公室具体组织、江苏水源公司等有关单位和各地分工协作”的管理模式，并建立省市协作联动、部门协同配合的工作机制（图 17-5）。

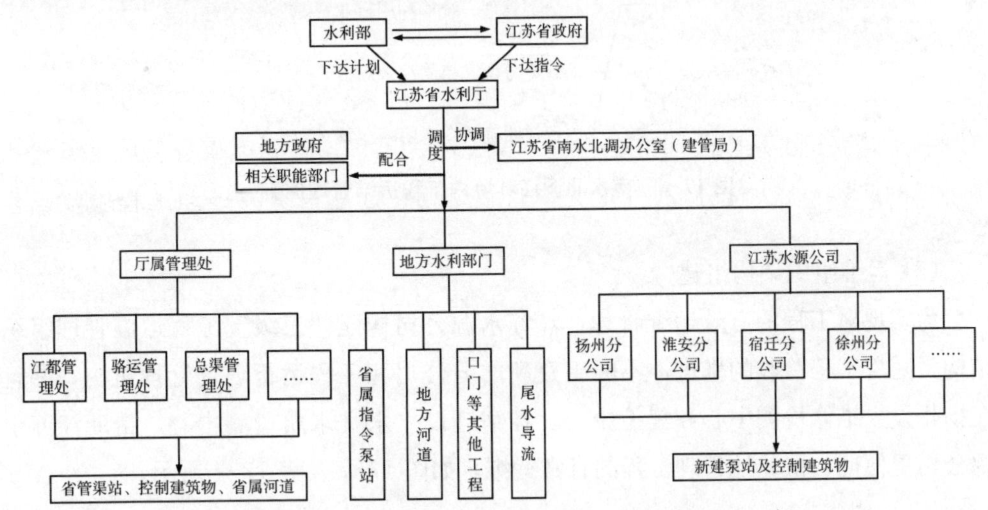

图 17-5　南水北调江苏境内工程调度运行管理体系

江苏根据工程具体情况，明确了相应的工程运行管理单位。南水北调江苏境内加固改造、改扩建和影响处理、补偿的工程仍由厅直属管理处以及沿线 7 个市、县水行政主管部门等单位具体管理；南水北调江苏境内新建工程由江苏水源公司负责运行管理，江苏水源公司按照现代企业制度和新建工程情况，组建各级运管机构，实行企业化管理；截污导流工程由工程所在市、县水利局组建运行管理单位具体管理。

17.2.2 项目法人项目生产准备

江苏水源公司为南水北调江苏境内工程所做的生产准备工作主要包括：制定运维管理原则、运维组织架构组建、工程运行管理技术规程编制和人才培养。

(1) 制定运维管理原则

江苏水源公司结合南水北调江苏境内工程特点，制定了所负责运营的各项工程的详细运维管理原则（图 17-6），明确了南水北调江苏境内工程完工过后，各工程主体如何有效发挥自身作用，在满足国家统一水资源规划的要求前提下，探索高效经济的运维管理模式，建立责任清晰的管理组织架构，实现国有资产的增值保值等目标，从而综合保障南水北调工程价值的实现。

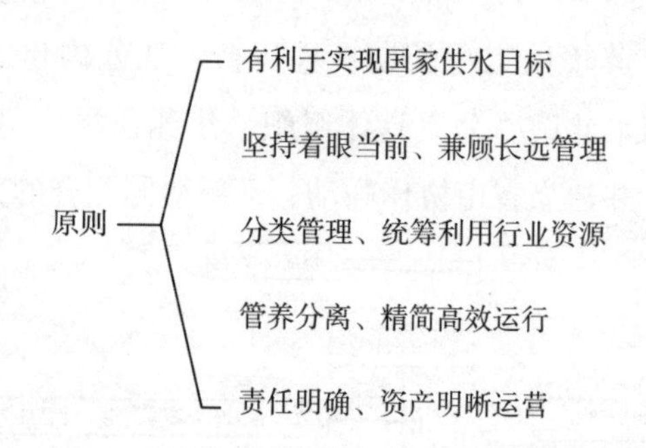

图 17-6 南水北调江苏境内工程运维管理原则

(2) 运维组织架构组建

为实现对工程的有效运维管理，江苏水源公司构建“三级”工程运维管理组织结构，随着工程验收的推进，不断组建新的分公司和工程运行现场管理机构，并且在扬州设立维修检测中心和集控中心，在宿迁设立水文水质监测中心，帮助江苏水源公司更便捷、快速地管理工程的日常运维，如图 17-7 及表 17-3 所示。

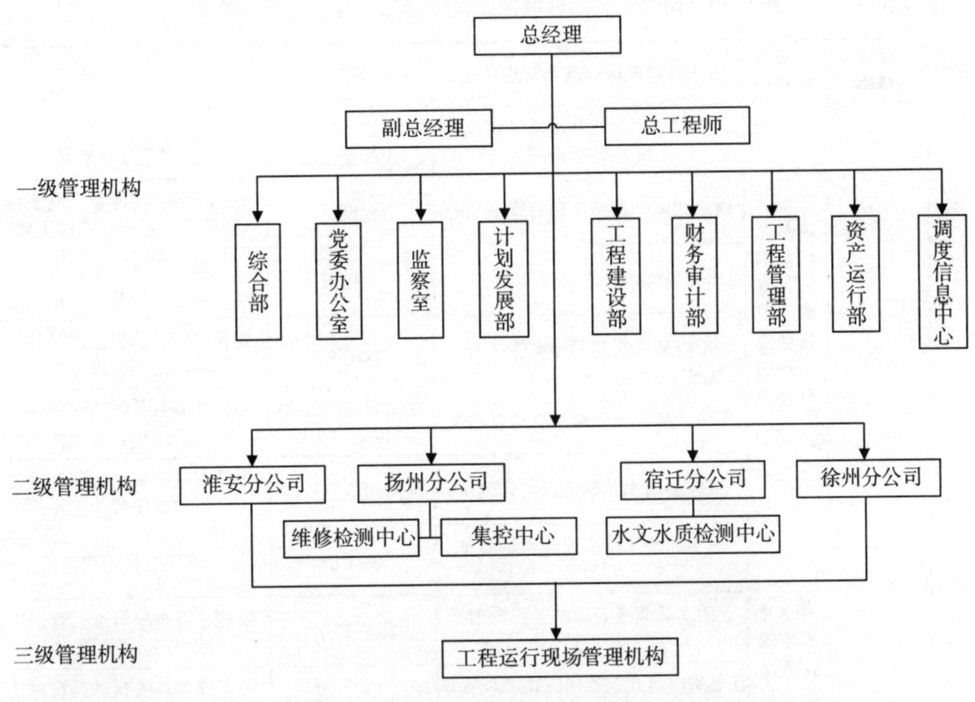

图 17-7　工程运行初期公司组织结构图

其中，一级管理机构江苏水源公司在南水北调江苏境内工程建设期主要承担工程建设管理任务，工程建成后，负责该工程运行管理、供水经营，并从事相关水产品开发经营等；二级管理机构各分公司为江苏水源公司下属非独立法人的管理机构，负责管辖范围内工程管理、调度运行、供水计量、水费征收、水质监测、资产管理、应急抢修，以及区域内涉水事务处理等，直管各调水断面，对沿线分水口门进行监督管理，并负责相关断面及口门流量监测监控设施的管理维护等，同时各分公司分别直接管理各辖区内一个泵站工程；三级管理机构（各现场管理机构）为分公司下属的工程基层管理机构，负责具体工程的工程管理、安全生产和管理范围内相关事务处理等。

考虑到南水北调江苏境内工程类别多、特点不同，第三级别运营管理的工程分为泵站工程管理、河道工程管理和水交断面管理 3 类。为应对不同运维管理需求，江苏水源公司除各分公司直接管理一座泵站外，其余工程的运营管理均采取了委托管理方式，选择优秀的管理团队，降低管理成本，提高运行效率。

表 17-3 南水北调江苏境内工程新建工程运行管理一览表

序号	一级管理机构	二级管理机构	三级管理机构（现场管理单位）	辖管工程	备注
1	南水北调东线江苏水源有限责任公司	南水北调东线江苏水源有限责任公司扬州分公司	南水北调江苏水源公司宝应站管理所	宝应站、大汕子枢纽	扬州分公司直管
2			南水北调金湖站工程管理项目部	金湖站	委托江苏省洪泽湖水利工程管理处承担现场管理工作
3			高邮市三阳河管理处	三阳河	委托高邮市水利局承担现场管理工作
4			宝应县南水北调潼河管理所	潼河	委托宝应县京杭运河管理处承担现场管理工作
5			宝应县南水北调金宝航道管理所	金宝航道南运西闸至金宝交界	委托宝应县京杭运河管理处承担现场管理工作
6			宝应县南水北调运西河管理所	淮四河道宝应段	委托宝应县京杭运河管理处承担现场管理工作
7		南水北调东线江苏水源有限责任公司淮安分公司	南水北调江苏水源公司洪泽站管理所	洪泽站	淮安分公司直管
8			南水北调淮安四站工程管理项目部	淮安四站	委托江苏省灌溉总渠管理处承担现场管理工作
9			江苏省南水北调淮阴三站工程管理项目部	淮阴三站	委托江苏省灌溉总渠管理处承担现场管理工作
10			南水北调淮安区淮安四站河道管理所	淮四河道新河段、运西河段、穿湖段	委托淮安市淮安区水利局承担现场管理工作
11			金湖县南水北调金宝航道河道管理所	金宝航道金湖段	委托金湖县河湖管理所承担现场管理工作
12		南水北调东线江苏水源有限责任公司宿迁分公司	南水北调江苏水源公司泗洪站管理所	泗洪站	宿迁分公司直管
13			江苏省南水北调睢宁二站工程管理项目部	睢宁二站	委托江苏省骆运水利工程管理处承担现场管理工作
14			江苏省南水北调泗阳站工程管理项目部	泗阳站	委托江苏省骆运水利工程管理处承担现场管理工作
15			江苏省南水北调刘老涧二站工程管理项目部	刘老涧二站	委托江苏省骆运水利工程管理处承担现场管理工作
16			江苏省南水北调皂河二站工程管理项目部	皂河二站	委托江苏省骆运水利工程管理处承担现场管理工作
17		南水北调东线江苏水源有限责任公司徐州分公司	江苏省南水北调邳州站运行管理项目部	邳州站	委托江苏省江都水利工程管理处承担现场管理工作
18			江苏省徐州市南水北调刘山站工程管理项目部	刘山站	委托徐州市水利局承担现场管理工作
19			南水北调江苏水源公司解台站管理所	解台站	徐州分公司直管
20			江苏省南水北调蔺家坝泵站工程管理项目部	蔺家坝站	委托南水北调江苏泵站技术有限公司承担现场管理工作

(3) 工程运行管理技术规程编制

长期以来，我国大型调水工程运行管理技术标准不完善，特别是其中的大型泵站运行，缺少管理技术标准，这直接影响到泵站运行规范化、标准化，并影响运行管理精简、高效和安全目标的实现。对此，江苏水源公司从 2011 年开始组织编制泵站工程运行管理标准，包括两个层次：规程和手册。规程选用对象为南水北调工程所有泵站，将各类泵站运行管理中的共性问题标准化，规程具体包括《南水北调泵站工程管理规程》和《南水北调泵站工程自动化系统技术规程》；手册则是在规程的基础上，针对具体泵站的特点，将规程细化和深化，2014 年江苏水源公司率先出台了《洪泽站管理手册》，该手册主要内容有：工程概况、调度管理、设备管理、设备操作、设备运行、建筑物管理、工程检查、安全管理、维修养护和档案管理等。

(4) 人才培养

为不断提高南水北调江苏境内工程管理水平，江苏水源公司高度重视运管人员的教育培训工作，建立了较为完善的“三级”教育培训体系。该体系包括公司综合培训、分公司专业培训和现场管理机构岗位资格培训。江苏水源公司邀请数十位专家重点对泵站安全生产、电气试验、维修养护、工程观测、机电设备及继电保护、反事故预案编制、土地确权划界等方面集中开展专题培训，联合省人事厅开展管理人员上岗培训，并广泛开展学习日、培训周、安全月、平安年等多种形式的培训教育活动，取得了良好的效果。此外，江苏水源公司积极督促指导分公司、现场管理单位参加各类专业岗位培训、现场操作培训、事故应急处理演练等，全力提高从业人员的安全意识和安全技能，对专业技术岗位全面推行持证上岗制，努力提升管理人员综合素质。

17.2.3　运维移交

江苏水源公司为高效、安全地完成工程移交，实现运维管理目标，构建了科学完整的运维管理制度体系，主要包括公司治理类制度、工程运行技术管理类制度、规范工程运行管理相关人员行为类制度、工程运行委托管理合同等四个维度（图 17-8)。其中，公司治理类制度指导着公司职能部门、下设直属机构和分支机构具体管理制度的构建。工程运行技术管理类制度是工程实践的总结，遵从客观规律性的基本要求，是实现工程运行目标的根本保证。规范工程运行管理相关人员行为的管理类制度，主要是从考核激励角度出发，通过行为科学激励理论提高工作人员的绩效。工程运行委托管理合同是较为特殊的一类管理制度，主要是针对委托管理方式下现场管理机构的管理。

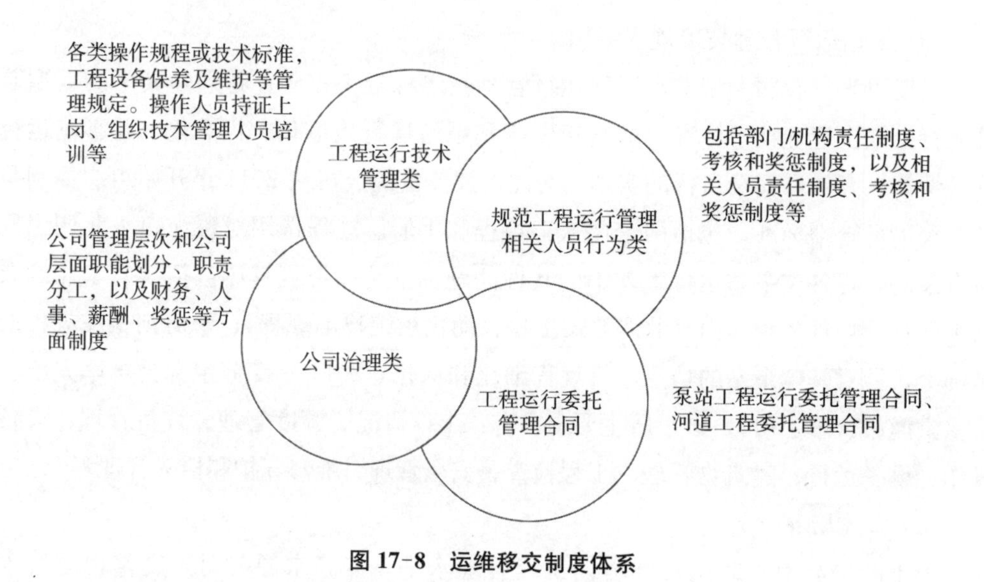

图 17-8　运维移交制度体系

工程移交包括施工单位向现场建设管理机构移交，以及现场建设管理机构向江苏水源公司移交，内容包括工程实体、固定资产、档案的移交（图 17-9）。江苏水源公司、现场建设管理机构、施工单位、运行管理单位组成工程移交小组，负责工程移交的主要工作，设计及监理单位予以协助。

施工单位在工程通过单位工程验收后，可向现场建设管理机构移交，现场建设管理机构在工程通过设计单元完工验收后，应向江苏水源公司移交并办理移交手续。部分工程通过单位工程验收或设计单元工程完工验收后，经江苏水源公司同意，也可直接向现场建设管理单位移交并办理移交手续。工程移交的主要依据是工程批准文件、有关设计修改文件，以及工程验收鉴定书。工程移交应在验收鉴定书签署之日起一个月内完成。

一般工程通过单元工程验收后，由现场建设管理单位移交运行管理单位管理，不是资产移交，南水北调工程的资产移交需待竣工财务决算确定相关资产价值后，方可谈资产移交事宜。

为保障移交后工程有效发挥预定功能，提效减能，江苏水源公司积极探索与委托管理单位之间的管理机制，针对泵站工程运行、河道工程运行特点，反复设计完善形成了规范、完备、科学合理的泵站工程运行管理委托合同和河道工程运行管理合同文本，理清各方责任义务、确定工程运行管理范围和内容、明确工程运行技术规范（图 17-10）。

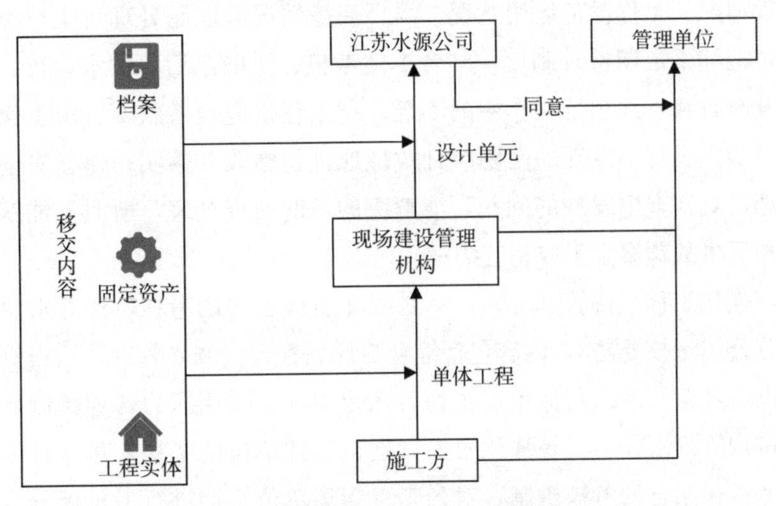

图 17-9　南水北调江苏境内工程移交概化图

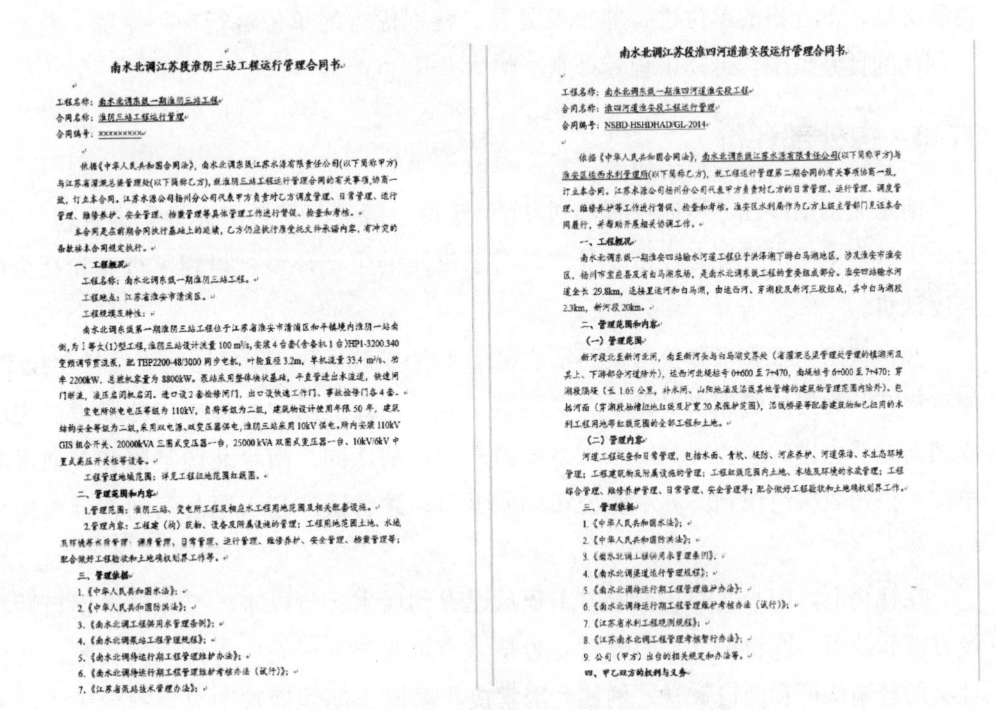

南水北调江苏段淮阴三站工程运行管理合同书

工程名称：南水北调东线一期淮阴三站工程

合同名称：淮阴三站工程运行管理

合同编号：xxxxxxxxx

依据《中华人民共和国合同法》，南水北调东线江苏水源有限责任公司(以下简称甲方)与江苏省灌溉总渠管理处(以下简称乙方)，就淮阴三站工程运行管理合同的有关事项,协商一致，订立本合同。江苏水源公司扬州分公司代表甲方负责对乙方调度管理、日常管理、运行管理、维修养护、安全管理、档案管理等具体管理工作进行督促、检查和考核。

本合同是在前期合同执行基础上的延续，乙方仍应执行原委托文件承诺内容，有冲突的条款按本合同规定执行。

一、工程概况

工程名称：南水北调东线一期淮阴三站工程。

工程地点：江苏省淮安市清浦区。

工程规模及特性：

南水北调东线第一期淮阴三站工程位于江苏省淮安市清浦区和平镇境内淮阴一站南侧，为Ⅰ等大(1)型工程，淮阴三站设计流量 100 m³/s，安装 4 台套(含备机 1 台)HP1-3200.340 变频调节贯流泵，配 TBP2200-48/3000 同步电机，叶轮直径 3.2m，单机流量 33.4 m³/s、功率 2200kW，总装机容量为 8800kW。泵站采用整体块状基础，平直管进出水流道，快速闸门断流，液压启闭机启闭。进口设 2 套检修闸门，出口设快速工作门、事故检修门各 4 套。

变电所供电电压等级为 110kV，负荷等级为二级，建筑物设计使用年限 50 年，建筑结构安全等级为二级，采用双电源、双变压器供电，淮阴三站采用 10kV 供电，所内安装 110kV GIS 组合开关、20000kVA 三圈式变压器一台，25000 kVA 双圈式变压器一台、10kV/6kV 中置式高压开关柜等设备。

工程管理地域范围：详见工程征地范围红线图。

二、管理范围和内容

1.管理范围：淮阴三站、变电所工程及相应水工程用地范围及相关配套设施。

2.管理内容：工程建（构）筑物、设备及附属设施的管理；工程用地范围土地、水域及环境等水行政管理；调度管理、日常管理、运行管理、维修养护、安全管理、档案管理等；配合做好工程验收和土地确权划界工作等。

三、管理依据

1.《中华人民共和国水法》；

2.《中华人民共和国防洪法》；

3.《南水北调工程供用水管理条例》；

4.《南水北调泵站工程管理规程》；

5.《南水北调待运行期工程管理维护办法》；

6.《南水北调待运行期工程管理维护考核办法（试行）》；

7.《江苏省泵站技术管理办法》；

南水北调江苏段淮四河道淮安段运行管理合同书

工程名称：南水北调东线一期淮四河道淮安段工程

合同名称：淮四河道淮安段工程运行管理

合同编号：NSBD-HSHDHAD/GL-2014

依据《中华人民共和国合同法》，南水北调东线江苏水源有限责任公司(以下简称甲方)与淮安区运西水利管理所(以下简称乙方)，就工程运行管理第二期合同的有关事项协商一致，订立本合同。江苏水源公司扬州分公司代表甲方负责对乙方的日常管理、运行管理、调度管理、维修养护等工作进行督促、检查和考核。淮安区水利局作为乙方上级主管部门见证本合同履行，并协助开展相关协调工作。

一、工程概况

南水北调东线一期淮安四站输水河道工程位于洪泽湖下游白马湖地区，涉及淮安市淮安区，扬州市宝应县及省白马湖农场，是南水北调东线工程的重要组成部分。淮安四站输水河道全长 29.8km，连接里运河和白马湖，由运西河、穿湖段及新河三段组成，其中白马湖段 2.3km，新河段 20km。

二、管理范围和内容

（一）管理范围

新河段北至新河北闸，南至新河头与白马湖交界处（省灌溉总渠管理处管理的镇湖闸及其上、下游部分河道除外），运西河北堤桩号 0+600 至 7+470，南堤桩号 6+000 至 7+470；穿湖段隔堤（长 1.65 公里，补水闸、山阳地涵及沿线其他管辖的建筑物管理范围内除外）。包括河面（穿湖段抽槽征地红线及扩宽 20 米保护范围），沿线桥梁等配套建筑物和已征用的水利工程用地等红线范围的全部工程和土地。

（二）管理内容

河道工程运叠和日常管理，包括水面、青坎、堤防、河床养护、河道保洁、水生态环境管理；工程建筑物及附属设施的管理；工程红线范围内土地、水域及环境的水政管理；工程综合管理、维修养护管理、日常管理、安全管理等；配合做好工程验收和土地确权划界工作。

三、管理依据

1.《中华人民共和国水法》；

2.《中华人民共和国防洪法》；

3.《南水北调工程供用水管理条例》。

4.《南水北调渠道运行管理规程》；

5.《南水北调待运行期工程管理维护办法》；

6.《南水北调待运行期工程管理维护考核办法（试行）》；

7.《江苏省水利工程观测规程》；

8.《江苏南水北调工程管理考核暂行办法》；

9.公司（甲方）出台的相关规定和办法等。

四、甲乙双方的权利与义务

图 17-10　泵站工程和河道工程运行委托合同

江苏水源公司为加强移交后的管理工作，采取了以下两项措施：

第一，严格日常运行监管机制。江苏水源公司建立了工程管理工作半月报制度、安全生产月报制度和季度考核制度，及时掌握现场管理单位每天具体工作、安全生产小组活动情况、工程设备运用状况、培训演练情况和问题处理落实情况等；建立工程管理定期和不定期检查制度，结合季度考核、汛前汛后、供水运行、安全生产等检查，及时查找管理运行工作中的不足，对工程机电设备状况、水工建筑物维护保养情况及历次运行中发现的问题有针对性地进行整改和落实；建立安全台账并进行动态管理，对检查中发现的问题，能解决的及时研究处理，暂时不能解决的，在应急预案和反事故预案中采取相应措施。

第二，强化工程运行管理考核。一是强化对分公司的考核，江苏水源公司专门制订了《分公司考核办法》，内容包括综合与计划管理、调度管理、运行管理、财务与资产管理、经营管理、其他重点工作等六个方面，采用压力传递机制，落实工程现场管理机构管理责任。二是强化对工程运行管理单位的考核，建立日常监督和季度、年度考核相结合的考核机制，对各工程管理单位定期进行考核评分，量化管理水平。加强考核成果应用，建立激励机制，对管理考核优秀的单位进行表彰并给予物质奖励，不合格的单位进行通报及处罚，特别优秀的单位进行额外激励，营造争先创优的良好氛围，带动工程管理水平整体提升。

17.3 内外部评价

南水北调东线江苏境内工程经过 11 年建设，探索、积累了大量先进管理经验，也极大地带动了沿线社会经济发展，改善了沿线的生态环境，得到了行业和社会的高度认可。

在行业内，江苏水源公司在南水北调江苏境内工程中，探索性地研发科学技术、施工工艺，为提高管理水平做了有益尝试，运用了许多新的管理模式并取得一定的成绩。这些先进的经验得到了水利系统内部同行的认同。南水北调集团和其他水利单位、公司数次组织到江苏水源公司调研学习，并聘请江苏水源公司的咨询机构指导业务。

在社会上，南水北调江苏境内工程从建设到通水运行以来，工程采取创新性建设方案和技术，取得了巨大的成就，为整个南水北调工程做出了巨大的贡献，获得社会的普遍认可和交口赞誉。例如，因解决了膨胀土问题而被中央电视台采访，因优质的建设质量而被中国水利报正面报道，等等。这些媒体报道，从多角度赞扬了南水北调江苏境内工程。除了工程自身质量过硬，优美的景观规划、较早的环保意识等，也得到了外界的肯定。

17.4　经验教训总结管理

江苏水源公司各部门和建设管理机构高度重视建设过程中和结束后的项目管理经验教训总结工作，要求及时进行月度总结、年度工作总结，对近一段时间中遇到的事件进行总结，并将由此得到的经验教训在不同工程间借鉴学习，采纳好的做法、避免恶性事件发生。在工程施工过程中，建立了严密的档案管理制度，包括工程建设前期与建设管理文件材料、施工文件材料、科研创新文件等，并且建立台账制度，如实记录建设过程，这些文件详细记录了工程建设中采取的有益措施、先进技术等有益经验和遇到的问题，以及处理方案和教训总结，等等。此外，江苏水源公司要求各设计单元的现场建设管理机构、监理单位、施工单位、设计单位，在完工验收时，都要提交有关工程建设的总结报告，内容涵盖重大技术、设计优化、施工图优化、各参建单位履职情况，现场建设管理机构在合同、进度、质量等方面采取的措施，以及管理活动中得到的经验和体会，等等。

17.5　获得主要奖项

自 2008 年起，江苏水源公司在南水北调江苏境内工程建设管理中取得了突出成绩，获得了普遍认可，得到了国家和省部级大量奖励与荣誉，包括国家奖 1 项、省部级科技奖 17 项，其中一等奖 8 项，如表 17-4 和表 17-5 所示。

表 17-4　江苏水源公司主要奖项（科研类）

序号	获奖年度	项目名称	奖项类别	奖项等级
1	2008	大型肘形进水流道泵站泵送混凝土防裂方法和应用研究	大禹水利科学技术奖	三等奖
2	2009	基于多主体合作和供应链的水资源现代调配理论、关键技术与应用	教育部科学技术进步奖	一等奖
3	2010	大型水泵液压调节关键技术研究与应用	江苏省科学技术奖	一等奖
4	2011	大型灯泡贯流泵关键技术研究与应用	大禹水利科学技术奖	一等奖
5	2011	大型水利工程（南水北调东线江苏段）建筑与环境规划设计研究与应用	江苏省科学技术奖	三等奖
6	2012	南水北调工程大型高效泵装置优化水力设计理论与应用	江苏省科学技术奖	一等奖
7	2013	大中型水利工程用轴（混）流泵研究开发及推广应用	中国商业联合会科学技术奖	一等奖

续表

序号	获奖年度	项目名称	奖项类别	奖项等级
8	2013	低扬程低水头水力机械节能关键技术研究与应用	大禹水利科学技术奖	二等奖
9	2017	大型调水工程泵装置理论及关键技术研究与应用	大禹水利科学技术奖	二等奖
10	2017	南水北调工程用低扬程泵关键技术研究与产业化	中国产学研合作创新成果奖	一等奖
11	2017	南水北调工程大型高性能低扬程泵关键技术研究及推广应用	江苏省科学技术奖	一等奖
12	2017	南水北调工程大型高性能低扬程泵内流机理、设计技术及工程应用	教育部科学技术进步奖	二等奖
13	2018	高效S形轴伸贯流泵装置关键技术研发与推广应用	中国产学研合作创新成果奖	优秀奖
14	2018	高性能大流量泵站关键技术及应用	教育部技术发明奖	二等奖
15	2019	南水北调工程大流量泵站高性能泵装置关键技术集成及推广应用	江苏省科学技术奖	一等奖
16	2020	大型泵站水力系统高效运行与安全保障关键技术及应用	国家科技进步奖	二等奖
17	2020	流态疏浚泥资源化处理成套技术与应用	福建省科技进步奖	二等奖
18	2021	低扬程大中型泵站节能高效关键技术与应用	江苏省科学技术奖	三等奖

表 17-5 江苏水源公司主要奖项（质量类）

序号	获奖年度	项目名称	奖项类别
1	2014	南水北调东线一期工程宝应站工程	中国水利工程优秀（大禹）奖
2	2014	南水北调东线一期工程淮安四站工程	中国水利工程优秀（大禹）奖
3	2016	南水北调东线一期工程解台站工程	中国水利工程优秀（大禹）奖
4	2016	南水北调东线一期工程江都站改造工程	中国水利工程优秀（大禹）奖
5	2016	南水北调东线一期工程淮阴三站工程	中国水利工程优秀（大禹）奖
6	2018	南水北调东线一期刘老涧二站工程	中国水利工程优秀（大禹）奖
7	2018	南水北调东线一期金湖站工程	中国水利工程优秀（大禹）奖
8	2018	南水北调东线一期邳州站工程	中国水利工程优秀（大禹）奖
9	2021	南水北调东线一期工程睢宁二站工程	中国水利工程优秀（大禹）奖
10	2021	南水北调东线一期工程蔺家坝泵站工程	中国水利工程优秀（大禹）奖
11	2019	南水北调东线一期刘老涧二站工程	国家优质工程奖

截至 2019 年底，南水北调江苏境内工程和江苏水源公司获得“全国文明单位”“全国五一劳动奖状”“全国工人先锋号”“国家水土保持生态文明工程”“南水北调工程建设先进单位”等荣誉称号。淮阴三站工程、淮安四站工程、江都站改造工程、蔺家坝泵站工程喜获国务院南水北调办公室“南水北调文明工地”称号；淮阴三站、江都站改造变电所工程获得省建设厅“江苏省建筑施工文明工地”荣誉称号；江都站改造工程建设处被省总工会评为“江苏省重点工程劳动竞赛先进集体”；宝应站工程管理项目部、淮阴三站项目部土建一队被省总工会评为“江苏省工人先锋号”；江都站改造工程建设处、淮安市淮安四站输水河道建设处、淮阴三站工程建设处被国务院南水北调办公室评为“全国南水北调青年文明号”。江苏水源公司主要荣誉如表 17-6 所示。

表 17-6　江苏水源公司主要荣誉

序号	荣誉称号	获奖对象
1	全国文明单位	江苏水源公司
2	全国五一劳动奖状	江苏水源公司
3	全国工人先锋号	江苏水源公司
4	国家水土保持生态文明工程	江苏水源公司
5	南水北调工程建设先进单位	江苏水源公司
6	江苏省五一劳动奖状	江苏水源公司
7	江苏省精神文明建设工作先进单位	江苏水源公司
8	江苏省文明单位	江苏水源公司
9	南水北调文明工地	淮阴三站、淮安四站、江都站改造、蔺家坝站工程
10	江苏省建筑施工文明工地	淮阴三站、江都站改造工程
11	江苏省重点工程劳动竞赛先进集体	江都站改造工程建设处
12	江苏省工人先锋号	宝应站工程管理项目部、淮阴三站项目部土建一队
13	全国南水北调青年文明号	江都站改造工程建设处、淮安市淮安四站输水河道建设处、淮阴三站工程建设处

项目文化与社会责任

为了实现水与自然、水与社会和谐，把南水北调江苏境内工程建设为区域生命之线、生态之线、文化之线、振兴之线、和谐之线，江苏水源公司遵循建设“优质工程、高效工程、优美工程、廉洁工程”的思路，努力提升国家重大水利工程的综合作用，大力打造良好的项目文化，弘扬沿线历史文化；开展工程建筑环境规划、设计和文明工地建设，严格按照“三个安全”要求开展党建创新活动和安全生产专项活动；重视技能人才培养，致力于做好科研创新平台人才队伍建设；同时，积极履行企业社会责任，竭力推进水环境整治，助力乡村振兴。

18.1　文化建设

18.1.1　建筑与环境规划设计

进入新世纪以来，治水思路和水利工程建设理念已发生了很大的改变，逐渐由工程水利向资源水利，由传统水利向现代水利、可持续发展水利转变，这就对水利工程的建筑与环境设计提出了新的要求。水利工程逐渐重视通过合理先进的建筑与环境规划设计，做到节能、环保、节省资源，彰显水利工程文化、特色，实现与周边生态、社会环境的和谐发展。尤其是南水北调工程，作为我国特大型跨流域调水工程，集供水、航运、灌溉、防洪及改善生态环境等多种功能于一体，而且江苏境内输水沿线城镇密集、经济发达、湖泊众多，环境生态优良、历史文化悠久、自然景观多样，工程建设不仅将对沿线社会经济发展产生深远影响，而且本身建设的大批水利建筑、构筑物将形成独具特色的水利环境，对沿线的人文景观、生态环境产生巨大影响，并由此形成独特的调水工程建筑和环境。

为了在更大层面发挥国家大型水利工程的综合作用，实现供水功能、生态功能、景观效应有机结合，实现自然景观、历史文化、人工景观与地域文化底蕴及沿线社会经济发展紧密结合，实现水与自然、水与社会和谐，把南水北调江苏境内工程建设为区域生命之线、生态之线、文化之线、振兴之线、和谐之线，南水北调江苏境内工程率先尝试应用景观生态学和文化生态学理论，通过跨学科的研究，创新提出“国家级大型水利工程建筑与环境规划设计的综合集成方法”，要求用全新的规划设计核心理念、总体定位与实施控制管理策略，采用通则性控制与特色性引导相结合的方式，构建“运河文化线路、水利遗产廊道、景观游憩廊道、城镇经济廊道”四位一体的建设环境规划体系，进一步加强了工程功能与生态环境、社会经济、历史人文的综合协调，实现水利与自然、社会的和谐和可持续发展。

南水北调江苏境内工程输水线沿京杭运河这一主轴线北上，途经扬州、淮安、宿迁、徐州等历史文化名都，从维扬文化到楚汉文化，从细腻委婉吴韵到雄壮厚实汉风，沿线城市具有深厚的历史文化底蕴、优秀的人文精神和独特的地域文化。运西调水沿线湖泊众多，乡村环境保留完整，是以湖泊系统为特色、水利建设与田园风光互动的走廊。大运河调水沿线城镇密集，基本以传统运河为走向，而且与区域高速公路走向一致，是以河流系统为特色，水利开发与运河文化、城镇建设高度互动的综合走廊。立足于建筑风格要体现丰富的江苏地域文化特色、鲜明的南水北调特色、现代水利特色，南水北调江苏境内工程在担负国家重大水利工程使命的同时，还通过上述工作，在国内率先尝试在水利工程中体现水文化的保护、传承、弘扬、应用四项主要功能，包括：彰显运河文化，建设运河文化线路；展现江苏水利大省的历史和成就，建设水利遗产廊道；挖掘沿线自然、文化环境价值，形成环境游憩廊道；放大水利资源价值，重振经济文化廊道。

通过南水北调江苏境内工程建筑环境规划与设计，无论是江淮明珠江都水利枢纽，大气磅礴的淮安四站，还是项王故里、楚汉文化的代表泗洪站、解台站、蔺家坝站等，每一处泵站都融入了当地的历史文化底蕴，其中，京杭大运河湖西段还荣获 2019 年“江苏最美运河地标”称号。

图 18-1　京杭大运河湖西段荣获 2019 年“江苏最美运河地标”称号

江都站以工程景观为主，自然景观和人文景观为辅，统筹规划、协调发展为定位，对建筑物外部造型处理遵循“修旧如旧理念”，保留原有建筑风格和布局，建设成了著名的南水北调源头风景区、国家 AAAA 级旅游区、国家水土保持示范区。

图 18-2　江都三站

宝应站工程集调水、排涝、生态和景观欣赏功能于一体。工程的总体布局结合里下河水乡特点，站区内建筑物错落有致，风格现代、流畅，充分反映出现代化水利枢纽的风貌。2009 年，工程被评为省级水利风景区，纳入宝应县精品一日游线路。

图 18-3 宝应站

18.1.2 文明工地建设

南水北调江苏境内工程文明工地创建活动坚持“以人为本、注重实效”的原则，在工程建设中全过程、全方位提倡文明施工，营造和谐建设环境，调动各参建单位和全体建设者的积极性，做到现场整洁有序，实现管理规范高效，保证施工质量安全，促进工程顺利建设。

文明工地创建活动贯穿于南水北调工程开工至竣工全过程。国务院南水北调工程建设委员会办公室负责组织、指导和管理文明工地创建活动，国务院南水北调办公室建设管理司承担文明工地评审等具体组织管理工作。有关省（直辖市）南水北调办事机构，受国务院南水北调办公室委托，负责文明工地的初评，或参与国务院南水北调办公室组织的评审考核等工作。项目法人负责组织建设管理单位、监理单位、施工单位、设计单位等其他各参建单位开展文明工地创建活动。项目建设管理单位（项目法人直接管理的项目部、委托或代建项目建设管理机构）组织施工、监理、设计等参建单位在进场后及时成立相应的组织机构，制定文明工地创建工作计划，在主体工程开工后，正式启动文明工地创建工作。

江苏水源公司和各现场建设管理机构坚持以人为本的理念，健全组织机构，制订工作计划，明确创建内容，落实各级责任，以争创文明建设工地、青年文明号、重点工程劳动竞赛等为载体，积极开展文明创建工作，构建积极向上、和谐有序的工程建设环境，做到文明施工、规范管理，积极改善职工生产生活条件，教育全体建设者以主人翁的姿态投入到工程建设中去。文明工地建设起到了引领作用，使得各单位各部门“有先进必争，有红旗必扛”，营造了良好的文明创建氛围。此外，江苏水源公司还专门成立了文明工地质量考核小组，从综合管理、质量管理、安全管理和施工区环境四个方面对文明工地进行考核，具体如下：

第一，综合管理。文明工地创建工作计划周密，组织到位，制度完善，措施落实；参建各方信守合同，全体参建人员遵纪守法，爱岗敬业；倡导正确的荣辱观和道德观，学习气氛浓厚，职工文体活动丰富；信息管理规范；参建单位之间关系融洽，能正确协调处理与周边群众的关系，营造良好施工环境。

第二，质量管理。质量保证体系健全；工程质量得到有效控制，工程内在、外观质量优良；质量缺陷处理及时；质量档案资料真实，归档及时，管理规范。

第三，安全管理。安全生产责任制及规章制度完善；制定针对性和操作性强的事故或紧急情况应急预案；实行定期安全生产检查制度，无重大安全事故。

第四，施工区环境。现场材料堆放、施工机械停放有序、整齐；施工道路布置合理，路面平整、通畅；施工现场做到工完场清；施工现场安全设施及警示提示齐全；办公室、宿舍、食堂等场所整洁、卫生；生态环境保护及职业健康卫生条件符合国家标准要求，防止或减少施工引起的粉尘、废水、废气、固体废弃物、噪声、振动和施工照明对人和环境的危害和污染。

例如，皂河站工程参建各方围绕2013年东线工程建成通水总体目标和年度工程建设实施方案要求，发扬“献身、负责、求实、创新”精神，深入开展了文明工地创建活动。工程建设之初，及时成立了工程质量管理、安全生产、防汛工作、文明创建、廉政建设等专项组织，形成了建设处主任负总责，各部门抓落实，参建单位各负其责的领导体制。工程进场后，及时制订了建设处工作规则、职工学习教育、财务、档案、后勤管理、廉政建设等10多项规章制度，明确了各科室及岗位人员的工作职责，强化制度执行，抓好工作督查，严格工作考核。为切实抓好文明工地创建工作，2010年初，建设处及时制订印发《2010—2012年度皂河站工程文明工地创建规划》，每年结合工作实际，认真制订创建计划，及时分解创建目标，召开文明创建启动会，认真落实创建任务，每月开展检查，保证了文明工地创建工作领导有力、组织有序、扎实推进。建设处成立后，加强办公场所改造，配备乒乓球室，建设篮球场，购置文体用品，满足活动需求。皂河二站工程进场后，合理布置项目部办公、生活和加工区，建设升旗台和职工篮球场，抓好食堂、会议室和活动室管理，配备消防设施，建好现场道路，做好绿化、亮化工程，严格车辆管理，搞好环境卫生，广泛开展宣传，使得现场环境干净整洁，氛围文明和谐。经过参建各方共同努力，皂河站工程建设处被江苏省水利厅授予“2011年江苏省水利工程建设文明工地”荣誉称号，被省水利厅工会授予“工人先锋号”荣誉称号和其他称号。

江苏水源公司坚持不懈地开展文明创建工作，获得了“全国文明单位”“全国五一劳动奖状”“全国工人先锋号”“国家水土保持生态文明工程”等殊荣，各泵站工程、建设单位、班组以及相关个人获得“江苏省五一劳动奖状”“江苏省工人先锋号”“江苏省劳动模范”“全国通水先进个人”等荣誉30余次。

18.2　团队建设

南水北调江苏境内工程开工以来，省水利厅、省南水北调办公室、江苏水源公司积极按照“工程安全、资金安全、干部安全”要求，围绕建设优质工程、廉洁工程目标，切实加强党建工作和精神文明建设，切实加强党风廉政建设，深入开展治理商业贿赂工作，促进了工程建设管理水平的提高，树立了江苏南水北调工程良好形象。2007 年 9 月 6 日至 7 日，时任国务院南水北调办公室机关党委副书记杜鸿礼一行，来江苏省调研南水北调工程党建工作，检查调水工程进展情况，听取基层建设单位对党建工作的建议，并为江都站改造工程建设处颁发国务院南水北调系统“青年文明号”授牌。

江苏水源公司通过党建引领，举办各类活动，开展团队建设，增强团队凝聚力，为把江苏省南水北调工程建成优质、高效、廉洁工程创造良好条件。例如，江苏水源公司多次召开党员大会，要求全体党员特别是党员负责同志，要以深入推进创先争优活动为契机，充分发挥支部战斗堡垒作用和党员先锋模范作用，切实强化责任意识，全力推进工程建设，着力加强干线水污染防治，确保江苏省工程率先实现通水目标。此外，江苏水源公司还多次组织以“颂扬党的历程，推进南水北调建设”为中心、以“我为南水北调率先通水立新功”为主题的座谈、演讲比赛等系列活动，建管人员、监理员、设计代表，还有一线工人均积极参与其中。

18.3　管理人员作风和技能培养

18.3.1　廉政文化

“问渠哪得清如许，为有源头活水来”，江苏是南水北调东线工程的源头，为让清澈的江水北流，在建设过程中，江苏水源公司积极开展“廉政文化进工地”活动，各参建单位严格按南水北调工程基本建设程序办事，规范工程资金使用管理，严格履行工程合同、廉政合同。认真做好工程的党风廉政建设工作，防微杜渐，警钟长鸣。工程未发生一起违法乱纪行为，做到了“工程安全、干部安全、资金安全”。

工程建设中，南水北调江苏境内工程各参建单位认真贯彻中央、省和水利厅党组党风廉政建设各项规定，按照“工程安全、资金安全、干部安全”要求，以落实党风廉政建设责任制为龙头，以加强思想教育为基础，以完善制度建设为抓手，切实加强党风廉政建设各项工作，推动了工程顺利建设；实行党风廉政建设“一把手”负责制，在每年年初召开的工程建设管理工作会议上，江苏省南水北调办公室和江苏水源公司与各截污导流工程项目法人、调水工程现场管理单位主要负责人，签订党风廉政建设责任状，各单位主要负责人与中层干部和领导班子成员签订党风廉政建设承诺书，年终对责任状和承诺书的履行情况进行认真考核，并严格与评先和奖惩挂钩，层层落实党风廉政建设责任制；坚持把思想教育作为重点，扎实组织治理商业贿赂专项活动，组织开展警示教育和廉政文化进工地活动，引导大家树立正确的世界观、人生观和价值观，警醒大家算清人生几笔账，做到警钟长鸣，坚决不做违法违纪的事；积极推行“工程合同和廉政合同双合同制”，充分发挥纪检监察工作派驻制度的优势，全力配合和支持派驻纪检组工作，在工程一线实行党风廉政建设监督员制度，切实加强对南水北调江苏境内工程实施全过程的执法监察和监督。由此，江苏水源公司获得江苏省水利厅颁发的江苏省水利科技工作先进集体称号。

18.3.2 人才队伍建设

江苏水源公司致力于做好科研创新平台人才队伍建设，提升人才队伍专业化能力，依托科研创新平台，结合人才发展规划，开展了基于泵站技术、智能调度、工程建设等方面的人才配置需求分析和共建具体方案，以求尽快形成一批具有江苏水源特色的核心竞争力技术成果，支撑公司主业的建设与发展；同时，为进一步深化公司对外合作交流，高质量服务于主业，多次与中国水科院、南京水科院、清华大学、武汉大学、河海大学、扬州大学、江苏大学、无锡水泵厂、蓝深集团等科研院企进行交流沟通，聚焦公司转型发展的技术短板和创新需求，出谋划策，为公司发展和合作建言献策。

江苏水源公司在成立之初就坚持把技能人才培养作为打通企业高质量发展“最后一公里”的重要抓手，根据发展战略规划和工程建设、运营管理和资产规模不断壮大的要求，科学设置组织架构，研究制定人才规划及岗位编制，统筹考虑建设期和运营期两个阶段人才配置需求，有计划、有步骤地推进人力资源结构的合理调整和优化配置，有序引进储备工程管理、调度运行核心人才，重视培养既熟悉建设管理业务又擅长运行管理的复合型人才，在健全“水源工匠”选拔激励机制、搭建人才成长培育平台，弘扬工匠劳模精神等方面做了大量的工作，培养出了一支适合南水北调江苏境内工程管理要求的、业务水平高、管理能力强的复合型人才队伍，主要包括：一、加强内部培养与外部培训相结合。泵站运行管理、机电设备维修等工种专业性较强、行业特点较为明显，江苏水源公司作为南水北调江苏境内工程建设和运营管理机构，在做好自身技能人才培养的基础上，也加大对外品牌和技术输出，为全国大型泵站技能类人才培养做出应有的贡献。二、加强培训与评价相结合。坚持把建设技能培训平台作为技能人才综合培养平台，进一步加大设备设施及师资力量的投入，努力将泵站技能学院打造成行业内外认可的培训基地，力争纳入到培训机构目录；建立健全考核评级体系，切实发挥考评在培训中的后评价作用，争取获得第三方评价资格。三、加强技能与激励相结合。主动关注技能大师工作室、首席技师、江苏工匠等评比及技能竞赛，加大对工匠劳模的选树培育，激励一批批青年技能人才成长起来，走好技能成才、技能报国之路，为畅通“生命线”工程、实现水源高质量发展绽放青春光彩。

江苏水源公司自 2005 年成立以来，在省委省政府和水利部正确领导下，在省委组织部、省国资委和省水利厅、南水北调办公室大力关心支持下，坚持高质量发展引领，统筹南水北调工程建设期与运行期对人才的需求，围绕调水运行主责主业和涉水经营业务发展，科学布局人才体系结构，通过人才培养与引进，不断优化人力资源配置。从江苏南水北调工程建设初期十几人的队伍发展壮大，目前公司有获江苏省创新争先奖章人员 1 人、享受政府特殊津贴人员 1 人、有突出贡献中青年专家 1 人、江苏省“333 工程”人才 7 人、双创博士后 1 人、产业教授 1 人。2019 年 9 月，江苏水源公司首次获评江苏省引才用才成效显著单位，是仅入围的 2 家省属企业之一，这标志着公司十多年来人才工作取得了丰硕成果、迈上了新的台阶。

18.4　企业社会责任

江苏水源公司作为国有企业，在建设期间不仅做好新建工程建设和建成工程供水经营任务，而且高度重视工程沿线环境污染整治、乡村振兴与扶贫工作、保护弘扬运河文化等一系列的社会责任的履行，积极展开“清水廊道志愿者服务活动”、向灾区献爱心活动、规划运河文化保护活动，以及改善沿线居民用水质量等活动。江苏水源公司作为项目法人积极履行社会责任这一行动，提升了南水北调江苏境内工程优质工程的良好形象，强化了具有担当的企业文化。

18.4.1　项目初期运营效益

南水北调江苏境内工程通水以来，江苏省南水北调工程累计运行 38.99 万台时，抽水 393.82 亿 m^3，初步发挥了东线工程规划明确的调水、生态、防洪、排涝、抗旱、灌溉、航运等综合效益。

(1) 调水出省效益

江苏省南水北调新建工程与江水北调工程“统一调度、联合运行”，连续 9 年完成国家下达的调水出省任务，各泵站累计运行 28.65 万台时，抽水 269.17 亿 m^3，调水出省 53.72 亿 m^3。其中 2017—2018 年度向省外调水首次突破 10 亿 m^3，达 10.88 亿 m^3，较上一年度增加 22%，为历年之最；据环保部门监测数据表明，调水水质符合要求，顺利实现了调水水量与水质双达标，圆满完成了国家下达的 2017—2018 年度向省外调水任务。南水北调江苏境内工程自 2013 年正式通水以来，通过各梯级泵站将一江清水源源不断地输送至山东、天津，有效缓解了北方水资源的短缺状况，充分发挥了工程效益。

（2）生态补水效益

2014 年，江苏省南水北调新建工程参与国家防汛抗旱总指挥部牵头组织的南四湖生态应急调水，各泵站累计运行 0.97 万台时，抽水 9.73 亿 m^3，调水入南四湖 0.81 亿 m^3，南四湖下级湖水位上涨 0.44 m，湖区水面面积较调水前增加约 99 km^2，湖区生态环境明显改善，曾被称为“酱油湖”的南四湖，脱胎换骨成功跻身全国水质优良湖泊行列。南水北调江苏境内工程全面通水 7 周年来，先后向南四湖、东平湖及南水北调工程调蓄水库进行生态补水 4.83 亿 m^3，有效改善了湖区生产生活、生态环境。南四湖、东平湖湖区山、水、田、林、湖、草、大气生态体系得到修复，绝迹多年的银鱼、鳜鱼、毛刀鱼等对水质要求比较高的鱼类重新出现，连多年罕见的鸟类震旦鸦雀、赤麻鸭，还有号称“水中凤凰”的水雉也回来了。一渠碧水润泽着广袤的齐鲁大地，天然河道得以阶段性恢复，水生态环境的改善提升非常明显。

（3）省内抗旱效益

2022 年 4 月至入梅前，江苏省淮河流域降水异常偏少，湖库水源十分紧缺，淮北地区气象干旱达重旱到特旱等级。6 月 20 日，江苏省水利厅发布洪泽湖干旱蓝色预警，抗旱形势严峻。在江苏省水利厅统一部署下，江苏水源公司先后组织南水北调宝应站、淮安四站、淮阴三站、泗洪站、泗阳站、刘山站和解台站等 7 座泵站投入省内抗旱运行，截至 7 月 5 日 14 时各站全部停机，累计抽水 9.7 亿 m^3。7 月 6 日 18 时，省水利厅解除洪泽湖干旱蓝色预警，苏北地区旱情全面解除，江苏省南水北调工程圆满完成阶段性抗旱任务。江苏省南水北调新建工程自 2014 年以来，多座泵站参与了省内抗旱。尤其是 2019 年我省遭遇了 60 年一遇的气象干旱，宝应站等泵站备机全开参与抗旱，体现了南水北调责任担当，为江苏省“两个确保”做出了突出贡献。

（4）省内防洪排涝效益

2021 年第 6 号台风“烟花”过境江苏时，江苏水源公司密切关注台风路径和水情雨情变化，及时研判隐患风险，每天有 200 余名员工在工程一线值守巡查；针对工程重点环节组织近千次巡查，累计消除安全隐患 49 处；参与省内泄洪 4.25 亿 m^3，排涝 1.14 亿 m^3，为江苏防汛防台做出积极贡献。江苏省南水北调新建工程于 2015 年、2016 年、2021 年参与省内排涝运行，各泵站累计运行 0.25 万台时，累计抽排涝水 3.04 亿 m^3。刘山闸、解台闸等节制闸在徐州市防办的直接调度下，累计调整闸门开度上千次，开闸泄洪超过 60 亿 m^3，有效保障了里下河、宝应湖、白马湖和徐州地区人民生命财产安全和生产生活秩序正常。

(5) 其他综合效益

一是切实提高区域供水保障水平。南水北调江苏境内工程投运后进一步提高了扬州、淮安、宿迁、徐州、泰州、盐城、连云港等 7 市 50 县（市、区）受水区共计 4 500 多万亩农田的灌溉保证率，受益人口近 4 000 万。二是改善通航条件。新增达到三级航道标准的河道 100 多 km，干支线航道通航条件显著改善。三是生态环保效益。通过实施治污工程，改善了沿线水生态环境；通过配合自身挖潜、节水管水、优化配水等方式，助力我省提前超额完成国家确定的地下水压采任务。四是促进水生态文明和水文化建设。沿线水环境显著改善，区域水环境容量和承载能力有效提升，一批水利风景区成为沿线地市旅游文化新名片，南水北调洪泽站工程已被评为国家 AA 级旅游景区，宝应站被评为省级水利风景区。

18.4.2　工程沿线环境污染整治

按照南水北调“三先三后”的原则（先节水后调水、先治污后通水、先环保后用水），在南水北调江苏境内工程即将全线通水之际，为打造江苏段清水廊道，增强干部职工服务意识和责任意识，在自愿报名的基础上，来自江苏水源公司各部门，分、子公司（管理所），各管理项目部共计 240 余名职工组建成立了“清水廊道志愿者服务总队”。

这支志愿者服务队伍作为省水利厅志愿者服务队的一部分，紧紧围绕实践“奉献、友爱、互助、进步”的志愿者精神，采取集中活动和分散活动相结合的方式积极开展志愿活动，参与所在地和南水北调所在站区河道卫生整治、水环境保护、绿化管理和养护、水法律法规等节水公益宣传咨询、爱心帮扶、水利及工程建设业务指导、交通秩序管理、社区文明联建，以及其他各类志愿者服务活动和社会公益活动。

18.4.3　重视乡村振兴和帮扶工作

长期以来，江苏水源公司始终重视乡村振兴和助学帮扶工作，用实际行动践行公益，用爱心善举传递正能量，尽显省属国有企业责任担当。作为省派驻村“第一书记”的后方单位，江苏水源公司依托自身资源优势，勇担社会责任，践行国企使命，全面服务乡村振兴战略，切实保障驻村帮促工作有效衔接、有序开展。例如，南水北调皂河站工程开工建设以来，工程参建各方在抓好工程建设的同时，注重密切与地方群众的联系，充分发扬社会公德，积极弘扬爱心文化，认真开展困难帮扶，做到真情回报社会，树立了南水北调人良好的精神风貌，营造了文明和谐的建设环境，为打造南水北调工程文化品牌，提升工程文化软实力不断做出新的成绩。

18.4.4 保护和发展运河文化线路

保护运河及其相关文化，是南水北调江苏境内工程的重要事宜。对运河的保护，直接体现了江苏水利发展的延续性。因此，保护运河遗产对于南水北调江苏境内工程有着重要的意义。为此，江苏水源公司开展了相关的具体保护工作：重视运河的物质遗产、非物质遗产的保护，突出运河的历史文化价值，对运河相关的各类遗产要进行普查、申报、修复；通过疏浚、蓄水、治污等加强运河的基础设施建设，改善运河生存环境；助力京杭大运河成功申报世界文化遗产，2022 年更为京杭大运河百年来首次全线通水贡献“水源力量”，使千年大运河焕发新的生机。如表 18-1 及图 18-3 和图 18-4 所示。

表 18-1 运河文化保护策略

延续文脉	严格保护历史文物，深入挖掘地域文化资源，以运河为纽带，重点突出遗迹的整体系统性规划，强调系统有机地整合利用，有机地传承运河文脉。例如，对于淮安段的南水北调工程来说，要体现运河文化长廊的特色。
复兴开发	以文化复兴为主线，构筑特色文化走廊，结合旅游、商贸、休闲，提升运河活力。这样同时也提高了南水北调工程的多样性价值。
改善环境	降低用地强度，增加公共空间和绿地，并重视两者的系统整合，强化生态链，缓解运河的压力。例如，对于宿迁段的南水北调工程来说，建立相应的运河风光带。

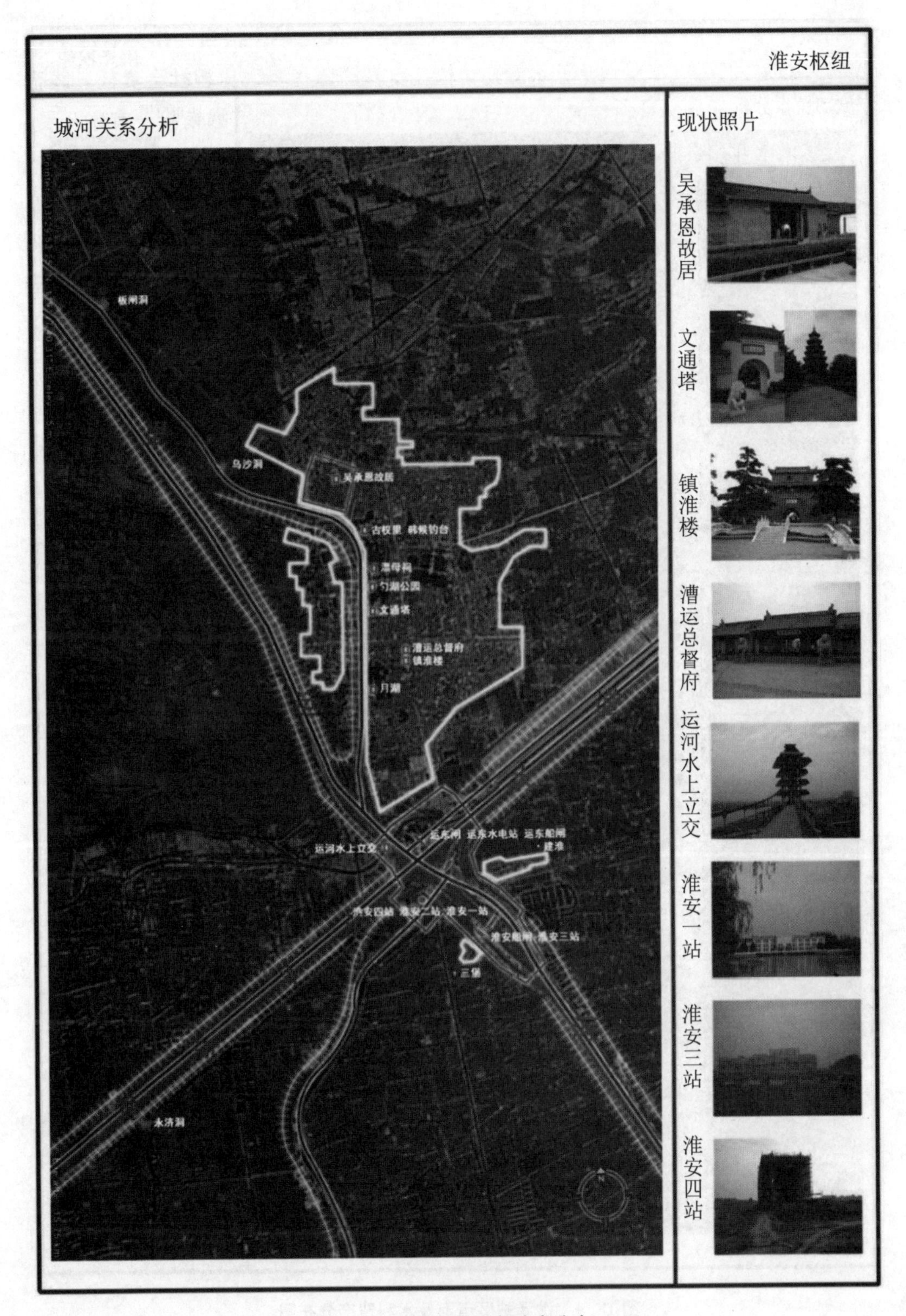

图 18-3　运河淮安段遗产分布

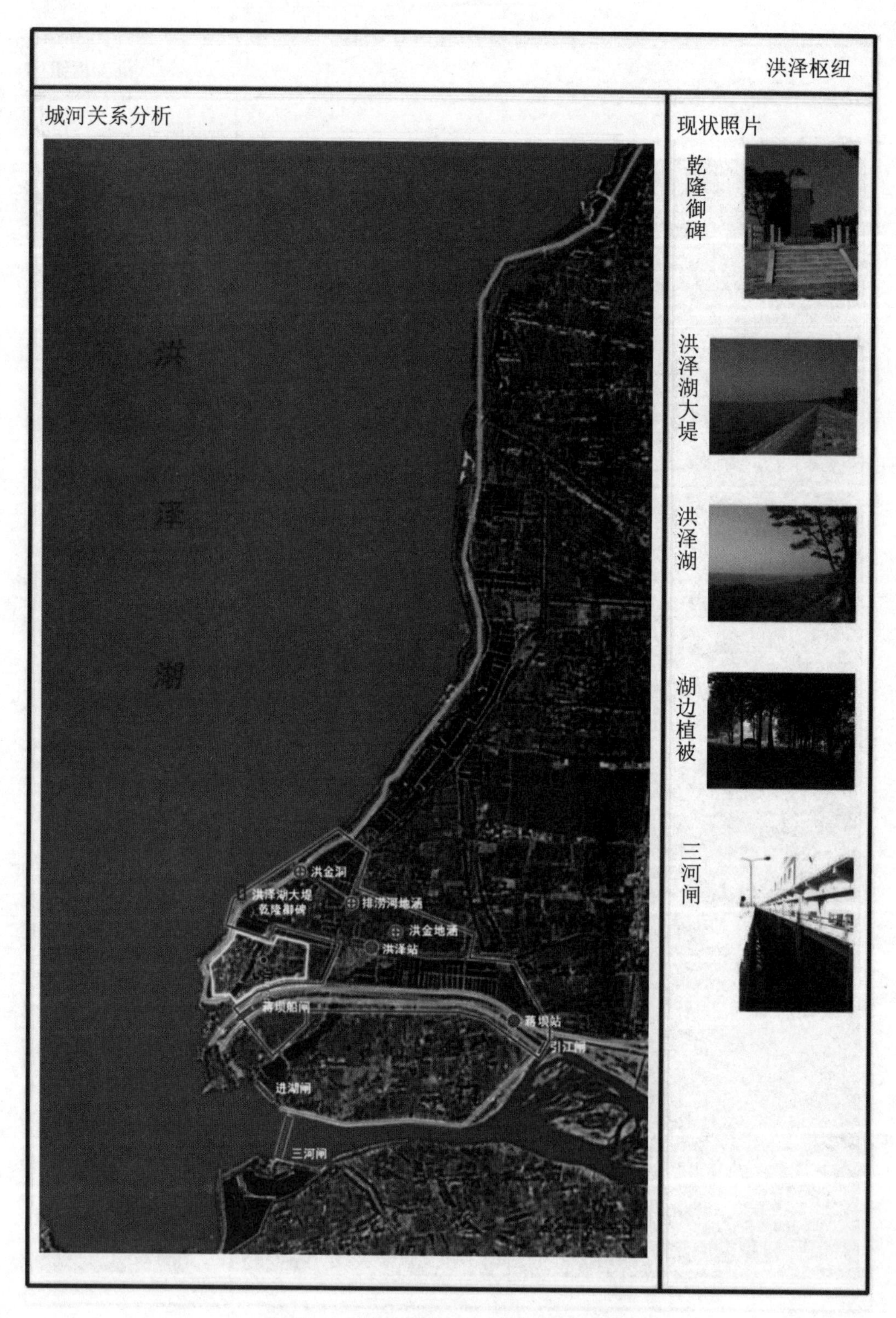

图 18-4　洪泽站区运河及水利遗产分布图